电子设计与嵌入式开发
实践丛书

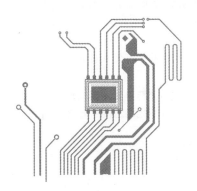

单片机原理及接口技术
——基于STC系列51单片机

◎ 彭文辉 杨琳 童名文 吴建斌 编著

清华大学出版社
北京

内 容 简 介

本书详细介绍了STC15系列单片机(MCS-51单片机的兼容升级机)的软硬件技术及其应用,介绍了单片机的基本概念以及单片机技术的最新发展,详细介绍了STC15单片机的内部结构、指令系统、汇编语言编程、C51语言编程及其调试运行环境、单片机的扩展技术、单片机各类接口技术(包括单片机的以太网接口等较新颖的内容)、单片机系统开发技术、应用系统抗干扰技术等。参与本书编写的作者都具有较为丰富的单片机应用系统开发经验及相关课程的教学经验。

本书内容完备、系统,强调学生实际开发能力的培养,注重理论与实践紧密结合,既适合作为相关院校相关专业的教材,也可作为各类电子信息技术开发人员的参考用书。

图书在版编目(CIP)数据

单片机原理及接口技术:基于STC系列51单片机/彭文辉等编著.—北京:清华大学出版社,2019
(2020.1重印)

(电子设计与嵌入式开发实践丛书)

ISBN 978-7-302-50386-6

Ⅰ.①单… Ⅱ.①彭… Ⅲ.①单片微型计算机－基础理论 ②单片微型计算机－接口技术
Ⅳ.①TP368.1

中国版本图书馆 CIP 数据核字(2018)第 124230 号

责任编辑:刘 星 薛 阳
封面设计:刘 键
责任校对:焦丽丽
责任印制:宋 林

出版发行:清华大学出版社
　　　网　　　址:http://www.tup.com.cn, http://www.wqbook.com
　　　地　　　址:北京清华大学学研大厦 A 座　　　　邮　　编:100084
　　　社 总 机:010-62770175　　　　　　　　　　邮　　购:010-62786544
　　　投稿与读者服务:010-62776969, c-service@tup.tsinghua.edu.cn
　　　质量反馈:010-62772015, zhiliang@tup.tsinghua.edu.cn
　　　课件下载:http://www.tup.com.cn,010-62795954
印 装 者:三河市金元印装有限公司
经　　销:全国新华书店
开　　本:185mm×260mm　　　　印　张:21.25　　　　字　　数:514 千字
版　　次:2019 年 6 月第 1 版　　　　　　　　　　印　　次:2020 年 1 月第 2 次印刷
印　　数:1501~2300
定　　价:55.00 元

产品编号:077436-01

前 言

  MCS-51 单片机是 20 世纪七八十年代 Intel 公司推出的 8 位单片机。由于其具有性能优异、简单易用、价格低廉等特点,自推出以来,在智能仪器仪表、工业控制、家用电器等领域均得到了广泛的应用。在我国,51 单片机已成为嵌入式系统开发工程师得心应手的工具。经过三十多年的发展,各种 51 单片机的兼容芯片不断推出,51 单片机系列成为一个繁花似锦的大家族。

  在这些产品中,中国宏晶科技公司研发推出的 STC 系列单片机,以其突出的性能优势,与经典 51 单片机指令级的兼容,在这些兼容芯片中独树一帜。STC15 系列的单片机,是其家族中的高性能系列,其全面采用 ISP/IAP 技术,片内程序 Flash 存储器可反复编程 10 万次以上,且进行了特殊加密设计,目前还无法破解;其系统时钟可以与主时钟同频,仅此就比经典 51 单片机提高速度 11 倍(在指令时钟数相同的情况下);STC15 内部还集成了 8 路10 位 A/D 转换器、CCP/PCA/PWM 模块、SPI 接口、看门狗、大容量 SRAM、大容量数据EEPROM 等高级功能,为各种应用提供了极大的方便。STC15 单片机已成为嵌入式工程师开发的重要工具和平台,也是我国高校讲授单片机的主要平台。

  本书以 STC15 单片机为平台,选材符合主流应用的潮流。书中全面介绍了 STC15 单片机软硬件技术及其应用,介绍了单片机基本概念以及单片机技术的最新发展,详细介绍了STC15 单片机内部结构、内部各功能模块、指令系统、汇编语言编程、C51 语言编程及其调试运行环境、单片机的扩展技术、单片机各类接口技术(包括单片机的以太网接口等较新颖的内容)、单片机系统开发技术、应用系统抗干扰技术等内容。

  本书以清晰透彻讲解基本概念、基本原理为要,同时体系完备。本书注重对学习者应用能力的培养,注重实用,对内容进行了精心选择,主要特点:一是内容选材较新,符合主流应用的潮流;二是内容清晰、简明,概念和基本原理介绍明晰,符合学校课时较少的要求,同时也包含实际开发应用必备的知识,如系统开发流程及实例、工业抗干扰设计等;三是注重实际应用,举例多。每章后面附有针对性强的习题,习题中除了有一般简单应用的习题,还有较复杂的综合设计题,供学生课外拓展练习。

  本书作者多年从事单片机应用系统开发、单片机课程教学工作,教材中融入了作者的教学与开发经验。

  本书主要为电子类、自动化类、机电类各专业教学编写,也可供从事电子技术应用开发的各类工程技术人员参考。

Foreword

　　参与本书编写的人员有彭文辉、杨琳、童名文、吴建斌，全书由彭文辉统稿。清华大学出版社为本书的出版也做了大量工作，在此一并致谢。

　　限于作者水平，加之时间比较仓促，书中疏漏及不足之处在所难免，敬请读者批评指正，意见可发邮件至 workemail6@163.com。

编　者

2019 年 2 月于武汉

目 录

第1章

概　　述

【学习目标】

- 掌握单片机的基本概念；
- 了解单片机常用的产品系列；
- 了解 STC 单片机的基本情况。

【学习指导】

单片机是一种面向嵌入式应用的微型计算机产品，它与常见的通用处理器（如奔腾系列）有很大区别。通过比较两种产品的特点，掌握单片机的概念和基本组成。

单片机应用很广，网上有不少单片机论坛和资料网站。开始学习时，首先就要找到一些有名的学习网站。通过上网浏览教材中提到的几个著名厂商（包括 STC micro、ATMEL、Motorola 等）的网站，了解单片机产品的丰富性和多样性。

可以查找家用电器等常用产品中单片机的应用情况，来了解单片机应用的广泛性。

1.1　单片机及其发展

1.1.1　单片机基本概念

单片机，即在一个单芯片上集成了一个微型计算机主要部件单元的微型计算机。单片机芯片中，一般都集成有 CPU（包括运算器、控制器、功能寄存器等）、存储器、输入/输出接口以及其他重要的功能部件。大部分单片机产品只需要接上合适的电源以及一些简单的电阻电容元件，就能运行片内存储的程序，完成指定的工作。

国际上一般称单片机为微控制器（Microcontroller）、微控制单元（Micro Controller Unit，MCU），它和当前个人计算机系统（PC）采用的通用处理器，如 Intel 的 Pentium 系列 CPU 等采取的是不同的发展道路。通用处理器强调的是高速的、大容量的数据处理能力，而单片机强调的是将面向测控的应用功能尽可能多地集成在单芯片中,强调的是应用在各种测控仪器中时,尽量少接外围电路,从而达到应用系统结构简单、体积小、可靠性高、开发容易、成本低等目标,至于数据运算、数据处理能力,则够用即可,而大多数工业控制、家用电器等产品,其数据处理的要求并不太高。

1.1.2   单片机发展概况

单片机的产生和发展,同其他类型的微处理器芯片的产生和发展情况是类似的,都是伴随着大规模和超大规模集成电路工艺产生和成熟发展的。

众所周知,世界上第一台电子计算机是美国 1946 年研制的 ENIAC。经过多年的发展和更新换代,特别是由于大规模和超大规模集成电路工艺的成熟,在 20 世纪 70 年代初出现了微型计算机。由于微型计算机体积小、功耗低、价格便宜,其问世后获得了广泛的应用,使计算机从专业的实验室走进了千家万户,走进了人们的日常生活。通用微型计算机经过二三十年的发展,从最初的 4 位字长、1MHz 主频(Intel 4004 CPU)到如今的 64 位字长、3GHz以上主频,每推出新一代的处理器,就淘汰掉上一代的产品。以微处理器为核心的通用计算机产品按摩尔定律,仍然在迅速发展。

单片机产品的出现和发展,稍稍滞后于通用微处理器,并呈现出不同的特点。

1976 年,Intel 公司推出首款具有实用价值的 8 位单片机 MCS-48,其代表芯片型号为8048。它作为 8 位单片机的早期产品,在片内集成 8 位 CPU、并行 I/O 口、定时/计数器、RAM 和 ROM、中断处理逻辑等,极大地简化了智能仪器仪表等的结构。个人计算机的标准键盘就采用一片 MCS-48 单片机作为主控器。

1978 年,Intel 公司又推出 MCS-51 系列单片机,其代表芯片型号为 8051。一般将51 单片机的出现作为中高档 8 位单片机的标志。此类单片机性能有了明显提高,其实用价值更大。由于 8 位单片机能适用于广泛的场合,因此其市场很大,各著名的芯片厂商纷纷推出类似的 8 位产品,例如 Motorola 公司(现分离出来的 Freescale 公司)的 68 系列、Zilog 公司的 Z8 系列、NEC 公司的 μCOM87 系列等。此后,Intel 公司又将 MCS-51 的内核专利权转让给多家厂商,因此市场上又出现了许多 51 内核(或称 51 兼容)的产品,包括 ATMEL公司的 AT89C51 系列产品、Philips 公司的 80C51 系列产品等。这些 51 兼容产品,具有和MCS-51 相同的内核(CPU 等核心部件),指令系统基本相同,但在功能上或多或少地有所扩充,因此使用起来也更为方便。

20 世纪 80 年代中后期,Intel 公司又推出了 16 位单片机 MCS-96 系列。16 位单片机具有更强的数据处理能力,适合于对数据处理能力要求更高的应用场合,例如电机速度控制等。MCS-96 单片机 80C196 系列产品在我国也有较为广泛的应用。

目前更为高档的 16 位、32 位单片机也已问世,此类单片机除了基本具备传统单片机的体积小、功耗低等特点外,一般为 RISC 体系结构,具有较大的片内寄存器或数据存储器,还有较高的主频,数据处理能力更强。由于其片内一般预先设置有启动代码,因此可以方便地实现在线调试。此类单片机应用于较复杂的嵌入式系统,可以运行嵌入式操作系统(如嵌入式Linux、VxWorks 等),支持网络通信、实时多媒体数据处理、文件系统等。著名的产品包括ARM 系列的单片机、Motorola 公司(现分离出来的 Freescale 公司)的 MC68K 系列单片机等。

1.1.3 单片机发展特点

与通用型微处理器的发展比较,单片机的发展具有一些不同的特点,理解这些特点,对理解单片机的应用特点、把握单片机的发展趋势都有帮助。这些特点如下。

(1) 单片机芯片的更新换代,并不是新一代的、更高字长的甚至更高主频的芯片出现后,就要淘汰上一代的产品。目前,4 位、8 位、16 位、32 位单片机仍各有其应用领域。据统计,近年来,从芯片产量数量看,8 位单片机占大部分,16 位单片机次之;从产值看,8 位、16 位、32 位单片机则差不多各占三分之一。在单片机应用场合,"够用就好"的特点非常突出。

(2) 虽然各代单片机没有出现替代的情况,但各代单片机,甚至同系列单片机的改进型、变种类型却大量涌现。例如,著名的 MCS-51 内核的单片机,就有 ATMEL、PHILIPS、LG、Winbond 等公司的新型或改进型几十种以上。各种新型和改进芯片,在功能上或多或少地有一些区别,如有的芯片口线驱动能力较强,能直接驱动 LED 发光二极管的显示;有的芯片片内存储容量较大;有的芯片片内定时/计数器多一个,等等。在实际应用中,如果能根据具体的应用需要,选择合适的芯片,能达到事半功倍的效果。

(3) 经过多年的应用实践,单片机也出现了通用型和专用产品型。通用型指的是主要由社会上各研发人员开发应用于各类应用系统中的芯片,例如 MCS-51 系列。专用产品型指的是应用于某种大批量产品(通常是家用电器、个人手持式电子产品)的专用控制芯片,此时该芯片中固化有专门的程序,集成的功能部件可能会根据需要做了特殊的调整,芯片的型号或许也另外改编,但实际上也是某单片机,这些芯片有专业厂商大批量生产,因此成本较低。许多日本半导体厂商的芯片采用这种应用模式。

1.2 常用单片机产品系列

1.2.1 常用单片机产品系列简介

目前,国际上有许多半导体公司开发和生产单片机芯片,著名的厂商及国内应用较多的产品列举如下。

(1) Intel 公司以 MCS-51 系列为主的产品。

早期 Intel 公司的 51 单片机,包括 8031、8051、8751 三种典型芯片,分别对应于片内无程序存储器、带 ROM 的程序存储器、带 EPROM 程序存储器的产品。以后又扩展了 8032 等产品,一般将 8051 或干脆以 51 作为该系列单片机的统称。本书提到 8051 或 51 单片机时,除非特别说明,都是指采用 51 内核的所有单片机芯片。

这类产品也包括其他厂商的 51 内核的单片机,例如,ATMEL 公司的 AT89 系列、PHILIPS 公司的 80C51 系列、LG 的 97 系列等产品,包括后面介绍的中国国产的 STC 系列。应该说,这些兼容产品的使用量已远远超过 Intel 公司的原产品。

（2）Motorola 公司（或后来的 Freescale 公司）的 MC6805 系列。

MC6805 系列包括其后续的 MC68HC05、MC68HC08 等，共有几十种扩展产品，还包括 MC68HC11 系列、MC68HC12 系列 16 位单片机产品。有报道称近年来 Motorola 公司（或后来的 Freescale 公司）的单片机销量与 51 内核的产品难分高低。

（3）Microchip 公司的 PIC 系列产品。

PIC 系列产品包括 PIC10、PIC12、PIC16、PIC18 系列 8 位机，PIC24 系列 16 位机等。

其他如 NEC、TI（美国得克萨斯仪器）、Fairchild（美国仙童）、Mitsubishi、Hitachi（日立）、Zilog 等公司都推出了自己的单片机产品，读者可以在它们的网站上查找相关信息。

1.2.2 STC 单片机系列产品

STC 单片机是我国宏晶科技公司（STC micro）推出的 51 单片机兼容产品，该家族的单片机芯片以扩展功能强大、成本低廉、型号众多、开发方便等优势，迅速占领了中国市场。在宏晶科技公司的网站（http://www.gxwmcu.com）和产品手册上，自称是“8051 单片机全球第一品牌，全球最大的 8051 单片机设计公司”。

宏晶科技于 2004 年和 2005 年推出第一款 51 内核的 STC 单片机，STC89C51RC/RD＋系列，该系列的芯片片内具有高保密可编程 10 万次的 Flash 程序存储器、512～1280B 的数据存储器；6～8 个中断源；3 个 16 位定时/计数器；主频 0～40MHz；具有 ISP/IAP 功能等，这些功能都强于传统的 51 单片机芯片。

2006 年，宏晶科技公司推出 STC12 系列的芯片。

2010 年，宏晶科技公司开始推出 STC15 系列的芯片。该系列芯片是目前的主流产品，也是本书重点介绍的芯片。其强大的功能包括：1 个机器周期仅包含 1 个系统时钟周期（即所谓 1T 技术），而传统的 51 单片机是 1 个机器周期包含 12 个时钟周期，仅此就在主频相同的情况下，将指令执行速度提高到原有的 12 倍（在指令时钟数相等的情况下）；I/O 口线可达 44 根，每个口线驱动能力最大可达 20mA（当然芯片总的功耗不能超过 90mA）；片内新增 CCP/PCA/PWM 模块、SPI 串行通信模块、ADC 模/数转换模块、看门狗以及大容量的程序存储器 Flash 和数据存储器 RAM，具备 ISP/IAP 工作模式，等等。所有这些功能，都远远超出了传统的 51 单片机所具有的能力。

表 1.1 给出 STC15 系列部分芯片的性能与配置一览表。

表 1.1 STC15 系列部分芯片的性能与配置

型号	Flash /KB	SRAM /B	EEPROM	PCA/ CCP/ PWM	A/D	定时器	中断源	串行口	I/O
STC15F4K08S4	8	4096	53KB	3 路	8 路 10 位	8	18	4	38/42/46
STC15F4K16S4	16	4096	45KB	3 路	8 路 10 位	8	18	4	38/42/46
STC15F4K24S4	24	4096	37KB	3 路	8 路 10 位	8	18	4	38/42/46
STC15F4K32S4	32	4096	29KB	3 路	8 路 10 位	8	18	4	38/42/46
STC15F4K60S4	60	4096	1KB	3 路	8 路 10 位	8	18	4	38/42/46
IAP15F4K61S4	61	4096	IAP	3 路	8 路 10 位	8	18	4	38/42/46

续表

型号	Flash /KB	SRAM /B	EEPROM	PCA/ CCP/ PWM	A/D	定时器	中断源	串行口	I/O
STC15F2K08S2	8	2048	53KB	3 路	8 路 10 位	6	14	2	38/42/46
STC15F2K16S2	16	2048	45KB	3 路	8 路 10 位	6	14	2	38/42/46
STC15F2K60S2	60	2048	1KB	3 路	8 路 10 位	6	14	2	38/42/46
IAP15F2K61S2	61	2048	IAP	3 路	8 路 10 位	6	14	2	38/42/46
STC15F101W	1	128	4KB	—	—	2		2	
STC15W4K16S4	16	4096	42KB	8 路	8 路 10 位	8	21	4	38/42/46
STC15W4K32S4	32	4096	26KB	8 路	8 路 10 位	8	21	4	
STC15W4K56S4	56	4096	2KB	8 路	8 路 10 位	8	21	4	
IAP15W4K60S4	60	4096	IAP	8 路	8 路 10 位	8	21	4	
IAP15W4K61S4	61	4096	IAP	8 路	8 路 10 位	8	21	4	
STC15W1K16S	16	1024	13KB	—	—	3	12	1	
IAP15W1K29S	29	1024	IAP	—	—	3	12	1	
STC15W404S	4	512	9KB	—	—	3	12	1	
STC15W401AS	1	512	5KB	3 路	8 路 10 位	3	13	1	
STC15W201S	1	256	4KB	—	—	2	10	1	
STC15W100	0.5	128	—	—	—	2	8	—	

1.2.3 STC 单片机的命名规则

STC15 系列的单片机是一个大的产品系列,包含各种内核兼容,配置各异的芯片。各芯片的命名规则如图 1.1 所示。

$$\underset{①}{XXX} \ \underset{②}{15} \ \underset{③}{X} \ \underset{④}{X} \ \underset{⑤}{XX} \ \underset{⑥}{X--XX} \ \underset{⑧}{X-XXX} \ \underset{⑩}{X}$$

图 1.1 STC15 系列单片机的命名组成

其中:

(1) ①表示 STC、IAP 或者 IRC,具体含义如下。

STC:设计者不可以将用户程序区的程序 Flash 作为 EEPROM 使用,但有专门的 EEPROM。

IAP:设计者可以将用户程序区的程序 Flash 作为 EEPROM 使用。

IRC:设计者可以将用户程序区的程序 Flash 作为 EEPROM 使用,且(默认)使用内部 24MHz 时钟或外部晶振。

(2) ②表示是 STC 公司的 15 系列单片机,1T 型产品,即一个机器周期包含一个时钟周期,当工作在同样的工作频率时,其速度是普通 8051 的 8～12 倍。

(3) ③表示单片机工作电压,用 F、L 和 W 表示,含义如下。

F:表示 Flash,工作电压范围为 3.8～5.5V。

L:表示低电压,工作电压范围为 2.4～3.6V。

W:表示宽电压,工作电压范围为 2.5～5.5V。

（4）④用于标识单片机内 SRAM 存储空间容量。

当为一位数字时，容量计算以 128B（字节）为单位，乘以该数字。比如，当该位为数字 4 时，表示 SRAM 存储空间的容量为 $128 \times 4 = 512B$。

当容量超过 1KB（1024B 时），用 1K、4K 表示，其单位为 B（字节）。

（5）⑤表示单片机内程序空间的大小，例如，01 表示 1KB；02 表示 2KB；03 表示 3KB；04 表示 4KB；16 表示 16KB；24 表示 24KB；29 表示 29KB 等。

（6）⑥表示单片机的一些特殊功能，用 W、S、AS、PWM、AD、S4 表示。

W：表示有掉电唤醒专用定时器。

S：表示有串口。

AS/PWM/AD：表示有一组高速异步串行通信接口；SPI 功能；内部 EEPROM 功能；A/D 转换功能、CCP/PWM/PCA 功能。

S4：表示有 4 组高速异步串行通信接口；SPI 功能；内部 EEPROM 功能；A/D 转换功能、CCP/PWM/PCA 功能。

（7）⑦表示单片机工作频率。比如，28 表示该款单片机的工作频率最高为 28MHz。

（8）⑧表示单片机工作温度范围，用 C、I 表示，具体含义如下。

C：表示商业级，其工作温度范围为 0～70℃。

I：表示工业级，其工作温度范围为 -40℃～85℃。

（9）⑨表示单片机封装类型。典型的有 LQFP、PDIP、SOP、SKDIP、QFN。

（10）⑩表示单片机引脚个数。典型的有 64、48、44、40、32、28 等。

例如，有一芯片标示 STC15W4K60S4，表示该芯片为 STC15 系列的产品，其工作电压可为 2.5～5.5V，片内数据存储器 SRAM 为 4KB，片内 Flash 程序存储器为 60KB，4 个串行口，等等。

1.3 单片机应用概述

以下总结单片机的一些典型应用场合。

1. 工业测量控制系统

以单片机为核心，可以构成各种工业控制系统、数据采集系统等。单片机在其中实现控制算法，执行控制流程等。

2. 智能化仪器仪表

以单片机为核心的测量仪表，可以方便地实现仪器仪表的数字化、智能化、多功能化和微型化。在数据采集、预处理、非线性校正、数字显示、报警、记录、打印、与上位系统机通信等方面，与传统仪器仪表相比，在实现的简便化、结构紧凑化、操作方便化、成本低廉化等方面具有明显的优势。

3. 个人和家用机电设备

包括个人手持式的电子设备和通信设备、家用小轿车以及各种家用电器等。这方面的应用包括非常简单的定时与开关控制（如洗衣机）到复杂的多媒体数据处理或通信设备（如机顶盒、PDA、手机等）。有数据显示，现代家庭中，微控制器的数量早已达到 40～50 个。

小结

本章主要介绍了单片机的基本概念、发展概况、发展特点,以及主流的单片机产品等内容。

习题

1. 什么是单片机? 它的特点有哪些?

2. 单片机与通用型微处理器的发展有何不同?

3. 请查一查有哪些公司生产 8051 内核的兼容单片机产品,尽量列举得多一些。各相关产品有何独特的优势?

4. 请通过查阅相关公司网页,了解 MC68xx 系列、PIC 系列单片机的特性。

5. 请通过查阅 ATMEL 等公司的产品特性表,总结 ATMEL 的 51 内核单片机产品的基本情况,重点关注其片内功能部件的配置,并和 STC 单片机做比较。

6. STC15 系列单片机是如何命名的? STC15W4K32S4 名字各部分的含义是什么?

7. 综合设计:请查阅宏晶科技公司网站,详细了解 STC 单片机有哪些大的系列,各系列有何区别。了解 STC 单片机的价格、封装、技术支持等信息。

第 **2** 章

STC15 单片机的内部结构

【学习目标】

- 掌握 STC15 单片机内部总体结构；
- 掌握 STC15 单片机的存储体系结构、I/O 口结构与工作模式、时钟与复位等内容；
- 掌握 STC15 单片机系统编程的含义和操作方法。

【学习指导】

STC15 单片机存储体系结构与其他普通微处理器系统相比有较大的不同,本章将分别从逻辑结构与物理器件两方面介绍它们的组成,这部分内容对理解单片机的工作原理有较大影响。其他部件的作用和用法,需要在理解相关原理的基础上,抓住与之相关联的 SFR 的定义。最后,通过 STC15 单片机实验板,反复练习程序的下载、不同参数的设置、简单程序的运行与修改来加深理解。

2.1　STC15 单片机内部总体结构及引脚功能

2.1.1　总体结构

Intel 公司的 MCS-51 单片机系列产品及各芯片厂商推出的各种 51 兼容产品都具有基本相同的内核组成结构。其基本组成包括 CPU、一定容量的存储器(包括数据存储器和程序存储器)、并行 I/O 口、中断控制部件、其他的功能部件(包括定时/计数器、串行输入/输出接口等)。单片机内部各功能组件通过内部总线相连。早期产品一般结构图如图 2.1 所示。

STC 单片机具有 51 单片机最基本的内核结构,同时增加了不少功能部件。图 2.2 显示了 STC15W4K32S4 单片机详细结构图,以下对其基本组成做一个概述性的说明,很多部件的详细使用方法在后续章节中会逐渐呈现。

1. CPU

和普通微处理器一样,CPU 也是单片机的核心,其作用是读入和分析、执行每条指令,

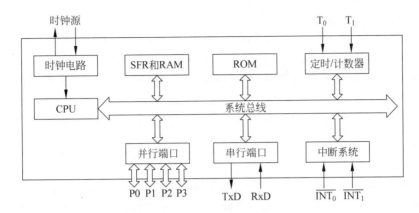

图 2.1　早期 51 单片机的内核结构

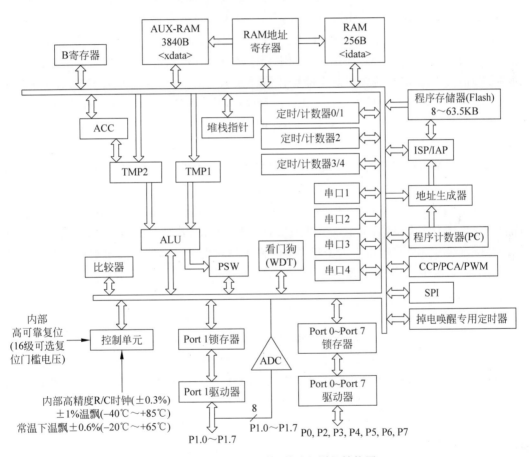

图 2.2　STC15W4K32S4 单片机详细结构图

发出相应的控制信号,控制各个部件执行相应的操作。

51 系列单片机内部有一个 8 位的 CPU,它是由运算器和控制器组成的。运算器主要包括算术、逻辑运算部件(ALU)、累加器(ACC)、程序状态寄存器(PSW)、位处理器及十进制调整电路等,51 单片机的位处理器特别方便进行位处理,因此适用于测控领域等具有很多开关量控制的场合。控制器包括时钟发生器、定时控制逻辑、指令寄存器、指令译码器、程序计数器 PC 等。

程序计数器(PC)用于 CPU 运行过程中,保存下一条要执行的指令在程序存储器中的地址,一般情况下,它总是自动加 1,只在运行转移类或子程序调用类指令时,才会改变为相应的目标地址,这些概念和普通微处理器中的概念是相同的。PC 的位数是 16 位,所以,51 单片机程序存储器的空间大小是 64KB。当单片机复位时,PC 初始化为 0000H,这也是51 单片机上电复位以后,所执行的第一条指令的地址(具备系统编程 ISP 功能的 STC15 系列单片机,上电复位以后的流程可能略有不同,见 2.4 节)。

2. 存储器

首先,与 80x86 等大部分微处理器不同,51 单片机的存储体系将存储空间分为程序存储器及数据存储器两个独立的存储地址空间。这些空间物理上分布于芯片内和芯片外。在芯片内,根据不同的产品型号,可以有不同容量的程序存储器,这些存储器一般为可改写的ROM 的类型,例如 STC15W4K32S4,片内有 32KB 的 Flash 存储器;此外,单片机片内还有一定数量的数据存储器,采用 RAM 的形式,用于存储程序运行过程中产生的中间结果等;这个片内的数据存储器空间,还包括一些用于存储控制其他功能部件(如定时器)运行方式和参数的信息单元,这些称为特殊功能寄存器(Special Function Register,SFR)。STC15 系列的单片机片内还有一个单独编址的 Flash 存储区(片内 EEPROM),用于存放那些程序运行时可实时修改但系统断电后需要保持不变的数据。

3. 并行 I/O 口

并行开关量(数字量)的输入/输出,是微控制器最基本的功能。STC15 系列单片机提供了最多 8 个可编程的并行 I/O 口(根据封装的不同,端口数也不同),大部分 I/O 口是 8 位的,有些口不足 8 位,如图 2.2 中 Port 0～Port 7 所示。这些 I/O 口命名为 P0～P7,既可以将它们分别作为一个整体,用于 8 位开关量的输入与输出(若是 8 位端口的话),也可以将它们的各位口线分别独立地用于 1 位开关量的输入与输出。当这些口线单独使用时,它们被命名为 P$x.y$,其中,x 代表其所在的并行口,可为 0～7;y 代表相应的位,可为 0～7,例如P0.7,代表 P0 口的 D7 位。

4. 其他功能部件

51 单片机内一般还集成有中断逻辑、两个或多个 16 位定时/计数器、一个或多个全双工串行口、多路 A/D 转换单元、同步串行数据传输 SPI 接口、多路 PWM 脉宽调制输出、多路比较器、看门狗和内部上电复位电路、高精度 RC 时钟、ISP/IAP 接口等功能部件,这些部件给单片机的应用带来了极大的方便,具体结构和应用方式见以后的叙述。

2.1.2　引脚功能

虽然 STC15 系列单片机型号众多,同种芯片还有封装的不同,但这些芯片的引脚信号大部分都具有相同的意义,学习者可以触类旁通。不过应注意的是,STC15 单片机的引脚布局,与经典的 51 单片机产品不兼容。以下以 STC15W4K32S4 的 PDIP40 封装(图 2.3)为例,初步介绍其引脚定义。这些引脚中,很多功能的详细含义,需在后续章节讨论到相关功能模块时,才会详细说明。

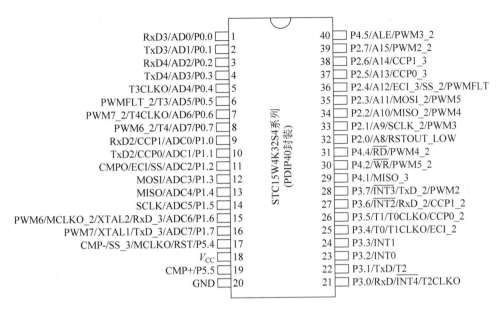

图 2.3　STC15W4K32S4 的 PDIP40 引脚图

1. 电源

GND：接地。

V_{CC}（40 脚）：接电源正端。

2. 其他引脚

图 2.3 中，其他引脚均为多功能，例如，引脚 1 标注为 RxD3/AD0/P0.0，表明该引脚具有三种功能：或者为 RxD3，或者为 AD0，或者为 P0.0，这是经典单片机引脚布局共同的特点——具有多功能用途，以在有限的引脚数中安排尽可能多的功能。

从图中还可以看出，这些引脚都是某一并行 I/O 口端口的某一位口线，表明这些引脚至少具有开关量（数字量）输入/输出的功能，但一般来讲，在某一应用系统中，只有不需要使用该引脚的其他功能时，才可以使用其并行输入/输出的功能。

以下介绍部分引脚的第二（或第三）功能（即非并行 I/O 功能）。

（1）数据和地址低 8 位复用总线，地址高 8 位总线。

AD0～AD7：引脚 1～8，为数据总线及低 8 位地址总线复用引脚。

A8～A9：引脚 32～39，为高 8 位地址总线。

单片机应用系统也可看成由数据总线、地址总线、控制总线的三总线连接起来的一个典型微机系统，此系统具有 8 位数据总线，16 位地址总线，可以用作片外扩充内存储器、I/O 接口。当系统不需要使用这些总线时，相应引脚才可以用于第三功能。

（2）总线控制引脚。

$\overline{\text{RD}}$：引脚 30，数据总线的"读"控制，低电平有效。当 CPU 执行读片外数据存储器指令时，本信号有效，实现对片外数据存储器空间的读周期。

$\overline{\text{WR}}$：引脚 31，数据总线的"写"控制，低电平有效。当 CPU 执行写片外数据存储器指令时，本信号有效，实现对片外数据存储器空间的写周期。

ALE：引脚 40，地址锁存允许。当 CPU 执行访问片外存储器空间的周期时，复用的总

线 AD0~AD7 首先输出低 8 位地址,此时 ALE 为高,在 AD0~AD7 切换到数据总线 D0~
D7 之前,ALE 将变为低。单片机片外的一个锁存器(称为地址锁存器),可利用 ALE 这一
个负跳变,将低 8 位地址锁存起来,供整个外存储器空间访问周期,提供稳定的低 8 位地址
使用。

（3）时钟与复位引脚。

XTAL1 和 XTAL2:引脚 16 和 15。当单片机使用片外时钟或片外晶体振荡元件(晶
振)以产生工作时钟时,需要用到这两个引脚,具体接法后面介绍。

RST:引脚 17,复位端,输入。当用户将此引脚设置为复位端时,在此引脚上出现两个
机器周期以上时长的高电平,就可将单片机复位,单片机进入复位后的初始状态,开始执行
用户程序,当然,在正常工作期间,复位引脚应为低电平。

STC 单片机引脚的其他功能,将在后续章节中逐步介绍。

2.2　STC15 单片机存储体系结构

如前所述,51 单片机的存储空间在逻辑上分为程序存储器空间和数据存储器空间,二
者都有独立的地址空间。在物理上,STC15 单片机的程序存储器最大具有 64KB 空间,只位
于片内(经典 51 单片机,程序存储器可以位于片内及片外);数据存储器则分布于片内和片
外,片外可扩展 64KB 空间,片内数据存储器(简称数据 RAM)又分为基本的数据 RAM 和
STC15 扩展的数据 RAM,扩展的数据 RAM 空间大小,各型号有较大的差别。此外,
STC15 单片机片内还集成有一块独立的数据 Flash 存储器,用于存放掉电不丢失的数据。

所以,对于 STC15 系列的单片机,可以说是有 5 个独立的存储器编址空间:程序存储
器空间(位于片内),片内基本数据 RAM 空间,片内扩展数据 RAM 空间,片内掉电不丢失
的数据 Flash(又称为 EEPROM)空间,片外数据存储器空间。

51 单片机没有独立的 I/O 地址空间。若需要扩充 I/O 接口并分配访问地址,则需要占
用片外数据存储器空间,即采用"内存映像"方式进行访问。

STC15 单片机存储体系结构可用图 2.4 表示。以下分别介绍各部分存储空间的基本
结构和用法。

2.2.1　程序存储器

程序存储器用于存放程序代码以及常数表格。程序存储器地址空间为 64KB,地址从
0000H 到 0FFFFH。经典单片机可能在片内集成较少的程序存储器空间,然后允许用户在
片外扩充至总空间为 64KB,STC15 单片机各型号芯片片内分别集成了 8~61KB 容量的
Flash 程序存储器,STC 公司认为已足够适用于各种应用系统,因此不再允许用户在片外再
扩充程序存储器了,这样,对于 STC15 系列单片机,所有程序存储器都位于片内。

各型号芯片,不管其片内程序存储器容量多大,都是从 0000H 开始连续编址。如图 2.4
中最左边存储器示意图所示。

用户程序只能通过 MOVC 指令读程序存储器的内容,不能写程序存储器单元(指带

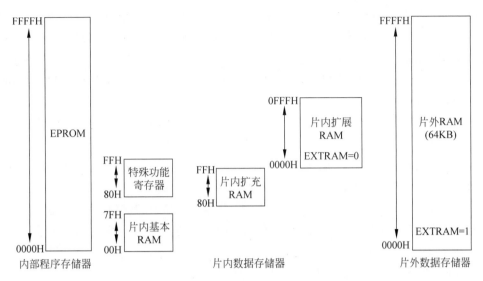

图 2.4 STC15 系列单片机存储体系结构

STC 头的产品）。

STC15 系列单片机程序存储空间中,有一些特殊地址单元已定义为特殊用途。这些特殊地址单元如下。

0000H～0002H:复位地址,此地址存放系统复位后单片机执行的用户程序第一条指令的代码。

0003H:外部中断 0 入口地址。

000BH:定时/计数器 0 溢出中断入口地址。

0013H:外部中断 1 入口地址。

001BH:定时/计数器 1 溢出中断入口地址。

0023H:串行口 1 中断入口地址。

以上是经典 51 单片机程序存储器所占用的情况。

对于 STC15 系列单片机,除上述占用以外,还会占用更多的中断入口,详情请见后面相关章节说明。此外,STC15 单片机还有一个特殊的设计,就是每一片单片机芯片在出厂时,其程序存储器空间中最高的 7 个地址单元,被写入了一个全球唯一的 ID 号,用户可以利用该 ID 号的唯一性,进行一些产品管理、程序加密或反复制等方面的设计。

2.2.2 数据存储器

数据存储器用于存放程序运行过程中产生的中间数据等。51 单片机对数据存储器可进行读和写操作。

单片机数据存储器总体上可分为片内和片外两部分。片外可以扩充 64KB,地址为十六进制的 0000H～0FFFFH。这是可以用数据传送指令 MOVX 直接访问的空间。

片内情况比较复杂,对于经典 51 单片机,片内数据存储器空间使用 8 位地址。80x51 型产品,片内有 256 个存储单元,地址为 00H～0FFH,其中低 128B、地址为 00～7FH 的单元为一般数据 RAM;高 128B、地址为 80H～0FFH 的单元为所谓的"特殊功能寄存器(简称 SFR)"；对于型号为 8X52 等的芯片，虽然地址同样为 00～FFH，但却有 256＋128 个存储单元，80H～0FFH 的地址由特殊功能寄存器以及附加的一般数据 RAM，共两个 128B 的单元共享，它们的访问通过不同的寻址方式区别。这部分空间如图 2.4 中靠左边紧挨着程序存储器的部分所示，这是用 MOV 等指令访问的空间，是 CPU 访问最为快捷方便的区域，可以称为片内基本的(常规的)数据 RAM。

对于 STC15 系列单片机，片内除了具有上述基本的数据 RAM 外(部分产品没有附加的 128B RAM)，大部分芯片还扩展有更多的数据存储器空间。

首先是扩展的数据 RAM，以 STC15W4K32S4 为例，这部分空间为 4KB－256B＝3840B。这部分空间使用 16 位地址访问，地址编码为 0000～0EFFH。

其次，STC15 单片机还有一块独立的 Flash 数据存储器，该数据存储器是电可擦除和电可改写的，而且掉电数据不丢失。这一块存储器的介绍请见 2.2.3 节。

1. 片内基本的数据 RAM

如前所述，单片机片内基本的数据 RAM 如图 2.5 所示。

在片内基本数据 RAM 中，低 128B，地址为 00～7FH 的单元，用于存放程序运行的一般结果，其使用完全由用户自定义。其中(见图 2.6)：

(1) 地址 00～1FH 的 32 个单元，51 单片机将其定义为工作寄存器区，共定义了 4 组工作寄存器，每组中各有 8 个寄存器，分别命名为 R0～R7。用户程序可以方便地选择一组 R0～R7 作为当前工作寄存器进行访问。未被选择为当前工作寄存器的单元，不能使用 R0～R7 的名字来访问，但仍然可以通过地址来访问。

(2) 位寻址区。地址 20H～2FH，共 16B 的单元，这一区域的每一单元的每一位(共 128b)都具有一个地址，称为位地址，这一部分位地址编码为 00 到 7FH，依次从 20H 号单元的 D0 位到 2FH 号单元的 D7 位编址。这个区域的单元，除了可以作为一般字节单元进行读/写之外，CPU 还可以对其中的每一位进行寻址、操作。

(3) 其他。地址为 30H～7FH。这部分单元，用户可自由使用。一般可将堆栈区设置在这一区域。

图 2.5　片内基本数据 RAM 组成图

图 2.6　片内基本 RAM 低 128B 单元组成图

片内基本数据 RAM 地址从 80H 至 FFH 的单元有两部分，其中一部分称为特殊功能寄存器。所谓特殊功能寄存器，主要包括控制片内各功能单元(定时器、串行口、中断等)工作方式的一些寄存器，以及一些命名的数据寄存器，如累加器 A 等。STC15 系列单片机的

SFR 地址与名称对应表如表 2.1 所示,注意其中有些地址单元是空白的,表明并无实际的特殊功能寄存器对应,因此也不能访问。寄存器名字下面的 8 位二进制数为单片机复位以后的初始值,x 表示该位为随机值。这些 SFR 地址的编排,例如 P0 地址为 80H,SP 地址为 81H,DPL 地址为 82H,等等。

表 2.1　SFR 地址与名称对应表

地址	可位寻址 +0	不可位寻址						
		+1	+2	+3	+4	+5	+6	+7
80H	P0 1111 1111	SP 0000 0111	DPL 0000 0000	DPH 0000 0000	S4CON 0000 0000	S4BUF ×××× ××××	—	PCON 0011 0000
88H	TCON 0000 0000	TMOD 0000 0000	TL0 0000 0000	TL1 0000 0000	TH0 0000 0000	TH1 0000 0000	AUXR 0000 0001	INT_CLKO AUXR2 0000 0000
90H	P1 1111 1111	P1M1 0000 0000	P1M0 0000 0000	P0M1 0000 0000	P0M0 0000 0000	P2M1 0000 0000	P2M0 0000 0000	CUK_DIV PCON2
98H	SCON 0000 0000	SBUF ×××× ××××	S2CON 0000 0000	S2BUF ×××× ××××	—	P1ASF 0000 0000	—	—
A0H	P2 1111 1111	BUS_SPEED ×××× ××10	P_SW1 0000 0000	—	—	—	—	—
A8H	IE 0000 0000	SADDR	WKTCL WKTCL_CNT 0111 1111	WKTCH WKTCH_CNT 0111 1111	S3CON 0000 0000	S3BUF ×××× ××××	—	IE2 ×000 0000
B0H	P3 1111 1111	P3M1 0000 0000	P3M0 0000 0000	P4M1 0000 0000	P4MO 0000 0000	IP2 ×××0 0000	IP2H ×××× ××00	IPH ×000 0000
B8H	IP ×0×0 0000	SADEN	P_SW2	—	ADC_CONTR 0000 0000	ADC_RES 0000 0000	ADC_RESL 0000 0000	—
C0H	P4 1111 1111	WDT_CONTR 0×00 0000	IAP_DATA 1111 1111	IAP_ADDRH 0000 0000	IAP_ADDRL 0000 0000	IAP_CMD ×××× ××00	IAP_TRIG ×××× ××××	IAP_CONTR 0000 0000
C8H	P5 1111 1111	P5M1 ××00 0000	P5M0 ××00 0000	P6M1 0000 0000	P6M0 0000 0000	SPSTAT 00×× ××××	SPCTL 0000 0100	SPDAT 0000 0000
D0H	PSW 0000 0000	T4T3M 0000 0000	T4H 0000 0000	T4L 0000 0000	T3H 0000 0000	T3L 0000 0000	T2H 0000 0000	T2L 0000 0000
D8H	CCON 00×× 0000	CMOD 0××× ×000	CCAPM0 ×000 0000	CCAPM1 ×000 0000	CCAPM2 ×000 0000	—	—	—
E0H	ACC 0000 0000	P7M1 0000 0000	P7M0 0000 0000	—				

续表

地址	可位寻址	不可位寻址						
地址	+0	+1	+2	+3	+4	+5	+6	+7
E8H	P6 1111 1111	CL 0000 0000	CCAP0L 0000 0000	CCAP1L 0000 0000	CCAP2L 0000 0000	—	—	—
F0H	B 0000 0000	PWMCFG 0000 0000	PCA_PWM0 00×× ××00	PCA_PWM1 00×× ××00	PCA_PWM2 00×× ××00	PWMCR 0000 0000	PWMIF ×000 0000	PWMFDCR ××00 0000
F8H	P7 1111 1111	CH 0000 0000	CCAP0H 0000 0000	CCAP1H 0000 0000	CCAP2H 0000 0000	—	—	—

以下简单叙述其中几个寄存器的作用。

A 累加器(ACC):和其他微处理器一样,A 累加器也是 CPU 中使用最频繁的寄存器,一般算术运算指令都需要 A 累加器提供一个操作数。

B 寄存器:在程序中可用于存放用户的一般结果,在乘除指令中需要 B 寄存器提供一个操作数。

DPL、DPH:这两个寄存器可合成一个 16 位的寄存器 DPTR,DPH 提供高 8 位,DPL 提供低 8 位。在间接寻址方式中,DPTR 作为间址寄存器,提供操作数的 16 位地址。当然,它们也可单独分别使用。

实际上 STC15 单片机(若是有外部数据总线的封装)在物理上有两个 DPTR16 位寄存器,它们共用一个逻辑地址。可以通过名字为 AUXR1(P_SW1)的 SFR(地址为 0A2H)的 D0 位选择当前有效的 DPTR(即当前指令中的 DPTR),此 D0=1 或 0,分别选择某一个 DPTR 为有效。这样,方便在程序中切换两个不同的 16 位地址指针。

SP:堆栈指针,8 位,总是指向堆栈顶单元,其值随着堆栈顶的浮动而变动,当推入一个字节进入堆栈时,SP 自动加 1,当从堆栈弹出一个字节时,SP 自动减 1。单片机复位以后,SP 的值为 07,指向片内基本数据 RAM 区,一般来讲,用户都需要将堆栈指针 SP 调到更合适的位置。

P0~P7:这 8 个 SFR 实际上是单片机中 8 个并行开关量输入/输出端口的输出锁存器和输入缓冲器。也就是说,CPU 通过将数据写至某一个端口 SFR 寄存器 Px,实现将该数据输出至对应引脚;或者,CPU 通过读某一个端口 SFR 寄存器 Py,实现输入对应引脚状态。这 8 个 SFR 是可以位寻址的,其每一位 Px.y,都实际对应引脚口线的相应位 Px.y。

PSW:程序状态字,即一般所说的标志寄存器,存放程序运行过程中的一些特征标志。PSW 各位的定义如表 2.2 所示。

表 2.2　PSW 的各状态位定义

位序	PSW.7	PSW.6	PSW.5	PSW.4	PSW.3	PSW.2	PSW.1	PSW.0
标志位	CY	AC	FO	RS1	RS0	OV	/	P

(1) CY:进位标志位。在进行加(或减)法运算时,如果执行的结果最高位 D7 有进位(或借位),CY 置 1,否则 CY 清零。在进行位操作时,CY 又是位操作累加器,助记符用 C 表示。

（2）AC：辅助进位标志。进行加法或减法操作时,当发生低 4 位向高 4 位进位或借位时,AC 由硬件置位,否则 AC 位被置 0。在进行十进制调整指令时,将借助 AC 状态进行判断。

（3）FO：用户标志位。该位为用户自定义的状态标记,用户可根据需要自由定义其意义。

（4）RS1 和 RS0：当前工作寄存器选择控制位。通过软件置 0 或 1 该两位,来选择当前工作寄存器组,如表 2.3 所示。

表 2.3　RS1、RS0 选择的当前工作寄存器

组号	RS1　RS0	当前工作寄存器组	对应 RAM 地址
0	0　　0	0	00～07H
1	0　　1	1	08～0FH
2	1　　0	2	10H～17H
3	1　　1	3	18H～1FH

（5）OV：溢出标志位。当执行算术加减指令时,此标志状态等于最高位与次高位向前的进位或借位的“异或”。在用补码表示的有符号的加减运算中,OV＝1 表示加减运算结果超出了结果表示的有效范围（－128～＋127）,即运算结果是错误的,反之,OV＝0 表示运算正确,即无溢出产生。

乘除法指令也会影响溢出标志,具体请见指令系统。

（6）P：奇偶标志位。P 总是跟踪反应累加器 A 中 1 的个数的奇偶性,若累加器中 1 的个数为奇数则 P＝1,否则 P＝0。

在表 2.1 中,地址能被 8 整除的那些 SFR 为可以位寻址的 SFR,也就是说,这些 SFR 的每一个二进制位也被编址了一个地址,称为位地址。这些位地址和低 128B RAM 中的位地址是统一编址的。即这里的位地址从 80H 开始编址,直到 0FFH。位地址的编址规律是：可位寻址 SFR 的字节地址值,是该 SFR 的 D0 位的位地址值,加 1 是 D1 位的地址,加 7 是 D7 位的位地址,以此类推。例如,P0 的 D0 位的位地址是 80H；P0 的 D7 位的位地址是 87H。

此外,表 2.1 中,各 SFR 方框中的二进制值,是该 SFR 在单片机复位以后的初始设置值。

有关 SFR 中其他寄存器的功能,会在相应章节中详细讨论。

片内基本数据 RAM 中,还有一块物理存储器,其地址也是从 80H 至 0FFH,和 SFR 地址空间相同。CPU 通过不同的寻址方式来区别这两块区域的访问。具体来说,访问 SFR,只能通过直接寻址的方法；访问另一块 80H～0FFH,只能通过间接寻址的方法。间接寻址访问的这一块数据 RAM,完全归用户自由使用,系统没有占用。由于对堆栈的访问是属于用 SP 堆栈指针间接寻址的,因此,也可以将堆栈设置在这一区域,以节省片内 0～7FH 区域的使用。也就是说,51 单片机的堆栈,可以设置在片内基本数据 RAM 的低 128B 地址区域,或者是高 128B 地址使用间接寻址的区域,当然也只能设置在这两个区域之中。

2. 片内扩展的数据 RAM 空间

STC15 的大部分产品,在片内还扩展了另一部分数据存储器空间,这部分空间一般比

上述基本数据 RAM 要大得多。以 STC15W4K32S4 为例,这部分空间为 4KB－256B＝ 3840B,这部分空间使用 16 位地址访问,地址编码为 0000～0EFFH。

单片机对这部分空间的访问,使用和访问片外数据存储器空间一样的指令(即 MOVX 指令),单片机会根据 SFR 中地址为 8EH 的寄存器 AUXR 的 D1 位(名为 EXTRAM)的状态,决定是访问片外的地址单元,还是片内的相应地址单元。当 EXTRAM＝0 时,单片机 MOVX 指令访问片内的单元;当 EXTRAM＝1 时,单片机 MOVX 指令访问片外的单元。用户可以用指令改变 EXTRAM 的状态。

2.2.3 片内数据 Flash 存储器

除了以上数据存储器,STC15 系列单片机片内还集成了一块较大容量的 EEPROM(电可擦可编程只读存储器),用于掉电不丢失数据的存储,一般称为数据 Flash。该数据 Flash 有单独的地址空间,采用 IAP 技术("在应用编程",即下面要介绍的访问方法)访问时,地址编址从 0 开始。这些 Flash 单元,从首地址单元开始,每 512B 为一个扇区。CPU 每次进行擦除操作,都必须将整个扇区全部擦除,因此建议同一次修改的数据放在同一个扇区,不是同一次修改的数据放在不同的扇区,这样比较好管理。

例如,芯片 STC15W4K32S4 片内数据 Flash 有 26KB,用 IAP 技术访问时,其地址为 0000～67FFH,分为 52 个扇区。

数据 Flash 可用于保存一些需要在应用过程中修改并且掉电不丢失的数据。在用户程序中,可以对数据 Flash 进行字节读/字节写/扇区擦除操作。为可靠起见,在工作电压 V_{CC} 偏低时,建议不要进行数据 Flash 的 IAP 访问操作。特殊功能寄存器 PCON 的 D5 位 LVDF 为低压检测标志位,当工作电压 V_{CC} 低于低压检测门槛电压时,该位置 1,所以在 LVDF 为 1 时,不要进行 Flash 的 IAP 操作。

在对数据 Flash 做 IAP 技术操作时,涉及如表 2.4 所示的特殊功能寄存器。

表 2.4 数据 Flash 的 IAP 操作功能寄存器

寄存器名	地址	MSB		位地址及符号		LSB		复位值
IAP_DATA	C2H							1111 1111B
IAP_ADDRH	C3H							0000 0000B
IAP_ADDRL	C4H							0000 0000B
IAP_CMD	C5H					MS1	MS0	xxxx x000B
IAP_TRIG	C6H							xxxx xxxxB
IAP_CONTR	C7H	IAPEN	SWBS	SWRST	CMD_FAIL	- WT2	WT1 WT0	0000 x000B

以下说明中,ISP/IAP 指的是采用 ISP/IAP 技术访问数据 Flash 的操作。

1. ISP/IAP 数据寄存器 IAP_DATA

ISP/IAP 操作时的数据寄存器。IAP 从 Flash 读出的数据放在此处,向 Flash 写的数据也需要放在此处。

2. ISP/IAP 地址寄存器 IAP_ADDRH 和 IAP_ADDRL

IAP_ADDRH:ISP/IAP 操作时的地址寄存器高 8 位。IAP_ADDRL:ISP/IAP 操作

时的地址寄存器低 8 位。用于存放要读/写/擦除的数据 Flash 单元的地址。

3. ISP/IAP 命令寄存器 IAP_CMD

IAP_CMD 的最低两位 MS1 及 MS0 的功能如表 2.5 所示。

表 2.5　ISP/IAP 操作命令编码

MS1	MS0	命令/操作模式
0	0	Standby 待机模式,无 ISP 操作
0	1	从用户的应用程序区对数据 Flash 区进行字节读
1	0	从用户的应用程序区对数据 Flash 区进行字节编程
1	1	从用户的应用程序区对数据 Flash 区进行扇区擦除

4. ISP/IAP 命令触发寄存器 IAP_TRIG

IAP_TRIG：ISP/IAP 操作时的命令触发寄存器。在 IAPEN(IAP_CONTR.7)=1 时,对 IAP_TRIG 先写入 5AH,再写入 A5H,ISP/IAP 命令才会生效。

5. ISP/IAP 命令寄存器 IAP_CONTR

ISP/IAP 控制寄存器相关位解释如下。

IAPEN：ISP/IAP 功能允许位。0：禁止 IAP 读/写/擦除；1：允许 IAP 读/写/擦除。

SWBS、SWRST 位,在复位一节中介绍。

CMD_FAIL：如果由 IAP 地址寄存器 IAP_ADDRH 和 IAP_ADDRL 的值指向了非法地址或无效地址,且送了 ISP/IAP 命令及触发,则 CMD_FAIL 为 1,需由软件清零。

WT2、WT1、WT0 设置 ISP/IAP 操作时 CPU 等待时间,具体设置方法如表 2.6 所示。

表 2.6　ISP/IAP 操作 CPU 等待时间设置

设置等待时间			CPU 等待时间(多少个 CPU 工作时钟)			
WT2	WT1	WT0	读(2 个时钟)	编程(=55μs)	扇区擦除(=21ms)	系统时钟
1	1	1	2 个时钟	55 个时钟	21 012 个时钟	≥ 1MHz
1	1	0	2 个时钟	110 个时钟	42 024 个时钟	≥ 2MHz
1	0	1	2 个时钟	165 个时钟	63 036 个时钟	≥ 3MHz
1	0	0	2 个时钟	330 个时钟	126 072 个时钟	≥ 6MHz
0	1	1	2 个时钟	660 个时钟	252 144 个时钟	≥ 12MHz
0	1	0	2 个时钟	1100 个时钟	420 240 个时钟	≥ 20MHz
0	0	1	2 个时钟	1320 个时钟	504 288 个时钟	≥ 24MHz
0	0	0	2 个时钟	1760 个时钟	672 384 个时钟	≥ 30MHz

在了解了以上 SFR 的用法后,可归纳出对数据 Flash 的 ISP/IAP 访问操作的基本步骤如下。

(1) 将读/写/擦除的数据 Flash 单元的地址装入 IAP_ADDRH 及 IAP_ADDRL 寄存器,注意,若要删除某一扇区,则地址可为该扇区任一单元地址；

(2) 若是编程操作,则将要写入的数据装入 IAP_DATA 寄存器；

(3) 根据系统时钟值及表 2.6,设置 IAP_CONTR 中的等待时间编码 WT2、WT1、WT0；

(4) 将 IAP_CONTR 的 D7 位置 1；

(5) 根据操作类型,将操作命令编码写入 IAP_CMD；

(6) 向 IAP_TRIG 寄存器先后写入 5AH 及 0A5H。

注意：在对某一个字节地址写入时，必须保证其内容为"0FFH"，也就是先要将以前写入的内容擦除掉，才能写入新的数据。

2.3　并行 I/O 口

并行 I/O 接口是实际应用中使用最多、最普遍的接口类型，开关量的输入/输出都是通过并行 I/O 接口实现的。STC15 系列单片机，根据芯片型号和封装的不同，最多具有 P0～P7 共 8 个 I/O 口，62 根口线。每个端口的每个口线，均具有输出的锁存和驱动，以及输入的三态缓冲，它们都可以被用户程序配置为 4 种工作模式之一。

2.3.1　I/O 口的工作模式及其设置

STC15 单片机的各 I/O 口的口线，均可被配置为如表 2.7 所示的 4 种工作模式之一。这种配置是通过设置 SFR 特殊功能寄存器 PxM1 及 PxM0 实现的。通过设置 PxM1 寄存器，以及 PxM0 寄存器的相应位，可配置 Px 的相应口线的工作模式，这里，$x=0$～7，分别对应 8 个 I/O 口。例如，将寄存器 P1M1 的 D1 位设置为 0，将 P1M0 的 D1 位设置为 1，将把口 P1 的口线 P1.1 配置为推挽输出模式。

表 2.7　端口的工作模式

模式	PxM1	PxM0	I/O 口工作模式
0	0	0	准双向 I/O 口模式，弱上拉。灌电流 20mA，拉电流 270μA
1	0	1	推挽输出，强上拉输出可达 20mA，要外加限流电阻 470Ω～1kΩ
2	1	0	仅作为输入（高阻态）
3	1	1	开漏模式（无上拉），做输出时应外接上拉电阻

以下讨论这 4 种工作模式的特点。

1. 模式 0——准双向 I/O 口模式

这是与经典 51 单片机兼容的一种工作模式。在这种工作模式下，口线可以进行开关量的输出/输入操作。如图 2.7 所示为任一位口线在此种工作模式下的结构原理图。

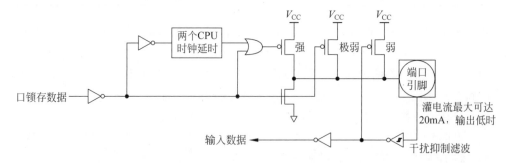

图 2.7　准双向输出口线的结构图

当口线做输出功能时,直接向口线的锁存器 SFR 写 1 或 0 即可。输出 1,口线输出级提供一个较弱的上拉,图中靠右边的两个较弱的上拉电路提供约几十和 200μA 拉电流负载;输出 0 时,输出级可提供较大的灌电流负载(最大 20mA)。图中强拉的上拉管子的存在,使得当口锁存器的数据从 0 变至 1 时,口线能提供两个 CPU 时钟长的强上拉作用,从而有助于端口引脚迅速地上拉至高电平。经过口线的输出级,1 或 0 即出现在端口引脚上。

当需要做输入功能,输入引脚状态时,首先需要向口线锁存器写 1,以关断引脚上连接的下拉管子,才能将引脚状态读入,如图 2.7 所示。其次,引脚状态是经三态缓冲器进入内部总线的,通过读相应的口线 SFR,引脚状态就会读至 CPU 中。

2. 模式 1——推挽输出模式

这是一种同时提供较大拉电流负载和灌电流负载的准双向 I/O 模式。结构图如图 2.8 所示。其操作同上一种模式。在这种模式下,输出高电平时,引脚都能提供 20mA 的拉电流负载;输出低电平时,引脚能提供 20mA 的灌电流负载。而口线做输入使用时,同上一种模式一样,也必须先向口锁存器写入 1,以关断输出级中的下拉管子,使引脚状态能正确地进入输入缓冲器,读入至内部总线。

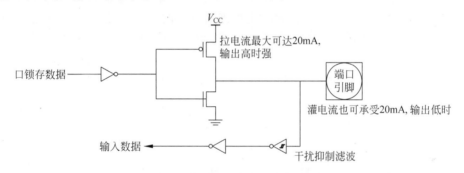

图 2.8　推挽输出模式口线的结构图

3. 模式 2——仅输入模式

本工作模式仅作为输入方式使用,此时,引脚呈现为一个高输入阻抗的端子,对外设不会吸入较大的负载电流。结构图如图 2.9 所示。在此种模式之下,直接读口线的 SFR,可读入引脚状态,读之前不需要先向口锁存器写 1。

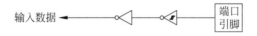

图 2.9　仅输入模式口线的结构图

4. 模式 3——开漏模式

本工作模式下,输出级提供"开漏"输出,即集电极(漏极)开路输出(OC 方式)。结构图如图 2.10 所示。当端口输出 1 时,输出级中的管子关断,接在其集电极的引脚处于悬空状态,此时需要在引脚上外接一个上拉电阻,以获得高电平;当端口输出 0 时,输出级的管子导通,引脚电位被钳制在低电位。开漏输出的口线,外部正确接法如图 2.11 所示。

开漏输出的优势是可以提供"线与"功能:几个具有开漏输出的引脚并接在一起,所得到的新的端子,其逻辑状态是并接入的线的"与"。

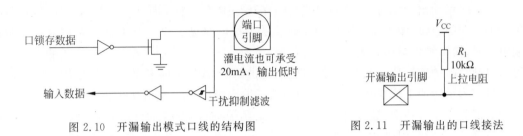

图 2.10 开漏输出模式口线的结构图   图 2.11 开漏输出的口线接法

本工作模式下输入和准双向口输入一样,在读入口线 SFR 以得到引脚状态以前,需要先向相应的口线 SFR 写入 1,以关闭输出级的管子。

2.3.2 并行 I/O 口使用注意事项

1. 关于数据/地址/控制三总线

微型计算机系统一般采用三总线结构,即以数据总线 DB、地址总线 AB、控制总线 CB 连接各组成部件。对于 STC15 单片机为主处理器组成的系统来说,也是采用这样的结构。STC15 单片机的数据总线,由 P0 口提供,双向 8 位,地址总线 16 位,由 P0、P2 口提供,P0 口提供低 8 位地址,及数据总线复用,P2 口提供高 8 位地址。控制总线主要信号由 P3、P4 口提供,例如 $\overline{WR}$、$\overline{RD}$、ALE 等。如图 2.12 所示为 STC15 单片机片外扩展三总线的一般模型图。

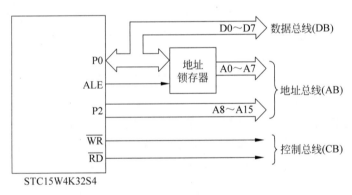

图 2.12 STC15 单片机三总线扩展模型

若单片机需要进行片外的三总线扩充,则使用到的相应口线都不能再作为一般的 I/O 使用了。

2. 引脚口线的多功能性

STC 单片机的口线,除上述介绍的三总线以外,其他也都具有多种功能。具体功能安排请见芯片的引脚图。这里需要注意一种情况,即 STC15 单片机的一些产品,如 STC15W4K60S4 等,可以将几种特殊的片内部件的引脚,在多个端口间切换。例如,串口 1 的 RxD 和 TxD 引脚,既可安排在 P3.0 和 P3.1 上,也可安排在 P3.6 和 P3.7 上,还可安排在 P1.6 和 P1.7 上,串口 1 的这种安排,用户可以通过设置 AUXR1(P_SW1)的 SFR(地址 0A2H)的 D7、D6 位的状态来控制。类似的部件还包括 PCA/CCP/PWM、SPI、串口 2~4

等。当然,在实际应用中,这些部件的功能引脚显然各自只能出现在某一个口线上。

同样,若单片机系统需要使用某一口线的第二或第三功能,则相应口线也不能再作为一般的 I/O 使用了。

3. 复位状态和驱动能力

单片机复位后,各端口锁存器 SFRs 置全 1。各端口处于准双线/弱上拉工作模式,进入程序后,用户可按实际需要,任意设置成 4 种工作模式之一。必须注意,不管该口线是工作在普通 I/O 还是第二功能、第三功能,若非工作于模式 2——仅输入模式,则当需要从引脚输入时,都需要先向口线锁存器 SFR 的对应位写 1。复位后各端口引脚已处于可输入状态,若在运行过程中,修改了口线 SFR 对应位的状态,又需要使用该口线的输入功能,必须先向对应的锁存器 SFR 相应位写入 1。

STC15 单片机的口线,都具有最大 20mA 的灌电流输出驱动能力,若工作于模式 1——推挽输出模式,则还有 20mA 的拉电流驱动力。但是,单片机芯片总的功耗有限制,一般 40 引脚以上的芯片,总电流不超过 120mA,40 引脚以下的芯片,总电流不能超过 90mA。因此,用户在设计时,并不能每个引脚都使用其最大驱动能力。绝大部分引脚在驱动较大负载时,需外加驱动芯片或三极管增加驱动能力。

4. 读端口与读锁存器的区别

单片机在运行过程中,除了可能执行读引脚状态的操作外,还可能有另外一种读并行口的操作,即读口锁存器状态的操作。此时单片机内部会将端口锁存器的状态读入内部总线。显然,读引脚状态和读口锁存器状态,其结果是不一样的。

哪些指令产生读口锁存器的操作,哪些产生读引脚的操作呢?单片机对并行口的"读—改—写"指令执行的是读口锁存器的操作,除此之外,其他的读口指令执行的是读引脚的操作。所谓"读—改—写"指令,是指那些先将端口(锁存器)数据读入,经过运算修改后,再写回端口(锁存器)的指令。例如 ANL P0,A,该指令将 P0 口锁存器的内容和 A 累加器相与,结果回写到 P0 口锁存器,这里开始读的就是 P0 口锁存器。类似的指令还有以端口为目标操作数的 ORL、XRL、JBC、CPL、INC、DEC 等指令。

2.4　STC15 单片机时钟、复位及启动流程

2.4.1　时钟电路

微处理器作为一个复杂的时序逻辑电路,其工作必须要有时钟驱动。给单片机提供合适的时钟是单片机能正常工作的基本条件。主频时钟的频率也直接决定单片机执行指令的速度。

STC15 系列单片机的时钟可以有两种产生方法,内部高精度 R/C 时钟和外部时钟(外部输入的时钟或外部晶体振荡产生的时钟)。一些产品两种方法都可以使用,如 STC15W4K32S4 系列等;另一些产品则只能使用内部高精度 R/C 时钟,如 STC15F100W 系列、STC15W201S 系列等。

1. 外部时钟

最常用的方法就是在片外接一个晶体振荡元件(简称晶振),利用片内的振荡电路产生主时钟,接法如图 2.13 所示。

图中晶振多为石英晶体,其振荡频率决定了主频时钟的频率,可根据系统对快速性的要求和具体单片机芯片允许的频率范围选择。例如,传统的 51 芯片最高频率为 12MHz,STC15 最高主频为 35MHz 或更高。在实际应用中,并不是主频愈高愈好,主频愈高,对外围器件的要求愈高,功耗愈大,可靠性也会相应降低,所以应根据实际应用要求来确定较为合适的频率。

对于石英晶体振荡器,图中电容器 C1、C2 可选 30pF 左右的独石或其他高频特性较好的电容。

51 单片机也可使用外时钟信号。即将外部已有的时钟信号引入单片机内作为主频时钟,接法如图 2.14 所示。图中的门电路可以提高驱动能力,改善波形特性。外部时钟信号一般需要保证一定的脉冲宽度,时钟频率低于单片机最高主频指标。

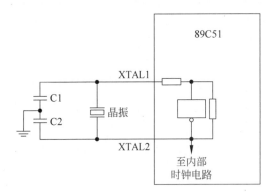

图 2.13　外接晶振产生时钟

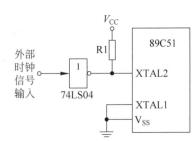

图 2.14　直接外接时钟

2. 内部 R/C 时钟

STC15 单片机也可以选择使用片内产生的 R/C 时钟,有些芯片则只能使用这种方式。STC 单片机内部高精度 R/C 时钟具有 ±0.3% 的精度,以及 ±1% 温飘(−40℃~+85℃)或 ±0.6% 温飘(−20℃~+65℃)。

STC15 系列单片机选择这种时钟方式时,需要在给芯片装入程序代码时进行适当设置。利用 STC 公司发布的 ISP(在系统编程)软件——STC-ISP(V6.57),可以完成程序代码的下载(写入单片机片内程序 Flash)及其他的一些初始化的设置,操作界面如图 2.15 所示。设置完后,单击"下载/编程"按钮,这些设置及单片机的程序代码将一起写入到单片机中。

3. 主时钟分频、时钟输出和分频寄存器

以上方法产生的时钟称为主时钟 MCLK,单片机内部控制 CPU、定时器、串行口、SPI、CCP/PWM/PCA、A/D 转换的实际工作时钟称为系统时钟 SysClk(相当于经典 51 单片机中的机器周期概念)。系统时钟是对主时钟分频而得,分频系数由一个 SFR 时钟分频控制器(CLK_DIV,地址 97H)设置,CLK_DIV 寄存器各位的定义如表 2.8 所示。

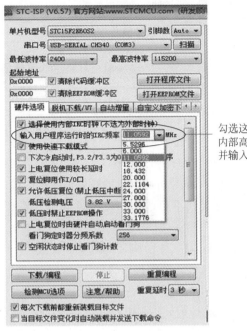

图 2.15　选择内部 R/C 时钟的设置

表 2.8　时钟分频寄存器的定义

SFR Name	D7	D6	D5	D4	D3	D2	D1	D0
CLK_DIV（PCON2）	MCKO_S1	MCKO_S0	ADRJ	Tx_Rx	MCLKO_2	CLKS2	CLKS1	CLKS0

（1）CLKS2、CLKS1、CLKS0：系统时钟频率选择控制位，单片机系统时钟频率由这三位配置，具体设置情况如表 2.9 所示。

表 2.9　主时钟分频设置

CLKS2	CLKS1	CLKS0	系统时钟频率设置
0	0	0	主时钟频率/1,不分频
0	0	1	主时钟频率/2
0	1	0	主时钟频率/4
0	1	1	主时钟频率/8
1	0	0	主时钟频率/16
1	0	1	主时钟频率/32
1	1	0	主时钟频率/64
1	1	1	主时钟频率/128

通过设置 CLKS2、CLKS1、CLKS0 这三位，可以让单片机在较低的频率上运行。

（2）MCKO_S1 及 MCKO_S1 设置引脚 MCLKO/P5.4 或 MCLKO_2/P1.6 是否对外输出时钟，输出的时钟频率为多少，具体情况见表 2.10。

表 2.10　主时钟对外输出设置

MCKO_S1	MCKO_S0	引脚 MCLKO 或 MCLKO_2 对外输出时钟设置
0	0	不对外输出时钟
0	1	对外输出时钟,输出时钟频率不分频
1	0	对外输出时钟,输出时钟频率 2 分频
1	1	对外输出时钟,输出时钟频率 4 分频

还需要注意,STC15 系列中,有的芯片输出的是系统时钟的分频信号,如 STC15W4K32S4 系列等,有的芯片输出的是主时钟的分频信号,如 STC15W404S 系列等。具体情况请见 STC15 产品手册。此外,STC15 系列 5V 单片机 I/O 口的对外输出速度最快不超过 13.5MHz, 3.3V 单片机 I/O 口的对外输出速度最快不超过 8MHz,这个限制也需要在输出时钟时予以考虑。

(3) MCLKO_2 设置是在 MCLKO/P5.4 引脚还是在 MCLKO_2/P1.6 引脚上输出时钟,为 0 在 MCLKO 引脚,为 1 在 MCLKO_2 引脚。

4. STC15 单片机时序说明

所谓时序,一般指的是在 CPU 运行时,引脚信号随着时钟而变化的时间与次序的安排。单片机的特点是,大部分指令的执行,只需在芯片内完成,因此也无引脚信号的变化。只是在执行片外数据存储器读/写操作时,才涉及片外总线的变化,而引起片外三总线的操作时序。

一般而言,指令执行时引起的片内逻辑信号的变化,我们并不关心。但为了对指令的执行有一个基本的概念,以及对程序运行时间计算的了解,仍需要理解以下概念。

(1) 主时钟频率,系统时钟频率,机器周期。

主时钟频率 MCLK:如前所述,MCLK 是单片机运行的基本时钟,它可以在片外产生,例如由片外输入或是由片外晶振决定;也可由片内 R/C 电路直接产生。这个频率是程序员感知的系统最高频率,其他时钟频率都是来源于它。

系统时钟频率 SysClk:这是 STC15 单片机引入的名词,它或者与 MCLK 同频率,或者是由 MCLK 的若干分频得到。系统时钟是单片机片内各种操作的同步时钟,单片机内各种操作的工作时钟,比如指令执行时间单位、各种定时器的定时计数脉冲等都是它。所以,系统时钟才是真正的片内的工作时钟。

机器周期:这是传统单片机或其他微处理器的基本概念,它是处理器执行一个基本操作所需要的时间,也是系统工作的一个基本时间单位。在 STC15 单片机中,机器周期等价于系统时钟 SysClk 频率的倒数,即它与系统时钟是同一个信号、同一个概念。

(2) 指令执行时间。

指令的执行时间,即指令执行所需要的机器周期数。传统上,将指令的执行时间简称为指令周期。STC15 单片机的各类指令所需要的时间,在附录 B 的表格中都详细标明了,总体来说,这些指令执行时间和指令长度(即指令代码的字节数)分为以下几种类型。

① 单字节单周期:这类指令的长度是一个字节,执行时间是一个机器周期(也可以说是在一个系统时钟内完成)。CPU 在一个系统时钟内,完成取指令码、译码、执行等操作。

② 双字节单周期:这类指令的长度是两个字节,执行时间是一个机器周期。CPU 在一

个系统时钟内,完成取指令码两次(每次一字节)、译码、执行等操作。

③ 单字节双周期:这类指令的长度是一个字节,但执行时间是两个机器周期。CPU 在第一个系统时钟内,完成取指令码,然后在本时钟周期及接下来的时钟周期内,完成指令译码、执行等操作。

④ 多字节多周期:这类指令的长度是两个或三个字节,执行时间最少两个机器周期,最多 5 个机器周期(不考虑访问片外数据存储器空间的指令)。CPU 在第一个系统时钟内,完成取两个指令码字节,在第二个系统时钟内,取第三个指令码字节(如果有的话),然后在第一时钟周期及接下来的时钟周期内,完成指令译码、执行等操作。

当单片机执行访问片外数据存储器指令时,将引起片外总线的操作时序。这一时序的说明,将在 12.1.2 节中进行讨论。

2.4.2　复位及启动流程

单片机复位的意义是给片内各寄存器和触发器一个确定的初始状态。可靠的复位是单片机能正确执行用户程序的必要前提。STC15 单片机的复位有两种类型 4 种组合:冷启动/热启动复位,硬(件)复位/软(件)复位。具体共有 7 种复位方式,包括:外部 RST 引脚复位,软件复位,掉电复位/上电复位,内部低压检测复位,MAX810 专用复位电路复位,看门狗复位以及程序地址非法复位。以下首先介绍与复位操作有关的两个 SFR,再介绍各类复位操作。

1. ISP/IAP 控制寄存器

ISP/IAP 控制寄存器(IAP_CONTR,地址 0C7H)各位定义如表 2.11 所示。

表 2.11　ISP/IAP 控制寄存器各位定义

位	D7	D6	D5	D4	D3	D2	D1	D0
定义	IAPEN	SWBS	SWRST	CMD_FAIL	—	WT2	WT1	WT0

其中,SWBS 为 0,则复位后从用户应用程序区启动,为 1 从系统 ISP 监控程序区启动(用于下载用户程序代码至本芯片的程序存储器)。

SWRST 为 1,软件控制产生复位;为 0:无操作。

2. 电源控制寄存器

电源控制寄存器(PCON,地址 87H)各位定义如表 2.12 所示。

表 2.12　电源控制寄存器各位定义

位	D7	D6	D5	D4	D3	D2	D1	D0
定义	SMOD	SMOD0	LVDF	POF	GF1	GF0	PD	IDL

表 2.12 中,POF 为冷启动复位标志,所谓冷启动,指单片机从无电到接通电源所进行的复位操作。当单片机冷启动复位后,POF=1;除此之外的热启动,此位保持不变。在冷启动后,此位可以立即用软件清零,如此,用户程序可以通过此位的状态是 0 还是 1,来判断单片机是否是冷启动。

3. 掉电复位/上电复位

这是一种冷启动复位,即给单片机接通电源的复位。当电源电压 V_{CC} 低于掉电复位/上电复位检测门槛电压时,所有的逻辑电路都会复位。当内部 V_{CC} 上升至上电复位检测门槛电压以上后,延时 32 768 个时钟,掉电复位/上电复位结束。复位状态结束后,单片机将特殊功能寄存器 IAP_CONTR 中的 SWBS 位置 1,同时从系统 ISP 监控程序区启动 ISP 监控程序,若监控程序检测不到合法的 ISP 下载指令流(即无用户程序代码下载),或下载 ISP 指令流完毕,均会执行一个软复位到用户的程序区执行用户程序。

对于 5V 单片机,它的掉电复位/上电复位检测门槛电压为 3.2V;对于 3.3V 单片机,它的掉电复位/上电复位检测门槛电压为 1.8V。

4. MAX810 专用复位电路复位

这也是一种冷启动复位。STC15 系列单片机内部集成了 MAX810 专用复位电路。若 MAX810 专用复位电路在执行 STC-ISP 下载时被允许,则在掉电复位/上电复位状态结束后将产生约 180ms 复位延时,复位才被解除,解除后继续按前述掉电复位/上电复位流程同样操作。

5. 外部 RST 引脚复位

这是一种通过在单片机 RST 引脚上施加一定宽度的复位高电平信号引起的复位。这种复位属于热启动复位(按 STC 的说法,是热启动/硬复位——由硬件引起的复位)。

外部 RST 引脚在芯片出厂时被配置为 I/O 口线,要将其配置为复位引脚,可在用 STC-ISP 程序给 STC15 单片机下载程序代码时同时设置。如图 2.15 中可看到选项"复位脚用作 I/O 口"已勾选,此时,RST 所在的引脚将只能用作普通的并行 I/O 操作了。

将 RST 复位引脚拉高并维持至少 24 个时钟加 $20\mu s$ 后,单片机会进入复位状态,将 RST 复位引脚拉回低电平后,单片机结束复位状态并将特殊功能寄存器 IAP_CONTR 中的 SWBS 位置 1,同时从系统 ISP 监控程序区启动。若监控程序检测不到合法的 ISP 下载指令流(即无用户程序代码下载),或下载 ISP 指令流完毕,均会执行一个软复位到用户的程序区执行用户程序。

如图 2.16 所示的简单的 C 充放电路,可用于 RST 引脚的复位。当上电或按 SW 按钮以后,电源将短时间将 RST 引脚拉为高电平,待电容充满电后(或松开按钮后),RST 引脚电平将回复至低电平,复位信号结束。

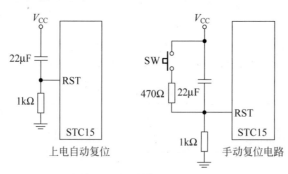

图 2.16　RST 复位信号产生

由于 STC15 单片机内部具有上电复位逻辑,因此,除非应用系统中需要手动复位外,一般不需要外部 RST 引脚复位,这是 STC 单片机与经典单片机不同的地方。

6. 软件控制复位

　　有时,在用户应用程序运行过程中,会因某种特殊原因,需要将单片机复位重启。这时 STD15 单片机可通过操作 SFR 中的 IAP_CONTR,很简单地实现此功能。如前所述,用户可以用指令设置 IAP_CONTR 中的 D6/D5 位——SWBS/SWRST,就可实现两种不同的复位,如表 2.13 所示。这种复位当然属于热启动复位(按 STC 的说法,是热启动、软复位——由软件引起的复位)。

表 2.13　软件控制复位操作

SWBS	SWRST	启动类型
1	1	软件复位并切换到系统 ISP 监控程序区开始执行程序
0	1	软件复位并切换到用户应用程序区开始执行程序
*	0	无操作

7. 看门狗(WDT)复位

　　"看门狗"(Watch Dog)技术是在微机控制系统中常用的一种抗干扰技术。当微机控制系统在较强干扰环境下运行时,有时干扰会造成 CPU 中的程序计数器 PC 值乱码,从而造成程序跳到某个随机的位置,即程序跑飞。若没有应对措施,可能会造成系统瘫痪等严重后果。

　　所谓看门狗,实际上是一种定时器(Watch-Dog-Timer,WDT),它会独立于程序运行而计时,当计时时间到(即 WDT 溢出)后,可以让它发出信号,迫使 CPU 复位,重新启动系统。当系统运行正常时,我们设计程序,让其在看门狗定时器 WDT 计时时间到之前,将 WDT 清零复位,重新开始计时,这样,WDT 将不会溢出去复位 CPU。这种清除 WDT 的操作,必须定时进行,定时间隔显然要小于 WDT 溢出时间。这样,只要程序运行正常,WDT 将永远没机会溢出,去复位系统;而一旦系统程序跑飞,则很可能会丢失清除 WDT 的操作,这时 WDT 会很快溢出,从而迫使系统复位,避免瘫痪或造成更严重的后果。

　　STD15 单片机中,集成了一个硬件看门狗定时器(WDT),从而实现了看门狗功能。因看门狗定时器溢出而造成的复位即为看门狗(WDT)复位,属热启动复位中的软复位(由软件引起的复位)。看门狗复位状态结束后,不影响特殊功能寄存器 IAP_CONTR 中 SWBS 位的值,对于 STC15F/L101W 系列等产品将根据复位前 SWBS 的值选择是从用户应用程序区启动,还是从系统 ISP 监控程序区启动。对于 STC15W1K16S 系列等产品,看门狗复位状态结束后始终从系统 ISP 监控程序区启动,与复位前 SWBS 的值无关,具体情况请参见 STC15 数据手册。

　　与看门狗复位功能有关的特殊功能寄存器 WDT_CONTR(地址 0C1H)定义如表 2.14 所示。

表 2.14　WDT_CONTR 寄存器各位定义

位	D7	D6	D5	D4	D3	D2	D1	D0
定义	WDT_FLAG	—	EN_WDT	CLR_WDT	IDLE_WDT	PS2	PS1	PS0

　　WDT_FLAG:看门狗溢出标志位,当溢出时,该位由硬件置 1,可用软件将其清零。

　　EN_WDT:看门狗允许位,当设置为 1 时,看门狗启动。

CLR_WDT：看门狗清零位，当设为 1 时，看门狗将重新计数。硬件将自动清零此位。

IDLE_WDT：看门狗 IDLE 模式位，当设置为 1 时，看门狗定时器在"空闲模式"计数，当清零该位时，看门狗定时器在"空闲模式"时不计数。

PS2，PS1，PS0：看门狗定时器预分频值，如表 2.15 所示，其值与看门狗溢出时间计算有关。

表 2.15 看门狗定时器预分频值

PS2	PS1	PS0	Pre-scale 预分频值
0	0	0	2
0	0	1	4
0	1	0	8
0	1	1	16
1	0	0	32
1	0	1	64
1	1	0	128
1	1	1	256

看门狗溢出时间＝（12×Pre-scale×32 768）/主时钟频率。

8. 其他复位

STC15 的内部低压检测复位，是当电源电压 V_{CC} 低于内部低压检测（LVD）门槛电压时所产生的复位，这种复位能发生的前提是在 STC-ISP 编程/烧录用户程序时，选择允许"低压检测复位（禁止低压中断）"。STC15 单片机内置了 8 级可选内部低压检测门槛电压，设计者可以在 STC-ISP 编程/烧录用户程序时，根据产品型号和应用状态选择。本类复位属于热启动硬复位，其完成后，不影响特殊功能寄存器 IAP_CONTR 中的 SWBS 位的值，单片机根据复位前 SWBS 的值选择是从用户应用程序区启动，还是从系统 ISP 监控程序区启动。

如果在 STC-ISP 编程/烧录用户应用程序时，没选择低压检测复位，则在用户程序中用户可将低压检测设置为低压检测中断。当电源电压 V_{CC} 低于内部低压检测（LVD）门槛电压时，低压检测中断请求标志位（LVDF/PCON.5）就会被硬件置位。如果 ELVD/IE.6（低压检测中断允许位）被设置为 1，低压检测中断请求标志位就能产生一个低压检测中断（详见中断一章）。

程序地址非法复位，是指当程序计算器 PC 指向的地址超过了有效程序空间的范围所引起的复位。程序地址非法复位状态结束后，不影响特殊功能寄存器 IAP_CONTR 中 SWBS 位的值，单片机将根据复位前 SWBS 的值选择是从用户应用程序区启动，还是从系统 ISP 监控程序区启动，本类复位属于热启动软复位。

综上所述，STC15 单片机的复位启动分为冷启动/热启动、软复位/硬复位两种不同情形的组合，例如，上电复位属于冷启动/硬复位，等等。复位启动后是执行用户区程序（即转至程序存储器地址 0000H 处），还是执行单片机中另一处特殊的代码——系统 ISP 监控程序，各类复位均有不同。具体见表 2.16。

表 2.16　STC15 单片机复位类型

复位源	冷/热复位	软/硬复位	SWBS	复位后操作
掉电或上电	冷	硬	1	复位后从 ISP 监控程序区启动
MAX810 专用复位电路复位	冷	硬	1	复位后从 ISP 监控程序区启动
RST 引脚	热	硬	1	复位后从 ISP 监控程序区启动
软件控制复位	热	软	可设置	由 SWBS 决定
看门狗(WDT)复位	热	软	不变	由 SWBS 决定
内部低压检测复位	热	硬	不变	由 SWBS 决定
程序地址非法复位	热	软	不变	由 SWBS 决定

复位以后的流程,可以用图 2.17 表示。图中,单片机复位以后,只有在 P3.2 和 P3.3 同时为 0 时,才继续执行 ISP 的下载用户程序操作,是 STC15 单片机的特殊设计。P3.0 为 STC15 单片机串口 1 的输入引脚,是用于和上位机通信,下载用户程序的输入引脚。

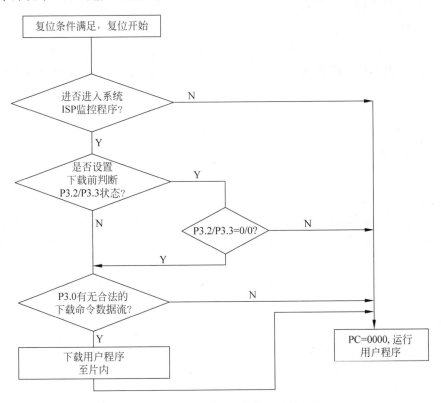

图 2.17　STC15 单片机复位以后的流程

2.5　STC15 系列单片机的省电模式

STC15 系列单片机可以运行于三种省电模式,以降低功耗,它们分别是:低速模式,空闲模式和掉电模式。正常工作模式下,STC15 系列单片机的典型功耗是 2.7~7mA,而掉电模式下的典型功耗是<0.1μA,空闲模式下的典型功耗是 1.8mA。

所谓低速模式主要是降低系统工作频率，在前面时钟一节中已有介绍。以下简单介绍空闲模式和掉电模式。这两种模式的应用涉及特殊功能寄存器 PCON（电源控制寄存器，地址 87H）的应用，PCON 各位格式如表 2.17 所示。

表 2.17　电源控制寄存器 PCON 各位定义

位	D7	D6	D5	D4	D3	D2	D1	D0
定义	SMOD	SMOD0	LVDF	POF	GF1	GF0	PD	IDL

LVDF：为低压检测标志，当内部工作电压 V_{CC} 低于低压检测门槛电压时，该位自动置 1。该位同时也是低压检测中断请求标志位，被置 1 后，必须用软件清零。

POF：上电复位标志位，单片机掉电复位/上电复位后，此标志位为 1，可由软件清零。

PD：掉电模式控制位。

IDL：空闲模式控制位。

1. 空闲模式

将 PCON 的 IDL 位置 1，即进入空闲模式，在此种模式下，仅 CPU 因无时钟停止工作，但是外部中断、内部低压检测电路、定时器、A/D 转换等仍正常运行。而看门狗在空闲模式下是否工作取决于 WDT_CONTR 中 IDLE_WDT 位的设置（见前述）。

在空闲模式下，RAM、堆栈指针（SP）、程序计数器（PC）、程序状态字（PSW）、累加器（A）等寄存器都保持原有数据。I/O 口保持着空闲模式被激活前那一刻的逻辑状态。当任何一个中断产生时，IDL 位将被硬件清零，将单片机从空闲状态中唤醒，并转去执行相应中断服务程序，中断返回后，CPU 将继续执行主程序中进入空闲模式语句的下一条指令。

另一种退出空闲模式的方式是：外部 RST 引脚复位，将复位脚拉高，产生复位。这种方法实际上就是产生一次 RST 引脚复位，其以后的流程见前述单片机 RST 复位流程。

2. 掉电模式

将 PD 位置 1，单片机将进入 Power Down 掉电模式。进入掉电模式后，单片机所使用的时钟（内部系统时钟或外部晶体/时钟）停振，由于无时钟源，CPU、看门狗、定时器、串行口、A/D 转换等功能模块停止工作，外部中断（INT0/ INT1/INT2/INT3/INT4）、CCP 继续工作。如果低压检测电路被允许可产生中断，则低压检测电路也可继续工作，否则也将停止工作。但所有 I/O 口、SFR（特殊功能寄存器）维持进入掉电模式/停机模式前那一刻的状态不变。

将单片机从掉电模式中唤醒的方法之一，是使用掉电唤醒定时器。这实际上是设置一个闹钟，到了确定时间以后即唤醒 CPU。与此相关的 SFR 是 WKTCL（唤醒定时器低 8 位，地址 0AAH）和 WKTCH（唤醒定时器高 8 位，地址 0ABH），其中，WKTCH 的 D7 位是允许掉电唤醒专用定时器工作位（WKTEN），只要设置此位为 1，CPU 进入掉电模式后，掉电唤醒专用定时器就将开始工作。

唤醒的时间由 WKTCH（除最高位 D7）以及 WKTCL 组成的一个 15 位计数值决定，计数时钟是其内部单独运行的一个时钟，其频率约为 32 768Hz（STC 公司称此值误差较大，仅做参考），这样，最短的唤醒时间（即唤醒计数值为 1 时）为 $1/32\,768 \times 16 \times 1$，约为 488.28$\mu$s，最

长唤醒时间约为 $488.28\mu s \times 32\,768 = 16s$。

其他能将单片机从掉电模式中唤醒的方法包括多种外部中断以及 RST 引脚复位等。

2.6　STC 单片机的在线编程

通常,开发基于 51 单片机的应用系统,开发者需要先设计安装好硬件电路板(应用板),然后编写应用软件。程序基本编写到某一程度时,需要将程序代码写入(烧入)单片机片内的程序存储器,再将单片机插入到应用板的芯片插座上,上电试运行。将程序写入片内程序存储器(目前一般为 Flash 存储器)需要用到专门的写入设备——编程器。

若在试运行期间,程序需要修改,则需要断开电源后,将单片机芯片从应用板上拔下来,再插上到编程器,用修改过的代码烧入芯片,然后再将芯片装回应用板。如此反复,直到软件不需要修改为止。这种方法,比较费时费力。

随着单片机技术的发展,出现了可以在线编程的单片机。这种在线编程目前有两种实现方法:在系统编程(In System Programmable,ISP)和在应用编程(In Application Programmable,IAP)。ISP 一般是通过单片机专用的串行通信接口,传送代码至单片机,并由单片机直接写入内部程序 Flash 存储器;而 IAP 技术更为灵活,它是从结构上将 Flash 存储器映射为两个存储体,当运行一个存储体上的用户程序时,可对另一个存储体重新编程,之后将控制从一个存储体转向另一个,这样就实现了在应用系统运行时就可修改应用软件。

ISP 和 IAP 的实现一般只需要很少的外部辅助电路,将单片机直接连接到编辑调试软件的 PC,利用 PC 的串行口或 USB 口,直接将代码从 PC 中传至单片机片内并烧入其程序存储器。这样就实现了不拔插单片机芯片,就能方便地改写程序代码的目的,而且还省掉了购置专门的编程器的开销。更重要的是,这为远程调试、修改、升级应用程序提供了可能。

STC15 系列单片机都提供了 ISP 功能,而型号以 IAP 或 IRC 起头的芯片还提供了 IAP 功能。因此 STC15 单片机片内集成了专门的 ISP 监控程序代码,单片机复位以后,可能会首先执行这一段代码,只有用户无下载代码,或代码下载完毕以后,才会执行用户程序,如图 2.17 所示。以下简单介绍 STC15 系列芯片实现 ISP 的一般方法和步骤。

2.6.1　硬件连接

要实现 ISP 操作,首先需要将应用系统的单片机和编辑调试软件的 PC 连接起来。单片机这一侧使用串行口,例如,P3.0/RxD 和 P3.1/TxD 接收和发送数据;PC 侧若具有 RS-232 串行口,则直接使用串行口;现在 PC 一般没有串口,则可使用 USB 口,但需要将 USB 口的信号转换为串口信号,并在 Windows 操作系统中安装一个 USB 转串口的设备驱动程序,以模拟 RS-232 串口。具体连接示意图如图 2.18 和图 2.19 所示。

目前,STC 公司提供了专门用于 STC 单片机 ISP 的连接器 STC-ISP 下载板(例如 U7、U8、U8-Mini 等),设计人员可按其连接说明,很方便地实现 ISP 的硬件连接。

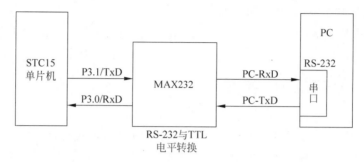

图 2.18 单片机系统和 PC 串口相连示意图

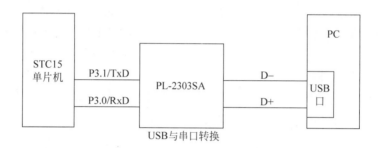

图 2.19 单片机系统和 PC 端 USB 口相连示意图

2.6.2 下载软件的操作

STC 公司为实现其单片机的 ISP 操作,开发了一个 STC-ISP 下载软件,可在 STC 公司的网站上免费下载。目前版本号为 V6.86D,如图 2.20 所示为其操作界面。该软件除了可下载程序代码至 STC 单片机以及对单片机做一些初始设置外,还具有许多实用功能,包括串口调试工具"串口助手"、能将 STC 单片机的数据库和编程使用的头文件加入到软件调试工具 Keil μVision4 中的工具等,给 STC 单片机系统的调试带来了方便。

如图 2.20 左侧区域为 ISP 功能区,使用此软件将程序代码下载至芯片中的操作步骤如下。

(1) 正确选择单片机型号;

(2) 选择 PC 连接的串行口号,如果是 USB 模拟的串口,则此处的串口号必须是设备驱动程序安排的串口号;

(3) 设置传输的波特率,使用默认的最低和最高波特率即可;

(4) 打开程序代码文件,一般为编译或汇编后生成的.BIN 或.HEX 文件;

(5) 如果有需要,打开 EEPROM 文件(写入片内的数据 Flash 文件);

(6) 设置好单片机应用运行时的初始设置,在如图中下面的"硬件选项"选项卡里,有许多 STC 单片机运行时的初始设置,设计者可以根据应用系统情况进行设置,这里选择的设置,将和代码一起写入单片机;

(7) 单击"下载/编程"按钮,等待应用系统侧上电,然后完成代码和初始设置的下载。

注意,在单片机应用系统侧,必须在上述第(6)步,单击"下载/编程"按钮以后,才能打开电源给芯片上电,这样才能正确实现 ISP 的代码传输,这一点根据前面 2.4.2 节所讨论的复位启动过程很容易理解,当 STC15 单片机上电复位以后,会跳到系统 ISP 监控程序区启动 ISP 监控程序,检测是否有 ISP 传输数据流,若有,执行 ISP 传输和写入;若无或者下载完毕,才转移到用户程序区,开始执行用户程序。所以,若在 PC 侧开始传输 ISP 前就对单片机上电复位,会错过 ISP 的数据传输。

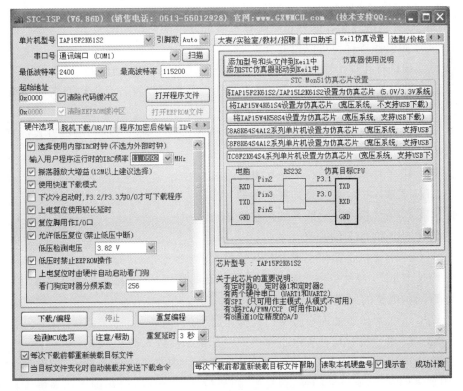

图 2.20　STP-ISP 软件操作界面

小结

本章按照由整体到部分的顺序介绍了 STC15 系列单片机的主要结构以及各部分的功能,重点是存储体系结构、I/O 口结构、时钟和复位、ISP 功能等。学习结束后读者应该对 STC15 系列单片机的主要组成、引脚定义、常用寄存器、I/O 口结构和功能、时钟与复位方式等内容有清晰的认识。

习题

1. 简述 STC15 单片机 CPU 的组成。
2. STC15 单片机片内主要有哪些功能部件?

3. 什么是 SFR？SFR 位于哪一部分存储区？

4. 简述 STC15 单片机的存储体系结构。

5. 如何选择当前不同的工作寄存器组 R0～R7？

6. PSW 是什么寄存器？其各位是如何定义的？

7. PC 是什么寄存器？其作用如何？

8. 什么是堆栈？STC15 单片机的堆栈应该定义在哪里？

9. STC15 片内的数据存储器包括哪些？各部分是如何访问的？

10. SFR 中哪些寄存器可以位寻址？

11. I/O 端口有几种工作模式？各种模式下口线的结构是怎样的？

12. I/O 端口几种各种模式的应用特点是什么？如何设置各个 I/O 口各位口线的工作模式？

13. STC15 单片机有哪几种复位方式？各种方式是如何进入的？哪些方式会直接进入 ISP 的程序代码下载？

14. STC15 单片机片内数据 Flash 如何访问？

15. STC15 单片机的时钟是如何产生的？

16. STC15 单片机的三总线是如何定义的？

17. 简述 ISP 和 IAP 的含义。

18. STC15 单片机是如何实现 ISP 在线编程的？

19. 简述 STC15 单片机的 SWBS 和 SWRST 的作用，POF 标志的含义又是什么？

20. 看门狗电路的原理和工作过程是怎样的？

21. STC15 单片机是如何设置看门狗溢出时间的？

22. STC15 单片机有几种省电工作模式？都是如何进入的？

23. 综合设计：基于每一块 STC15 单片机芯片片内唯一的产品编码，试设计一个特别的反仿制加密的算法，有可能的话，编写程序，通过 STC micro 公司的在线编程工具和学习板，写入芯片，验证程序。

第 **3** 章

STC15 单片机的指令系统

【学习目标】

- 掌握 STC51 系列单片机的寻址方式；
- 掌握数据传送指令的格式、功能和使用方法；
- 掌握算术运算类指令的格式、功能和使用方法；
- 掌握逻辑运算与移位类指令的格式、功能和使用方法；
- 掌握控制转移类指令的格式、功能和使用方法；
- 掌握位操作指令的格式、功能和使用方法。

【学习指导】

学习每一条指令时，应注意每条指令的格式、功能、操作数的寻址方式，以及对状态标志位的影响；可多看实例，并自己应用相关指令编写源程序有助于掌握指令的使用。

3.1 指令系统概述

指令是控制微控制器执行各类操作的控制命令。指令系统是特定处理器所能执行的全部指令的集合。不同的处理器有不同的指令系统，这是由该处理器厂商设计芯片时定义的。STC15 单片机的指令系统，与经典 51 单片机的指令系统是全兼容的，包含 111 条指令。学习指令系统是掌握单片机的基础，是应用单片机的基本工具，是必须掌握的重要知识。

3.1.1 STC15 单片机指令格式

微处理器的指令分为两种形式，一种是二进制代码形式的指令，例如二进制代码 11101000，是将单片机片内 R0 寄存器的内容送往 A 累加器。这种二进制代码形式的指令，是 CPU 唯一能识别和处理的指令，称为机器指令。对于人来说，这种指令难以记忆和理解，因此将这些二进制代码用类似于英文的字符表示，这就是助记符的指令形式，又称为汇编指令。例如,上述机器指令的助记符形式是:MOV A,R0,汇编指令和机器指令是简单的一一对应关系,这大大改善了指令的可读性和可理解性。但若要机器执行,必须先翻译成二进制代码表示的机器指令才行,这种翻译过程称为汇编,可以由计算机软件来自动完成。

STC15 单片机指令由操作码和操作数两部分组成。操作码表明该指令执行什么操作,它反映了指令的功能,对于汇编指令,操作码表现为指令功能的英文缩写。例如上面列举的例子中的 MOV,为数据传送指令的操作码。

操作数则表明在什么数据上执行该操作,也就是操作的对象。操作数可能是一个具体的常数,也可能是保存数据的存储器单元地址或寄存器。不同功能的指令,操作对象形式不同。绝大部分指令都有操作数,有的指令有一个操作数,有的指令有两个操作数。对于指令中的两个操作数,往往称一个操作数为源操作数,另一个为目的操作数。例如,上述 MOV A,R0,是传送类指令,将 R0 的内容传送至 A 累加器,R0 是源操作数,A 是目的操作数。一般在书写格式上是目的操作数在前,源地址写在后。

在 STC15 指令系统中,按指令包含的二进制代码的字节数,有 1B、2B 和 3B 等不同长度的指令,这表示了该指令在内存中所占的单元数;按指令执行所需要的系统时钟个数,有单周期指令、双周期指令、4 周期指令等,这表示了指令执行所需的时间。在学习指令时,应该注意指令的这两个属性。

汇编语言的一条语句的格式如下。

[标号:]　　操作码助记符　[目的操作数][,源操作数]　[;注释]

其中,方括号[]中的内容不是每一条语句必需的。

标号,表示本语句(指令)所在的地址,它可以作为转移指令的目标或子程序的入口(子程序名)。标号是由一串以字母开头的字母数字串。注释,是编程者对语句的说明,它是可选的。语句中的其他成分,本章和第 4 章中将会详细讲解。

3.1.2　指令的分类

STC51 单片机共有 111 条指令,其中,单字节指令 49 条,双字节指令 45 条,三字节指令 17 条。在 111 条指令中,有 64 条是单机器周期指令,45 条是双机器周期指令,只有乘法和除法指令需 4 个机器周期。STC51 单片机的指令系统按功能可划分为以下 5 类。

(1) 数据传送类指令 28 条;
(2) 算术运算类指令 24 条;
(3) 逻辑操作类指令 25 条;
(4) 位操作类指令 17 条;
(5) 控制转移类指令 17 条。

3.1.3　常用符号说明

以下符号是在介绍指令时所用到的。
Rn:当前寄存器组的 8 个通用寄存器 R0～R7(其中,$n=0$～7)。

Ri：可用作间接寻址的寄存器，只能是 R0、R1 两个寄存器(其中，$i=0,1$)。

Direct：内部 RAM 的 8 位地址。既可以是内部 RAM 的低 128 个单元地址，也可以是专用寄存器的单元地址或符号。因此在指令中 direct 表示直接寻址方式。

♯data：8 位立即数。

♯data16：16 位立即数。

addr16：16 位目的地址，只限于在 LCALL 和 LJMP 指令中使用。

addr11：11 位目的地址，只限于在 ACALL 和 AJMP 指令中使用。

rel：相对转移指令中的偏移量，为 8 位带符号补码数。

DPTR：数据指针。

bit：内部 RAM(包括专用寄存器)中的直接寻址位。

A：累加器。

B：B 寄存器。

C：进位标志位，它是布尔处理机的累加器，也称为累加位。

@：间址寄存器的前缀标志。

3.2　寻址方式

寻址方式就是指令中表示操作数或操作数地址的方式。一般来说，寻址方式越多，指令就越灵活，指令系统功能就越强。

STC15 系列单片机中，存放数据的存储空间有多类：内部基本的数据 RAM(包括一般的数据 RAM 和特殊功能寄存器 SFR)，STC15 扩展的片内数据 RAM，外部扩展的数据 RAM 和程序存储器空间。对于不同存储器中的数据操作，采用不同的寻址方式。STC15 共有 7 种寻址方式，下面分别介绍这几种寻址方式。

3.2.1　立即寻址

立即寻址是操作数作为指令的一部分而直接写在指令中，在指令中直接以常数形式表示要操作的数据，这种寻址方式为立即寻址。常数的操作数称为立即数。在 51 单片机的指令系统中，立即数用前面加"♯"的 8 位二进制数(♯data)或 16 位二进制数(♯data16)表示。

【例 3.1】　以下指令的源操作数均为立即寻址。

```
MOV    A, ♯80H          ; 累加器 A←80H,十六进制表示的立即数
MOV    DPTR, ♯3200H      ; DPTR←3200H,十六进制表示的立即数
MOV    A, ♯00111100B     ; 二进制形式表示的立即数
MOV    A, ♯10            ; 十进制表示的立即数
```

3.2.2　直接寻址

指令中操作数直接以单元地址的形式给出，称为直接寻址。

直接寻址方式只能使用 8 位二进制地址，这种寻址方式的寻址空间为：内部基本的数

据 RAM,包括 SFR,但不包括附加的 RAM,即片内 80H~FFH 的附加的数据 RAM 区。特殊功能寄存器一般用寄存器名给出,也可以以单元地址形式给出。值得注意的是,直接寻址是访问特殊功能寄存器的唯一方法。

【例 3.2】 直接寻址示例。

```
MOV    A,34H         ; A←(34H),直接寻址单元(34H)内容送 A 累加器
MOV    P1,♯36H       ; P1←36H,P1 是直接寻址
MOV    23H,45H       ; 将直接地址单元(45H)内容送到单元(23H)中
```

3.2.3 寄存器寻址

寄存器寻址就是操作数在寄存器中,因此指定了寄存器就能得到操作数。寻址指令中以符号名称来表示寄存器。寄存器寻址方式的寻址范围如下。

(1) 4 个寄存器组共 32 个通用寄存器。但在指令中只能使用当前寄存器组,因此在使用前常需通过对 PSW 中 RS1、RS0 位的状态设置,来进行当前寄存器组的选择。

(2) 部分专用寄存器。例如,累加器 A、B 寄存器以及数据指针 DPTR 等。

【例 3.3】 寄存器寻址示例。

```
MOV    A,R3          ; A←R3
MOV    B,R0          ; B←R0
PUSH   ACC           ; A 的内容推入堆栈
```

3.2.4 寄存器间接寻址

寄存器寻址方式寄存器中存放的是操作数,而寄存器间接寻址方式中,寄存器中存放的则为操作数的地址。CPU 执行这类指令时,首先根据指令码中寄存器号找到所需要的操作数地址,再由操作数地址找到操作数,并完成相应的操作。

寄存器间接寻址也以寄存器符号的形式表示。为了区别寄存器寻址和寄存器间接寻址,在寄存器间接寻址方式中,在寄存器名称前面加前缀标志"@"。

寄存器间接寻址方式的寻址范围如下。

(1) 内部基本数据 RAM 低 128B 及高 128B 的附加数据 RAM(寄存器间接寻址是访问高 128B 附加数据 RAM 的唯一寻址方式),对这些单元的间接寻址,应使用 R0 或 R1 作间址寄存器,汇编表示形式为@Ri(i=0 或 1)。

(2) 外部扩展的数据 RAM,或 STC15 单片机片内扩展的数据 RAM。

对外部扩展的 RAM 间接寻址可以使用 DPTR(汇编表示形式为@DPTR)或 Ri 作间址寄存器,若使用 Ri 间接寻址,则访问的片外数据存储器单元低 8 位地址由 Ri 提供,高 8 位地址由 P2 口锁存器当前值给出。

【例 3.4】 设 R0=56H,DPTR=0325H。

```
MOV    A,@R0         ; 将地址为 56H 的内部 RAM 的内容送至累加器 A
MOVX   @R0,A         ; 将 A 的内容送至低 8 位地址为 56H 的片外 RAM
MOVX   @DPTR,A       ; 将地址为 0325H 的片外 RAM 的内容送至累加器 A
```

注意这种寻址方式不能用于访问特殊功能寄存器。

3.2.5　变址寻址

变址寻址是以 DPTR 或 PC 作为基址寄存器，以累加器 A 作为变址寄存器，将两寄存器的内容相加形成 16 位地址形成操作数的实际地址。变址寻址方式只能对程序存储器进行寻址，或者说它是专门针对程序存储器的寻址方式。变址寻址方式的表示方式是@A+DPTR 和@A+PC。

【例 3.5】　假定指令执行前(A)=54H,(DPTR)=3F21H,以下指令序列：

```
MOVC    A,@A + DPTR      ; 以 DPTR 内容 + A 得到操作数地址
MOVC    A,@A + PC        ; 以本指令的下一条指令的 PC 值 + A 得到操作数地址
JMP     @A + DPTR
```

第一条指令的功能是把 DPTR 和 A 的内容相加，再把所得到的程序存储器地址单元的内容送 A，变址寻址形成的操作数地址为 3F21H+54H=3F75H，而 3F75H 单元的内容为7FH，故该指令执行的结果是 A 的内容为 7FH。

尽管变址寻址方式较为复杂，但变址寻址的指令却是 1B 指令。

3.2.6　位寻址

STC15 有位处理功能，可以对数据位进行操作，因此就有相应的位寻址方式。位寻址的寻址范围如下。

(1) 内部一般的数据 RAM 中的位寻址区。单元地址为 20H~2FH，共有 16 个单元128 位，位地址是 00H~7FH。对这 128 个位的寻址使用直接位地址表示。例如：MOV C,2BH 指令功能是把位寻址区的 2BH 位状态送位累加位 C。

(2) 特殊功能寄存器的可寻址位，即那些地址可被 8 整除的 SFR 的各位。

位寻址在指令中有如下 4 种表示方法。

(1) 直接使用位地址。例如，PSW 寄存器位 5 地址为 D5H。

(2) 位名称的表示方法。专用寄存器中的一些寻址位是有符号名称的，例如，PSW 寄存器位 5 是 F0 标志位，则可使用 F0 表示该位。

(3) 专用寄存器符号加位的表示方法。例如，PSW 寄存器的位 5，表示为 PSW.5。

(4) 单元地址加位的表示方法。例如，D0H 单元(即 PSW 寄存器)位 5，表示为 D0H.5。

【例 3.6】　位寻址示例。

```
ANL     C,30H           ; 进位位 C 与 30H 位相与,结果保存在 C 中
MOV     35H,C           ; 进位位 C 送 35H 位
SETB    20H             ; 20H 位置 1
```

3.2.7　相对寻址

相对寻址方式是为了程序的相对转移而设计的，为相对转移指令所采用。在相对寻址的转移指令中，给出了地址偏移量，把 PC 的当前值加上偏移量就构成了程序转移的目的地

址,从而实现程序的转移。但这里的 PC 当前值是指执行完该转移指令后的 PC 值,即转移指令所在的 PC 值加上其指令的字节数。转移的目的地址可参见如下表达式:

$$目的地址=转移指令地址+转移指令字节数+偏移量$$

【例 3.7】 该指令的字节数为 2,设该指令地址为 2000H,则指令

```
SJMP 0AH          ; 执行后,转移到地址为 2000H + 02H + 0AH = 200CH 处执行程序
```

注意:偏移量是有正负号之分的,偏移量的取值范围是当前 PC 值的−128～+127。

需要说明的是,各种寻址方式都有其适用范围,关于这一点,会在介绍指令时做具体说明。

3.3　数据传送与交换指令

数据传送指令共有 29 条,数据传送指令一般的操作是把源操作数传送到目的操作数,指令执行完成后,源操作数不变,目的操作数等于源操作数。数据传送指令不影响标志 C、AC 和 OV(除非以 PSW 为目的的指令),但可能会对奇偶标志 P 有影响。

3.3.1　内部数据传送指令

单片机芯片内部是数据传送最频繁的部分,有关的传送类指令也最多,包括寄存器、累加器、RAM 单元以及专用寄存器之间的数据传送。

1. 以累加器 A 为目的操作数的指令

这 4 条指令的作用是把源操作数指向的内容送到累加器 A,有直接寻址、立即数寻址、寄存器寻址和寄存器间接寻址方式。

```
MOV     A,data        ; (data)→(A),直接单元地址中的内容送到累加器 A
MOV     A,#data       ; #data→(A),立即数送到累加器 A 中
MOV     A,Rn          ; (Rn)→(A),Rn 中的内容送到累加器 A 中
MOV     A,@Ri         ; ((Ri))→(A),Ri 内容指向的地址单元中的内容送到累加器 A
```

【例 3.8】 R1=45H,(45H)=0AH,执行以下指令。

```
MOV     A,#08H        ; 累加器 A←08H
MOV     A,@R1         ; 将 R1 中的内容作为地址,将相应的存储单元的内容送累加器 A,该指令
                        执行后,A = 0AH
MOV     A,45H         ; 将地址为 45H 单元的内容送累加器 A,该指令执行后,A = 0AH
MOV     A,R1          ; 累加器 A←R1,该指令执行后,A = 45H
```

2. 以寄存器 Rn 为目的操作数的指令

这三条指令的功能是把源操作数指定的内容送到所选定的工作寄存器 Rn 中,有直接寻址、立即数寻址和寄存器寻址方式。

```
MOV     Rn,data       ; (Rn)←(data) 直接寻址单元中的内容送到寄存器 Rn 中
MOV     Rn,#data      ; (Rn)←#data 立即数直接送到寄存器 Rn 中
MOV     Rn,A          ; (Rn)←A 累加器 A 中的内容送到寄存器 Rn 中
```

【例 3.9】　A＝08H,(45H)＝80H,执行以下指令。

```
MOV    R1,45H          ; (Rn)←(45H),执行后,R1 = 80H
MOV    R1,♯45H         ; (Rn)←45H,执行后,R1 = 45H
MOV    R1,A            ; (Rn)←A,执行后,R1 = 08H
```

3. 16 位数据传送指令

这条指令的功能是把 16 位常数送入数据指针寄存器。

```
MOV    DPTR,♯data16    ; (DPH)←♯dataH,(DPL)←♯dataL
```

16 位常数的高 8 位送到 DPH,低 8 位送到 DPL。

【例 3.10】　执行指令 MOV　DPTR,♯2000H 后,DPTR＝2000H。

4. 以直接地址为目的操作数的指令

指令的功能是把源操作数指定的内容送到由直接地址 data 所选定的片内 RAM 中,有直接寻址、立即寻址、寄存器寻址和寄存器间接寻址 4 种方式。

```
MOV    data,data       ; (data)←(data) 直接地址单元中的内容送到直接地址单元
MOV    data,♯data      ; (data)←♯data 立即数送到直接地址单元
MOV    data,A          ; (data)←A 累加器 A 中的内容送到直接地址单元
MOV    data,Rn         ; (data)←(Rn) 寄存器 Rn 中的内容送到直接地址单元
MOV    data,@Ri        ; (data)←((Ri)) 寄存器 Ri 中的内容指定的地址单元中数据送到直接
                       ;                地址单元
```

【例 3.11】

```
MOV    80H,♯0AH        ; (80H)←0AH
MOV    80H,A           ; (80H)←A
MOV    80H,R1          ; (80H)←(R1)
MOV    80H,@R0         ; (data)←(R0)
```

5. 以间接地址为目的操作数的指令

这组指令的功能是把源操作数指定的内容送到以 Ri 中的内容为地址的片内 RAM 中,有直接寻址、立即寻址和寄存器寻址三种寻址方式。

```
MOV    @Ri,data        ; (Ri)←(data) 直接地址单元中的内容送到以 Ri 中的内容为地址的 RAM
                       ; 单元
MOV    @Ri,♯data       ; (Ri)←♯data 立即数送到以 Ri 中的内容为地址的 RAM 单元
MOV    @Ri,A           ; (Ri)←(A) 累加器 A 中的内容送到以 Ri 中的内容为地址的 RAM 单元
```

【例 3.12】

```
MOV    @R1,20H         ; (R1)←(20H)
MOV    @R0,♯20H        ; (R0)←♯20H
MOV    @R1,A           ; (R1)←(A)
```

3.3.2　外部数据存储器的传送指令

外部数据存储器只能和累加器 A 进行数据传送,而不能与内部 RAM 或 SFR 直接进行数据传送。累加器 A 与片外数据存储器 RAM 传送指令共有 4 条。

这 4 条指令的作用是累加器 A 与片外数据存储器间的数据传送。使用寄存器寻址方式：

```
MOVX  @DPTR,A    ;((DPTR))←(A)累加器中的内容送到 DPTR 数据指针指向的片外数据存储器地
                 ;址单元中
MOVX  A,@DPTR    ;(A)←((DPTR))数据指针指向的片外数据存储器地址中的内容送到累加器 A 中
MOVX  A,@Ri      ;(A)←((Ri)),寄存器 Ri 指向片外 RAM 地址低 8 位,片外数据存储器高 8 位地址
                 ;由 P2 口锁存器当前值提供,将此单元的内容送到累加器 A 中
MOVX  @Ri,A      ;((Ri))←(A)累加器中的内容送到寄存器 Ri 提供低 8 位地址,P2 口锁存器提供
                 ;高 8 位地址的片外数据存储器中
```

【例 3.13】 将单元地址为 45H 的内部 RAM 的内容送到外部 RAM 的 0FFFH 单元中。

```
MOV   A,45H
MOV   DPTR,#0FFFH
MOVX  @DPTR,A
```

3.3.3　读程序存储器单元内容的指令

这组指令的功能是对存放于程序存储器中的数据进行读取操作,使用变址寻址方式：

```
MOVC  A,@A+DPTR  ;(A)←((A))+(DPTR),将 DPTR 当前内容加上 A 累加器内容,所得和作为程序存
                 ;储器单元的地址,将此程序存储器地址单元内容送给 A
MOVC  A,@A+PC    ;将 PC 当前值(即本指令的地址+1)加上 A 累加器内容,所得和作为程序存储器
                 ;单元的地址,将此程序存储器地址单元内容送给 A
```

【例 3.14】 有如下程序段：

```
MOV   A,#04H
MOV   DPTR,#L1    ;DPTR 内容为标号 L1 所对应的地址
MOVC  A,@A+DPTR
RET
L1:   DB  01H,04H,09H,10H,19H
```

从 L1 开始存放有一个表格,程序中 MOVC 指令将地址为(L1+4)单元的内容送到 A,因此该程序段的执行结果为：A=19H。

3.3.4　堆栈操作指令

堆栈操作指令的作用是把直接寻址单元的内容传送到堆栈指针 SP 所指的单元中,以及把 SP 所指单元的内容送到直接寻址单元中。

1. 入栈操作指令

PUSH data;SP←SP+1,(SP)←(data),执行的操作是：堆栈指针首先加 1,再直接将寻址单元中的数据送到堆栈指针 SP 所指的单元中。

2. 出栈操作指令

POP data;(SP)←(data)(SP)−1→(SP),执行的操作是：堆栈指针 SP 所指的单元数据送到直接寻址单元中,再将堆栈指针 SP 进行减 1 操作。

3. 堆栈操作指令说明

（1）单片机开机复位后，(SP)默认为07H，但一般都需要重新赋值，设置新的 SP 首址。入栈的第一个数据必须存放于 SP+1 所指存储单元，故实际的堆栈底为 SP+1 所指的存储单元。

（2）堆栈操作是字节数据操作，每次压入或弹出一个字节。

（3）堆栈的生长方向是：入栈时栈顶向地址增加的方向生长，即 SP 先加 1，再压入；弹出时按地址减少的方向进行，即先弹出，SP 再减 1。

【例 3.15】

```
MOV    A,#08H
MOV    SP,#20H
PUSH   ACC          ; 此时 SP = 21H,(21H) = 08H
POP    22H          ; 将当前堆栈顶内容弹出至 22H 单元,执行后(22H) = 08H,SP = 20H
```

3.3.5　数据交换指令

这 5 条指令的功能是把累加器 A 中的内容与源操作数所指的数据相互交换。

```
XCH    A,Rn         ; (A)←→(Rn),累加器与工作寄存器 Rn 中的内容互换
XCH    A,@Ri        ; (A)←→((Ri)),累加器与工作寄存器 Ri 所指的存储单元中的内容互换
XCH    A,data       ; (A)←→(data),累加器与直接地址单元中的内容互换
XCHD   A,@Ri        ; (A_{3-0})←→((Ri)_{3-0}),累加器低 4 位与工作寄存器 Ri 所指的存储单元内容低
                    ; 4 位互换
SWAP   A            ; (A_{3-0})←→(A_{7-4}),累加器中的内容高低 4 位互换
```

【例 3.16】　A=43H,R1=80H,(80H)=07H,分别执行如下指令：

```
XCH    A,R1         ; A 与 R1 中的内容互换,A = 80H,R1 = 43H
XCHD   A,@R1        ; A 与 R1 的低半字节互换,A = 47H,(80H) = 03H
SWAP   A            ; A 中的内容高低半字节互换,A = 34H
```

3.4　算术运算指令

算术运算指令共有 24 条，算术运算主要是执行加、减、乘、除四则运算。另外，STC15指令系统中有相当一部分是进行加 1、减 1 操作，BCD 码的运算和调整，都归类为运算指令。虽然 STC15 单片机的算术逻辑单元 ALU 仅能对 8 位无符号整数进行运算，但利用进位标志 C，则可进行多字节无符号整数的运算。同时利用溢出标志，还可以对带符号数进行补码运算。需要指出的是，除加 1、减 1 指令外，这类指令大多数都会对 PSW（程序状态字）有影响，使用中应特别注意。

3.4.1　加减法指令

1. 加法指令

这 4 条指令的源操作数的寻址方式分别为立即数寻址、直接寻址、寄存器寻址及间接寻

址方式,目的操作数为累加器 A,运算结果存在 A 中。

```
ADD    A,#data    ;(A)←(A)+#data,累加器 A 中的内容与立即数#data 相加,结果存在 A 中
ADD    A,data     ;(A)←(A)+(data),累加器 A 中的内容与直接地址单元中的内容相加,结果存
                  ;在 A 中
ADD    A,Rn       ;(A)←(A)+(Rn),累加器 A 中的内容与工作寄存器 Rn 中的内容相加,结果存在
                  ;A 中
ADD    A,@Ri      ;(A)←(A)+((Ri)),累加器 A 中的内容与工作寄存器 Ri 所指向地址单元中的
                  ;内容相加,结果存在 A 中
```

使用这些指令时应注意以下几个问题。

(1) 参加运算的两个操作数必须是 8 位二进制数,操作结果也是一个 8 位二进制数,且对 PSW 中所有标志位产生影响。

(2) 用户既可以根据编程需要把参加运算的两个操作数看作无符号数(0~255),也可以把它们看作带符号数(-128~127)。

例如,若把二进制数 11010011B 看作无符号数,则该数的十进制值为 211;若把它看作一个带符号补码数,则它的十进制值为-45。

(3) 无论用户把这两个操作数看作无符号数还是带符号数,CPU 总是按照二进制相加的规则进行相加,并产生 PSW 中标志位。各标志位产生的规则如下。

进位位 CY:相加(或相减)的最高位向前有进位(或借位),则 CY=1。

溢出标志 OV:相加(或相减)的最高位及次高位向前同时有进位(或借位),则 OV=0,反之则 OV=1。

半进位 AC:相加(或相减)的 D3 位向前有进位(或借位),则 AC=1。

奇偶标志 P:总是以 A 累加器中的 1 的个数为判断对象,若 A 中 1 的个数为奇数,则 P=1;否则 P=0。

在采用加法指令来对两个带符号数的加减法运算时,对结果的取舍,应先检测 PSW 中 OV 标志位状态。若 OV=0,则相加减结果无溢出,A 中的结果正确;若 OV=1,则相加减结果有溢出,A 中结果不正确。

2. 带进位加法指令

带进位的加法运算,共有三个数参加运算,即累加器 A,不同寻址方式的加数,以及进位标志位 CY 的状态。运算结果送累加器 A。其余与加法指令 ADD 相同。

```
ADDC   A,data     ;(A)←(A)+(data)+(CY),累加器 A 中的内容与直接地址单元的内容及进位位
                  ;相加,结果存在 A 中
ADDC   A,#data    ;(A)←(A)+#data+(CY),累加器 A 中的内容与立即数及进位位相加,结果存
                  ;在 A 中
ADDC   A,Rn       ;(A)←(A)+Rn+(CY),累加器 A 中的内容与工作寄存器 Rn 中的内容及进位位
                  ;相加,结果存在 A 中
ADDC   A,@Ri      ;(A)←(A)+((Ri))+(C),累加器 A 中的内容与工作寄存器 Ri 指向地址单元中
                  ;的内容及进位位相加,结果存在 A 中
```

带进位的加法运算指令常用于多字节数的加法运算。

【例 3.17】 双字节无符号数相加,被加数放在内部 RAM 20H、21H 单元(低位在前),加数放在内部 RAM 2AH、2BH 单元(低位在前),和存放在 30H、31H 单元。编写程序如下。

```
MOV   A,20H    ; 被加数低字节送 A
ADD   A,2AH    ; 低位字节相加
MOV   30H,A    ; 结果送 30H 单元
MOV   A,21H    ; 取高字节被加数
ADDC  A,2BH    ; 加高位字节和低位相加产生的进位
MOV   31H,A    ; 结果送 31H 单元
```

3. 带借位减法指令

这组指令的功能是从累加器 A 中减去不同寻址方式的操作数以及进位标志 CY 状态，其差再回送累加器 A。

```
SUBB  A,data   ; (A)←(A)-(data)-(C),累加器 A 中的内容与直接地址单元中的内容、连同借
               ; 位位相减,结果存在 A 中
SUBB  A,#data  ; (A)←(A)-#data-(C),累加器 A 中的内容与立即数、连同借位位相减,结果
               ; 存在 A 中
SUBB  A,Rn     ; (A)←(A)-(Rn)-(C),累加器 A 中的内容与工作寄存器中的内容、连同借位位
               ; 相减,结果存在 A 中
SUBB  A,@Ri    ; (A)←(A)-((Ri))-(C),累加器 A 中的内容与工作寄存器 Ri 指向的地址单元
               ; 中的内容、连同借位位相减,结果存在 A 中
```

在进行减法运算中，CY=1 表示有借位，CY=0 则无借位。OV=1 表明带符号数相减时，结果产生溢出，结果应抛弃。

例如：(A)=C9H，(R2)=54H，(CY)=1。执行 SUBB A,R2 指令：

$$
\begin{array}{r}
11001001 \\
01010100 \\
-\ \ \ \ \ \ \ \ \ \ \ \ \ \ \ 1 \\
\hline
01110100
\end{array}
$$

运算结果为(A)=74H，(CY)=0，(OV)=1，若 C9 和 54H 是两个无符号数，则结果 74H 是正确的；反之，若为两个带符号数，则由于有溢出而表明结果是错误的，因为负数减正数其差不可能是正数。

减法运算只有带借位的减法运算，而没有不带借位的减法运算，如果要进行不带借位的减法运算，只需用 CLR C 指令先把进位标志位清零即可。

【例 3.18】　利用 SUBB 指令进行两字节的减法运算。被减数放在内部 RAM 20H、21H 单元(低位在前)，减数放在内部 RAM 2AH、2BH 单元(低位在前)，差存放在 30H、31H 单元。编写程序如下。

```
MOV   A,20H    ; 被减数低字节送 A
CLR   C        ; CY 清零
SUBB  A,2AH    ; 低位字节相减
MOV   30H,A    ; 结果送 30H 单元
MOV   A,21H    ; 被减数高字节送 A
SUBB  A,2BH    ; 高位字节相减
MOV   31H,A    ; 结果送 31H 单元
```

4. 加 1 指令

如下 5 条指令的功能均为原操作数的内容加 1，结果送回原寄存器。这组指令可对累

加器、寄存器、内部 RAM 单元以及数据指针进行加 1 操作。加 1 指令不会对 CY、AC、VO 标志有影响,如果原寄存器的内容为 FFH,执行加 1 后,结果就会是 00H。

```
INC    A           ; (A) + 1←(A)
INC    data        ; (data) + 1←(data)
INC    @Ri         ; ((Ri)) + 1←((Ri))
INC    Rn          ; (Rn) + 1←(Rn)
INC    DPTR        ; (DPTR) + 1←(DPTR)
```

在 INC data 这条指令中,如果直接地址是 I/O,其功能是先读入 I/O 锁存器的内容,然后在 CPU 进行加 1 操作,再输出到 I/O 上,这就是"读—修改—写"操作。

5. 减 1 指令

这组指令可以进行累加器、寄存器以及内部 RAM 单元的减 1 操作。操作不影响程序状态字 PSW 的 CY、AC、VO 标志的状态。若原寄存器的内容为 00H,减 1 后即为 FFH。这组指令共有直接、寄存器、寄存器间址等寻址方式,当直接地址是 I/O 口锁存器时,"读—修改—写"操作与加 1 指令类似。

```
DEC    A           ; (A) − 1←(A),累加器 A 中的内容减 1,结果送回累加器 A 中
DEC    data        ; (data) − 1←(data),直接地址单元中的内容减 1,结果送回直接地址单元中
DEC    @Ri         ; ((Ri)) − 1←((Ri)),寄存器 Ri 指向的地址单元中的内容减 1,结果送回原地址
                   ; 单元中
DEC    Rn          ; (Rn) − 1←(Rn),寄存器 Rn 中的内容减 1,结果送回寄存器 Rn 中
```

6. 十进制调整指令

在进行 BCD 码运算时,这条指令总是跟在 ADD 或 ADDC 指令之后,其功能是将执行加法运算后存于累加器 A 中的结果进行调整和修正,以得到正确的 BCD 码结果。

```
DA    A
```

这条指令是在进行 BCD 码运算时,跟在 ADD 和 ADDC 指令之后,将相加后存入在累加器中的结果进行修正。

修正的条件和方法如下。

若低 4 位大于 9 或(AC)=1,则低 4 位加 6;

若高 4 位大于 9 或(CY)=1,则高 4 位加 6。

若以上两条同时发生,或高 4 位虽等于 9 但低 4 位修正后有进位,则应加 66H 修正。

修正后相加的结果就是正确的 BCD 码了。修正是由硬件中的修正电路自动进行的,用户不必考虑何时该加"6",使用时只需在 ADD 和 ADDC 后面紧跟一条 DA　A 指令即可。

【例 3.19】 利用十进制调整指令作十进制加法运算。设被加数放在内部 RAM 20H 单元,假设为 BCD 码 35H,即十进制数 35,加数放在内部 RAM 2AH 单元,假设为 BCD 码 49H,即十进制数 49,和存放在 30H 单元。

```
MOV    A,20H       ; 取被加数
ADD    A,2AH       ; 求和,和为 35H + 49H = 7EH
DA     A           ; 十进制调整,调整后 A = 84H,为正确的 BCD 码的和
MOV    30H,A       ; 存结果
```

3.4.2　乘法和除法指令

1. 乘法指令

这个指令的作用是把累加器 A 和寄存器 B 中的 8 位无符号数相乘,所得到的是 16 位乘积,这个结果低 8 位存在累加器 A 中,而高 8 位存在寄存器 B 中。如果 OV＝1,说明乘积大于 FFH,否则 OV＝0,但进位标志位 CY 总是等于 0。

```
MUL    AB              ; (A,B)←(A)×(B),结果 A 为高 8 位,B 为低 8 位
```

【例 3.20】 利用乘法指令编写两个数 20H×30H 的程序,将乘积的高 8 位存入 31H 单元,低 8 位存入 30H 单元。

```
MOV    A,＃20H
MOV    B,＃30H
MUL    AB
MOV    30H,A
MOV    31H,B
```

2. 除法指令

这个指令的作用是把累加器 A 的 8 位无符号整数除以寄存器 B 中的 8 位无符号整数,所得到的商存在累加器 A 中,而余数存在寄存器 B 中。除法运算总是使进位标志位 CY 等于 0。如果 OV＝1,表明寄存器 B 中的内容为 00H,那么执行结果为不确定值,表示除法有溢出,否则 OV＝0。

```
DIV    AB              ; (A)←(A)÷(B)的商,(B)←(A)÷(B)的余数
```

【例 3.21】 (A)＝87H,(B)＝0CH,执行指令 DIV AB,则结果如下所示。

```
(A) = 0BH   (B) = 03H   OV = 0   CY = 0
```

3.5　逻辑运算及移位指令

3.5.1　逻辑运算指令

逻辑运算常用于对数据位进行加工。逻辑运算是按位进行的,逻辑运算指令包括与、或、取反、异或等运算。与、或、异或的运算法则如下。

与:两个二进制位相与,其中有 0 则结果为 0,否则为 1。

或:两个二进制位相或,其中有 1 则结果为 1,否则为 0。

异或:两个二进制位相异或,它们相同则结果为 0,不同则结果为 1。

1. 求反指令

这条指令将累加器中的内容按位取反。

```
CPL    A               ;累加器中的内容按位取反
```

2. 清零指令

这条指令将累加器中的内容清零。

```
CLR   A               ; 0←(A),累加器中的内容清零
```

3. 逻辑与操作指令

这组指令的作用是将两个单元中的内容执行逻辑与操作。

```
ANL   A,data          ; 累加器 A 中的内容和直接地址单元中的内容执行与逻辑操作.结果存在 A 中
ANL   data,#data      ; 直接地址单元中的内容和立即数执行与逻辑操作.结果存在直接地址单元中
ANL   A,#data         ; 累加器 A 的内容和立即数执行与逻辑操作.结果存在累加器 A 中
ANL   A,Rn            ; 累加器 A 的内容和寄存器 Rn 中的内容执行与逻辑操作.结果存在累加器 A 中
ANL   data,A          ; 直接地址单元中的内容和累加器 A 的内容执行与逻辑操作.结果存在直接地址
                      ; 单元中
ANL   A,@Ri           ; 累加器 A 的内容和工作寄存器 Ri 指向的地址单元中的内容执行与逻辑操作.
                      ; 结果存在累加器 A 中
```

4. 逻辑或操作指令

这组指令的作用是将两个单元中的内容执行逻辑或操作。

```
ORL   A,data          ; 累加器 A 中的内容和直接地址单元中的内容执行逻辑或操作.结果存在寄存器
                      ; A 中
ORL   data,#data      ; 直接地址单元中的内容和立即数执行逻辑或操作.结果存在直接地址单元中
ORL   A,#data         ; 累加器 A 的内容和立即数执行逻辑或操作.结果存在累加器 A 中
ORL   A,Rn            ; 累加器 A 的内容和寄存器 Rn 中的内容执行逻辑或操作.结果存在累加器 A 中
ORL   data,A          ; 直接地址单元中的内容和累加器 A 的内容执行逻辑或操作.结果存在直接地址
                      ; 单元中
ORL   A,@Ri           ; 累加器 A 的内容和工作寄存器 Ri 指向的地址单元中的内容执行逻辑或操作.
                      ; 结果存在累加器 A 中
```

5. 逻辑异或操作指令

这组指令的作用是将两个单元中的内容执行逻辑异或操作。

```
XRL   A,data          ; 累加器 A 中的内容和直接地址单元中的内容执行逻辑异或操作.结果存在寄存
                      ; 器 A 中
XRL   data,#data      ; 直接地址单元中的内容和立即数执行逻辑异或操作.结果存在直接地址单元中
XRL   A,#data         ; 累加器 A 的内容和立即数执行逻辑异或操作.结果存在累加器 A 中
XRL   A,Rn            ; 累加器 A 的内容和寄存器 Rn 中的内容执行逻辑异或操作.结果存在累加器
                      ; A 中
XRL   data,A          ; 直接地址单元中的内容和累加器 A 的内容执行逻辑异或操作.结果存在直接地
                      ; 址单元中
XRL   A,@Ri           ; 累加器 A 的内容和工作寄存器 Ri 指向的地址单元中的内容执行逻辑异或操
                      ; 作.结果存在累加器 A 中
```

【例 3.22】 设 A 中的内容为 23H,分别执行下列程序。

```
ANL   A,#0FH          ; A = 03H
ORL   A,#0FH          ; A = 2FH
XRL   A,#0FH          ; A = 2CH
```

3.5.2 移位指令

这 4 条指令的作用是将累加器中的内容循环左移或右移一位,后两条指令是连同进位位 CY 一起移位。循环移位指令操作示意图如图 3.1 所示。

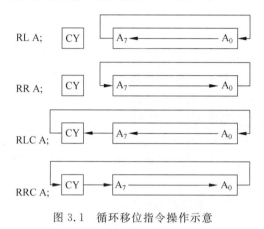

图 3.1 循环移位指令操作示意

【例 3.23】 设 A 中的内容为 04H,编程如下。

```
RL      A          ; A = 08H
RL      A          ; A = 10H
RR      A          ; A = 08H
```

从例 3.23 可以看出,可以利用左移和右移指令实现乘以 2 或除以 2 的运算。

3.6 控制转移指令

控制转移指令用于控制程序的流向,所控制的范围即为程序存储器区间,STC15 系列单片机的控制转移指令主要有以下几种类型。

(1)无条件转移:无须判断,执行该指令就转移到目的地址。

(2)条件转移:需判断是否满足条件,若条件满足,则转移到目的地址,否则顺序执行。

(3)子程序调用。

(4)子程序返回。

这些指令的执行一般都不会对标志位有影响。

3.6.1 无条件转移指令

这组指令执行完后,程序就会无条件转移到指令所指向的地址。

1. 长转移指令

指令格式:

```
LJMP  addr16    ; (PC)←addr16
```

该指令提供 16 位目标地址,将指令中第二字节和第三字节地址码分别装入 PC 的高 8 位和低 8 位中,无条件转移的目标地址范围是整个存储器的 64KB 空间。

2. 绝对转移指令

指令格式:

```
AJMP  addr11    ; (PC)←(PC) + 2,(PC10 - 0)←addr11
```

本指令是双字节指令,该指令提供目标地址的低 11 位,转移目标的高 5 位地址保持当前的 PC 值(即本指令的下一条指令地址)的高 5 位不变,所以,绝对转移的目标地址范围是从下一条指令开始的 2KB 空间。

AJMP 指令的功能是构造程序转移的目的地址,实现程序转移。其构造方法是:以指令提供的 11 位地址去替换 PC 的低 11 位内容,形成新的 PC 值,此即转移的目的地址。但要注意,被替换的 PC 值是本条指令地址加 1 以后的 PC 值,即指向下一条指令的 PC 值。

例如,程序中 2000 地址单元有绝对转移指令:

```
2000H    AJMP  275H
```

11 位绝对转移地址为 010 0111 0101B(275H),其指令代码如图 3.2 所示。

| 0010 | 0010 | | 0111 | 0101 |

图 3.2　指令 AJMP 257H 的指令代码

程序计数器 PC 加 2 后的内容为 0010 0010 0000 0010B(2002H),以 11 位绝对转移地址替换 PC 的低 11 位内容,最后形成的目的地址为 0010 0010 0111 0101B(2275H)。

3. 相对短转移指令

指令格式:

```
SJMP  rel    ; (PC)←(PC) + 2 + rel
```

该指令控制程序无条件转向指定地址。该指令的 rel 是一个 8 位带符号的相对偏移量,范围为 −128～+127。负数表示向后转移,正数表示向前转移。

【例 3.24】　2354H 地址上有 SJMP 指令:

```
2354H    SJMP  24H
```

源地址为 2354H,rel=24H 是正数,因此程序向前转移。目的地址＝2354H＋02H＋24H＝237AH。即执行完本指令后,程序转到 237AH 地址去执行。

若该指令改为:

```
2354H  SJMP  0F8H
```

F8H 是负数 −08H 的补码,因此程序向后转移,目的地址＝2354H＋02H−8H＝234EH。即执行完本指令后,程序向后转到 234EH 地址去执行。

4. 间接转移指令

指令格式：

```
JMP   @A + DPTR     ; (PC)←(A) + (DPTR)
```

该指令把累加器 A 中的无符号数与作为基址寄存器 DPTR 中的 16 位数据相加,所得的值送入 PC 作为转移的目的地址。该指令执行后既不影响累加器 A 和数据指针 DPTR 中的内容,也不影响任何标志位。该指令的转移地址不是编程时确定的,而是在程序运行时动态决定的。因此,可以在 DPTR 中装入多条转移程序的首地址,而由累加器 A 中的内容来动态选择该时刻应转向哪一条分支,即可实现程序的多分支转移。在第 4 章将对此做详细说明。

3.6.2　条件转移指令

条件转移就是程序转移是有条件的。执行条件转移指令时,如指令中规定的条件为真,则进行程序转移,否则程序顺序执行。

1. 以累加器是否为 0 作条件的转移指令

```
JZ    rel        ; (A) = 0,则(PC)←(PC) + 2 + rel
JNZ   rel        ; (A)≠0,则(PC)←(PC) + 2 + rel
```

本指令不是以 PSW 标志位为条件判断的,而是以 A 累加器的值是否为零判断的。两条都是相对转移指令,以 rel 为偏移量,rel 是一个 8 位带符号的相对偏移量,范围为 $-128\sim +127$。负数表示向后转移,正数表示向前转移。

2. 比较转移指令

比较转移指令通过比较两个操作数的大小,将两个操作数相减,差会丢弃。如果它们的值不相等则转移,相等则继续顺序执行下面的指令。

```
CJNE  A,data,rel       ; (A)≠(data),则(PC)←(PC) + 3 + rel
CJNE  A,#data,rel      ; (A)≠#data,则(PC)←(PC) + 3 + rel
CJNE  Rn,#data,rel     ; (A)≠#data,则(PC)←(PC) + 3 + rel
CJNE  @Ri,#data,rel    ; (A)≠#data,则(PC)←(PC) + 3 + rel
```

指令执行后要影响进位标志 CY,若操作数 1 小于操作数 2,则 CY=1,若操作数 1 大于操作数 2,则 CY=0。rel 为偏移量。

3. 减 1 条件转移指令

```
DJNZ  Rn,rel         ; (Rn) - 1←(Rn),(Rn)≠0,则(PC) ← (PC) + 2 + rel
DJNZ  data,rel       ; (data) - 1←(data),(data)≠0,则(PC)←(PC) + 2 + rel
```

这两条指令执行时,先将 Rn 或者 data 单元的内容减 1,然后判断结果是否为 0,若不为 0,则转移,若为 0 则继续顺序执行。这两条指令主要用于控制程序循环。

3.6.3　子程序调用和返回指令

为了便于程序编写,节约存储空间,可将一些需要反复执行的程序段编写成子程序,当需要用它们时,就用一个调用命令使程序按调用的地址去执行,这就需要子程序的调用指令和返回指令。

1. 子程序调用指令

(1)长调用指令。指令格式如下:

```
LCALL  addr16
```

该指令为三字节指令,调用地址在指令中直接给出,可在 64KB 空间调用子程序。指令操作为:

① (PC)←(PC) + 3
② (SP)←(SP) + 1,(SP)←(PC$_{7\sim0}$)
③ (SP)←(SP) + 1,(SP)←(PC$_{15\sim8}$)
④ (PC)←addr16

指令执行时,先修改堆栈指针,再将本指令的下一条指令地址存入 SP 指向的堆栈单元,然后将子程序首址(指令中的目标地址 addr16)赋给 PC,实现子程序的调用。

(2)绝对调用指令。指令格式如下:

```
ACALL  addr11
```

该指令提供 11 位目标地址,除了将指令中的低 11 位地址送给 PC,PC 高 5 位为当前值不变以外,其他同 LCALL 指令。指令执行的操作为:

① (PC)←(PC) + 2
② (SP)←(SP) + 1,(SP)←(PC$_{7\sim0}$)
③ (SP)←(SP) + 1,(SP)←(PC$_{15\sim8}$)
④ (PC10~0)←addr11

2. 返回指令

返回指令共有两条:

```
RET    ;(SP)←(PC₁₅～₈),(SP)←(SP) - 1
       ;(SP)←(PC₇～₀),(SP)←(SP) - 1
RETI   ;中断返回指令
```

这两条指令执行时,首先将当前堆栈顶保存的返回地址赋给 PC,再将堆栈指针 SP 减 2,从而实现返回功能。RETI 除具有 RET 功能外,还具有恢复中断逻辑的功能,所以,RETI 指令和 RET 指令决不能互换使用。

3.6.4 空操作指令

空操作指令的指令格式为:

```
NOP    ;(PC) + 1←(PC)
```

这条指令除了使 PC 加 1,消耗一个机器周期外,没有执行任何操作。该指令常用于程序的等待或时间的延时。

【例 3.25】 软件延时 1s 子程序,设系统主时钟频率为 6MHz,采用 12T 系统(即系统时钟为主时钟的 12 分频,也就是说每个机器周期为 $2\mu s$)。

```
DELY:   MOV   22H,#05H          ; 2Tm,即所需时间为两个机器周期。下同
L3:     MOV   23H,#064H         ; 2Tm
L2:     MOV   24H,#0C7H         ; 2Tm
L1:     NOP                     ; 1Tm
        NOP                     ; 1Tm
        NOP                     ; 1Tm
        DJNZ  24H,L1            ; 2Tm
        DJNZ  23H,L2            ; 2Tm
        DJNZ  22H,L3            ; 2Tm
        RET
```

请自行验算,执行完这个三重循环,需要多少个机器周期?

3.7　位操作指令

STC51 系列单片机的位操作指令共有 17 条,分为位传送、位置位和位清零、位运算以及位控制转移指令等 4 类。

3.7.1　位传送指令

位传送指令就是可寻址位与累加位 CY 之间的传送,指令有两条。

```
MOV   C,bit        ; (C)←bit
MOV   bit,C        ; bit←(C)
```

指令中的 C 就是 CY。两个可寻址位之间没有直接的传送指令,可使用这两条指令以 CY 作中介来实现这种传送。

【例 3.26】　将 20H 位的内容传送到 50H 位。

```
MOV   10H,C        ; 暂存 CY 的内容
MOV   C,20H        ; 20H 位送 CY
MOV   50H,C        ; CY 送 50H 位
MOV   C,10H        ; 恢复 CY 内容
```

3.7.2　位置位复位指令

这组指令对 CY 及可寻址位进行置位或复位操作,共有 4 条指令。

```
CLR    C           ; CY←0
CLR    bit         ; bit←0
SETB   C           ; CY←1
SETB   bit         ; bit←1
```

3.7.3 位运算指令

位运算都是逻辑运算,有与、或、非三种指令,共 6 条。

```
ANL   C,bit        ; (C)←(C)∧(bit),与运算
ANL   C,/bit       ; (C)←(C)∧(bit),与运算
ORL   C,bit        ; (C)←(C)∨(bit),或运算
ORL   C,/bit       ; (C)←(C)∧(bit),或运算
CPL   C            ; (C)←(C̄),取反的运算
CPL   bit          ; bit←bit,取反的运算
```

上述指令中,/bit 是对位 bit 取反,再去作相关运算,注意 bit 位本身内容不变。位运算指令中没有位的异或运算,如需要时可由多条上述位操作指令实现。

【例 3.27】 若 E、F、D 代表位地址,进行 E、F 内容的异或操作,结果送 D,可用以下程序段实现。

```
MOV   C,F
ANL   C,/E         ; (C)←Ē∧F
MOV   D,C
MOV   C,E
ANL   C,/F         ; (C)←E∧ /F
ORL   C,D
MOV   D,C          ; 结果送 D 位
```

通过逻辑运算,可以对各种组合逻辑电路进行模拟,即用软件方法来获得组合逻辑电路的逻辑功能。

3.7.4 位控制转移指令

位控制转移指令是以位的状态作为实现程序转移的判断条件。这类指令都是相对寻址,即指令中提供一个转移的偏移量 rel。

1. 以 C 状态为条件的转移指令

```
JC    rel          ; (CY) = 1 转移,(PC)←PC + 2 + rel,否则程序顺序往下执行,(PC) + 2←PC
JNC   rel          ; (CY) = 0 转移,(PC)←PC + 2 + rel,否则程序顺序往下执行,(PC) + 2←PC
```

2. 以位状态为条件的转移指令

```
JB    bit,rel      ; 位 bit 状态为 1 转移
JNB   bit,rel      ; 位 bit 状态为 0 转移
JBC   bit,rel      ; 位 bit 状态为 1 转移,并使该位清零
```

这三条指令都是三字节指令,如果条件满足,(PC)＋3＋rel←PC,否则程序顺序往下执行,(PC)＋3←PC。

小结

　　本章着重介绍 51 系列单片机的指令系统。从指令的基本格式、操作数的寻址方式、功能以及应用等方面详细介绍了传送类、算术运算类、逻辑运算与移位类、控制转移类及位操作等 5 类指令。这些指令是学习程序设计的基础，读者应正确理解和掌握它们，在学习的过程中可通过多写实例掌握指令的格式、功能及寻址方式。

习题

　　1. 简述 STC15 指令的格式。

　　2. STC15 单片机有哪几种指令寻址方式？这几种寻址方式分别适用于什么地址空间？

　　3. 指出下列指令中源操作数和目的操作数的寻址方式。

```
ADD     A,♯34H
MOV     B,40H
PUSH    ACC
MOV     @R0,PSW
MOVX    @DPTR,A
MOVC    A,@A+DPTR
```

　　4. 判断下列各条指令的书写格式是否有错，如有错说明原因。

```
LJMP    ♯1000H
CLR     A
MUL     R0,R1
MOV     DPTR,1050H
MOV     A,@R7
ADD     40H,42H
MOV     R1,C
JMP     @R0+DPTR
MOV     A,♯3000H
MOVC    @A+DPTR,A
MOVX    A,@A+DPTR
```

　　5. 试写出完成以下每种操作的指令序列。

　　(1) 将 R0 的内容传送到 R1；

　　(2) 内部 RAM 单元 60H 的内容传送到寄存器 R2；

　　(3) 外部 RAM 单元 1000H 的内容传送到内部 RAM 单元 60H；

　　(4) 外部 RAM 单元 1000H 的内容传送到寄存器 R2；

　　(5) 外部 RAM 单元 1000H 的内容传送到外部 RAM 单元 2000H。

　　6. 假定(SP)=40H,(39H)=30H,(40H)=60H。执行下列指令：

```
POP DPH
POP DPL
```

后,DPTR 的内容为_____,SP 的内容是_____。

7. 若(R1)=30H,(A)=40H,(30H)=60H,(40H)=08H。试分析执行下列程序段后上述各单元内容的变化。

```
MOV    A,@R1
MOV    @R1,40H
MOV    40H,A
MOV    R1,#7FH 10
```

8. 下列程序段执行后,(R0)=_____,(7EH)=_____,(7FH)=_____。

```
MOV    R0,#7FH
MOV    7EH,#0
MOV    7FH,#40H
DEC    @R0
DEC    R0
DEC    @R0
```

9. 下列程序段执行后,(A)=_____,(B)=_____。

```
MOV    A,#0FBH
MOV    B,#12H
DIV    AB
```

10. 执行下列程序段中第一条指令后,(P1.7)=_____,(P1.3)=_____,(P1.2)=_____;

　　执行第二条指令后,(P1.5)=_____,(P1.4)=_____,(P1.3)=_____。

```
ANL    P1,#73H
ORL    P1,#38H
```

11. 请使用位操作指令,实现下列逻辑操作。

P1.5 = ACC.2 ∧ P2.7 ∨ ACC.1 ∧ P2.0

12. 试用位操作指令实现下列逻辑操作。要求不得改变未涉及的位的内容。

(1) 使 ACC.0 置位;

(2) 清除累加器高 4 位;

(3) 清除 ACC.3,ACC.4,ACC.5,ACC.6。

13. 试编写程序,完成两个 16 位数的减法:7F4DH−2B4EH,结果存入内部 RAM 的 30H 和 31H 单元,31H 单元存差的高 8 位,30H 单元存差的低 8 位。

14. 试编写程序,将内部 RAM 的 20H、21H 单元的两个无符号数相乘,结果存放在 R2、R3 中,R2 中存放高 8 位,R3 中存放低 8 位。

15. 用三种方法实现将 A 累加器中的无符号数乘以 8,乘积存放在 B 和 A 寄存器中。

第**4**章

STC 单片机汇编语言编程

【学习目标】

- 掌握汇编语言程序设计的基本概念;
- 掌握伪指令的格式、功能和使用方法;
- 学会用 Keil μVision 调试程序;
- 掌握顺序结构、分支结构和循环结构程序设计的步骤和方法;
- 掌握常用汇编语言程序设计步骤和方法。

【学习指导】

　　程序设计的关键在于对指令要熟悉,算法要正确、清晰。对于复杂的程序,应先画出其流程图。只有多做练习和多上机调试,熟能生巧,才能编出高质量的程序。伪指令是非执行指令,为汇编程序提供汇编信息,应正确使用。学习过程中应注意汇编语言程序设计与高级语言程序设计的异同之处,尽可能多地阅读成熟老练的程序员编写的规范。

4.1　伪指令与汇编语言的语句格式

　　在第 3 章中介绍了 STC15 单片机的指令系统,要利用这些指令编写程序,特别是希望编写的程序都进行机器汇编(即用软件自动将其翻译成二进制代码),还需要掌握一些汇编语言的基本语法规则,包括伪指令等。

4.1.1　汇编语言程序设计的基本概念

1. 汇编语言程序和汇编程序

　　汇编语言是一种采用助记符代表机器二进制代码指令,并相应增加符号使用规则的程序设计语言。由于汇编语言的指令和机器代码基本上是一一对应的,所以汇编语言和机器语言一样,也是一种低级语言(相对于高级语言而说),它具有执行效率高、容易理解(相对于机器语言)等优点。当然,从使用方便性来考虑,肯定差于高级语言,但它对机器硬件的直接控制,以及执行高效率,对理解掌握机器硬件作用原理的帮助,也是高级语言所不及的。显然,对于从事单片机硬件开发的设计人员来讲,掌握单片机的汇编语言程序设计,是不可缺少的基本要求。

汇编语言程序是指用汇编语言编写的程序。汇编语言程序,必须转化为机器代码,单片机才能理解和执行。将汇编语言的程序转变为机器代码的过程称为汇编。汇编可以人工进行,人工通过查表得到机器语言代码,即所谓手工汇编;也可以用一个软件来完成这个过程,称为机器汇编。

将汇编语言源程序转换成机器语言目标程序的系统软件称为汇编程序。

汇编程序的主要任务如下。

(1) 确定程序中每条汇编语言指令的指令机器码。

(2) 确定每条指令在存储器中的存放地址。

(3) 提供错误信息。

(4) 提供目标执行文件(＊.OBJ/＊.HEX)和列表文件(＊.LST)。

2. 汇编语言程序的语句类型

(1) 指令语句。指令语句是指令采用助记符构成的汇编语言语句,它必须符合汇编语言的语法规则。指令语句是汇编语言程序的主体,也是进行汇编语言程序设计的基本语句。每条指令语句经汇编后将产生相对应的机器码构成目标程序,供 CPU 执行。

(2) 伪指令语句。伪指令并不是真正的指令,虽然它具有与指令类似的形式,但并不会在汇编时产生可供机器直接执行的机器码,这种指令是为汇编程序和连接程序提供一些必要的控制信息。伪指令对应的操作通常包括分配存储单元、定义符号等,这些操作是在汇编的过程中完成的,汇编后不产生机器代码。

(3) 宏指令。宏汇编功能:将需要多次反复执行的程序段定义成一个宏指令名(宏定义),编程时,可在程序中使用宏指令名来替代一段程序(宏调用)。

3. 汇编语言的特点

(1) 由于助记符指令和机器指令是一一对应的,从执行时间和占用存储空间来看,它的效率和机器语言是一样的。

(2) 汇编语言能够直接管理和控制硬件设备,实时能力强。

(3) 使用汇编语言编程比使用高级语言困难,因为汇编语言是面向计算机的,汇编语言的程序设计人员必须对计算机硬件有相当深入的了解。

(4) 汇编语言随所用的 CPU 不同而异,缺乏通用性,程序不易移植。

4.1.2 汇编语言的语句格式

各种计算机的汇编语言的语法规则是基本相同的,且具有相同的语句格式。

STC 51 汇编语言的语句格式表下:

[标号:]操作码　[操作数]　[;注释]

其中,方括号括起来的是可选部分,可有可无,视需要而定。

1. 标号

标号是用户设定的一个符号,表示存放指令或数据的存储单元的地址,有了标号,程序中的其他语句才能访问该语句。

标号的使用规则如下。

(1) 标号由以字母开头的 ASCII 字符组成,后面必须加冒号":"。

(2) 不能使用本汇编语言已定义了的符号作为标号,如指令助记符、伪指令助记符以及寄存器的符号名称。

(3) 同一标号在一个程序中只能定义一次,不能重复定义,在程序的其他地方也不能修改这个定义。

(4) 标号是任选的,只有在需要时才设标号,标号的有无取决于本程序中的其他语句是否需要访问这条语句。

2. 操作码

操作码以指令助记符或伪指令助记符表示,表明语句要执行的操作。操作码是汇编指令格式中必不可少的部分。

3. 操作数

操作数给出操作的数据或地址,可以采用字母和数字等多种表示形式。操作数个数因指令不同而不同,通常有双操作数、单操作数和无操作数三种情况。如果有两个操作数,则用逗号将其分隔。

在 STC15 单片机的汇编中,操作数通常有以下几种合法表示形式。

(1) 常数。常数有二进制、十进制和十六进制、字符和字符串这几种形式。操作数或操作数地址常采用十六进制形式表示。若操作数采用二进制形式,则需加后缀 B;若操作数采用十进制形式,可不加任何后缀,或加上后缀 D;若操作数采用十六进制形式,则需加后缀 H。若十六进制的操作数以字母开头时,则还需在其前面加一个 0,以区分数字和标识符。例如:

十进制数: 10

十六进制数: 87H,0F0H

二进制数: 111010001B

(2) 工作寄存器和特殊功能寄存器。当操作数在某个工作寄存器或特殊功能寄存器中时,操作数字段允许采用工作寄存器或特殊功能寄存器的代号表示。

(3) 标号地址。为了便于记忆和编程序方便,操作数字段里的操作数地址常常可以采用经过定义的标号地址表示。

(4) 表达式。若 DAT 已在某处做过定义,则 DAT+1 和 DAT-1 都是可以作为直接地址来使用的。

(5) $ 符号。$ 符号常在转移类指令的操作数字段中使用,表示该转移指令自身所在的地址。例如:

```
JB P1.0, $
```

该指令执行的操作是:若 P1.0≠0,则机器在该指令处等待,循环判断;只有当 P1.0=0时才继续往下执行程序。

4. 注释

注释不属于语句的功能部分,它只是对语句的解释说明,以增加程序的可读性,良好的注释是汇编语言程序编写中的重要组成部分。

5. 分界符

分界符也称分隔符,用于把语句格式中的各部分隔开,以便于汇编语言程序区分,包括空格、冒号、分号或逗号等多种符号。

(1) 冒号(:):用于标号之后。

(2) 空格( ):用于操作码和操作数之间。

(3) 逗号(,):用于操作数之间。

(4) 分号(;):用于注释之前。

4.1.3 伪指令

当使用机器汇编时,由伪指令为汇编程序提供一些信息,例如,对符号的定义、对程序存储器单元的分配、对程序的起始点和程序的结束点在何处的规定等。

下面介绍一些 STC 51 汇编语言程序中常用的伪指令。

1. 设置起始地址 ORG

指令格式:

```
[标号:] ORG   地址
```

该指令的作用是指明程序和数据块起始地址。汇编过程中,汇编程序将该语句的后续目标程序按 ORG 后面的 16 位地址或标号存入相应存储单元。ORG 伪指令总是出现在每段源程序或数据块的开始。如果不用 ORG 指令,则汇编将从 0000H 单元开始存放目标程序。

【例 4.1】 在如下程序中

```
       ORG 1000H
START:     MOV R0, #25H
           MOV A, @R0
    …
```

则汇编后,其对应地址为:

```
机器语言程序              汇编语言程序
地址    机器码
1000H   7825         START: MOV R0, #25H
1002H   E6                  MOV A, @R0
  …                         …
```

ORG 伪指令规定了 START 代表地址 1000H,目标程序的第一条指令从 1000H 开始存放。

注意,用 ORG 定义空间地址在源程序中,应由小到大,不能重叠。

2. 汇编终止 END

END 是汇编语言源程序的结束标志,用来终止汇编工作。其格式为:

```
END
```

在机器汇编时,汇编程序对 END 后面的指令都不予汇编。因此,一个源程序只能有一个 END 语句,而且必须放在整个程序末尾。

3. 赋值命令 EQU

这条伪指令用于给它左边的"字符名称"赋值,其格式为:

```
字符名称 EQU 赋值项
```

赋值后的字符名称既可以作为地址使用,也可以作立即数使用。

【例 4.2】

```
AD1    EQU   30H
DAT1   EQU   40H
       MOV   A,♯DAT1      ; (A)←40H
       MOV   AD1,A        ; (30H)←A
```

本指令是对符号定义的主要伪指令。在这个例子中,程序中使用到的符号 AD1、DAT1,在汇编时都会被 EQU 右面的数据所代替。

4. 定义字节 DB

该伪指令用来为汇编语言源程序从当前程序存储器地址单元开始,定义一个或一串字节。其格式为:

```
[标号: ] DB   字节数表
```

该指令执行的操作是把"字节数表"中的数据依次存放到以左边标号为起始地址的存储单元中。"字节数表"中的数可以是一个 8 位二进制常数,也可以是用逗号分开的一串常数。

【例 4.3】

```
       ORG   1000H
DA1:   DB    12H,34H,"3"
DA2:   DB    'AD'
```

1000H	12H
1001H	34H
1002H	33H
1003H	41H
1004H	44H

则存储区分配如图 4.1 所示,图中左侧为程序存储器的地址,右侧为该地址单元存放的数据。

图 4.1　例 4.3 存储区分配图

5. 定义数据字命令 DW

该伪指令用来为汇编语言源程序从当前程序存储器地址单元开始,定义一个或一串双字节的数据字。其格式为:

```
[标号: ] DW   16 位数表
```

DW 的功能与 DB 类似,不同之处在于 DB 定义的是一个字节,而 DW 定义的是一个字(两个字节)。存放时,高 8 位在前(低地址),低 8 位在后(高地址)。

【例 4.4】

```
ORG   0200H
DA3:   DW    34H,4567H
```

则存储区分配如图 4.2 所示,图中左侧为程序存储器的地址,右侧为该地址单元存放的数据。

6. 定义存储区 DS

指令格式:

[标号:] DS 表达式

该指令的功能是由标号指定的单元(即当前程序存储器地址单元)开始,保留指定数目的字节单元作为存储区,以备源程序使用。存储区内预留的单元数由表达式的值确定。

【例 4.5】

```
        ORG  3000H
DASEG:  DS   03H
```

上述伪指令表示从 3000H 单元开始,连续预留 03H 个存储单元,其存储区分配如图 4.3 所示。

0200H	00H
0201H	34H
0202H	45H
0203H	67H

3000H	—
3001H	—
3002H	—

图 4.2　例 4.4 存储区分配图　　　　图 4.3　例 4.5 存储区分配图

7. BIT 位定义命令

该指令用于把位地址赋予字符名称,其格式为:

字符名称 BIT 位地址

BIT 语句定义过的"字符名称"是一个符号位地址。

【例 4.6】

```
B2  BIT  P1.7
B3  BIT  02H
    CPL  B2          ; P1.7求反
```

汇编后,位地址 P1.7、02H 分别赋给符号 B2 和 B3。
本伪指令可以用 EQU 代替,例如上述的 B2、B3 可以定义为:

```
B2  EQU  97H          ; P1.7 的位地址
B3  EQU  02H
```

8. 数据地址赋值 DATA

字符名称 DATA 表达式

DATA 伪指令的功能与 EQU 类似,它可以把 DATA 右边"表达式"的值赋给左边的"字符名称"。它与 EQU 有以下不同之处。

(1) 用 DATA 定义的标识符汇编时作为标号登记在符号表中,所以,可以先使用后定

义,而 EQU 定义的标识符必须先定义后使用;

（2）用 EQU 可以把一个汇编符号赋给字符名,而 DATA 只能把数据赋给字符名;

（3）DATA 可以把一个表达式赋给字符名,只要表达式是可求值的。

4.2　汇编语言程序设计

4.2.1　简单程序

简单程序是指程序中没有使用转移类指令的一种无分支程序,也称为顺序程序。这种程序在运行时从第一条指令开始依次执行每一条指令,直到最后一条指令,程序结束。这类程序结构虽然比较简单,但也能完成一定的功能,也是构成复杂程序的基础。

【例 4.7】　将一个字节内的两个 BCD 十进制数拆开并变成相应的 ASCII 码,存入两个 RAM 单元。设两个 BCD 数已放在内部 RAM 的 20H 单元,变换后的 ASCII 码放在 21H 和 22H 单元并让高位十进制 BCD 数存放在 21H 单元。

分析:数字 0～9 的 ASCII 码为 30H～39H。完成拆字转换只需将一个字节内的两个 BCD 数拆开放到另两个单元的低 4 位,并在其高 4 位赋以 0011 即可。为此,可以先用 XCHD 指令将个位的 BCD 数和 22H 单元的低 4 位交换,在 22H 单元高 4 位添上 0011 完成一次转换。再用 SWAP 指令将高 4 位与低 4 位交换,并将高 4 位变为 0011,完成第二次转换。为了减少重复操作和使程序精炼,应先使 22H 单元清零。工作寄存器选用 R0,这样可便于使用变址寻址指令。

```
MOV     R0, #22H          ; R0←22H
MOV     @R0, #00H         ; 22H 清零
MOV     A, 20H            ; 两个 BCD 数送 A
XCHD    A, @R0            ; 低位 BCD 数送至 22H 单元
ORL     22H, #30H         ; 完成低位转换
SWAP    A                 ; 高位 BCD 放至低 4 位
ORL     A, #30H           ; 完成高位转换
MOV     21H, A            ; 存数
RET
```

【例 4.8】　16 位二进制数求补程序。设 16 位二进制数存放在 R1、R0,求补以后的结果则存放于 R3、R2。

分析:二进制数的求补可归结为“求反加 1”的过程。求反可用 CPL 指令实现。加 1 时要考虑进位问题。即不仅最低位要加 1,高 8 位也要加上低位的进位。此外,加 1 不能用 INC 指令,因为该指令不影响标志。

```
MOV     A, R0             ; 低 8 位送 A
CPL     A                 ; 取反
ADD     A, #1             ; 加 1
MOV     R2, A             ; 送回
MOV     A, R1             ; 高 8 位送 A
XRL     A, #7FH           ; 符号位不变,其余位取反
```

```
ADDC    A,#0                ;加进位
MOV     R3,A                ;结果送回
RET
```

注意：XRL 指令不影响标志 C_y，因此可以低位取反后立即加 1，然后再高位取反加进位。若是 CPL 指令影响标志，则应先 16 位取反，然后再加 1 和加进位，所需的数据往复传送数要增多。

【例 4.9】 将十六进制数转换为 ASCII 码。设十六进制数存放在 R0 寄存器的低 4 位，转换后的 ASCII 码仍送回 R0 寄存器。

分析：本例可用查表法解决。建立一个数据表 ASCTAB，将 0～9 及 A～F 的 ASCII 码按顺序存放在表中，则数据 n 对应的 ASCII 码在表中的地址为 ASCTAB$+n$。

本例参考程序如下。

```
        MOV     A,R0
        ANL     A,#0FH
        MOV     DPTR,#ASCTAB
        MOVC    A,@A+DPTR
        MOV     R0,A
        RET
ASCTAB: DB      '0','1','2','3','4'
        DB      '5','6','7','8','9'
        DB      'A','B','C','D','E','F'
        END
```

对于汇编语言不支持的一些函数，如平方函数、立方函数、三角函数等的直接调用以及解决一些输入与输出间无一定算法关系的代码转换等问题都可以用查表法解决。查表的关键在于组织表格，表格中应包含的题目所有可能的值，且按顺序排列，就可以利用表格首址加序号得到结果所在的地址。

4.2.2　分支程序

分支程序就是条件分支程序，即根据不同的条件，执行不同的程序段。在编写分支程序时，关键是如何判断分支的条件。在 STC15 中直接用来判断分支条件的指令不是很多，只有累加器判零指令 JZ、JNZ，比较转移指令 CJNE 等，但它还提供了位条件转移指令如 JC、JB 等。把这些指令结合在一起使用，就可以完成各种各样的条件判断，如正负判断、溢出判断、大小判断等。

1. 二路分支程序

【例 4.10】 按下式的要求给 Y 赋值。

$$Y = \begin{cases} 1 & X \geqslant 0 \\ -1 & X < 0 \end{cases}$$

分析：X 是有符号数，因此可以根据它的符号位来决定其正负，判别符号位是 0 还是 1 则可利用 JB 或 JNB 指令。

本题的程序流程如图 4.4(a)所示。

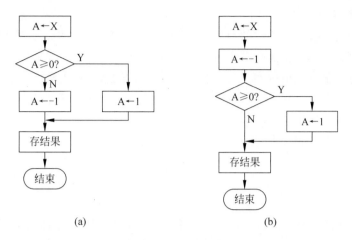

图 4.4　例 4.10 程序流程图

参考程序：

```
        ORG     1000H
X       DATA    30H
Y       DATA    31H
        MOV     A,X             ; A ← X
        JNB     ACC.7,PLUS      ; 若 X > 0,则转 PLUS
        MOV     A,#0FFH         ; 若 X < 0,则 Y = -1
        SJMP    DONE
PLUS:   MOV     A,#01H          ; 若 X > 0,则 Y = 1
DONE:   MOV     Y,A             ; 存函数值
        SJMP    $
        END
```

这个程序的特征是先比较判断,然后按比较结果赋值。注意:不要漏掉了其中的 SJMP DONE 语句。

这个程序也可以先赋值,后比较判断,然后修改赋值并结束,流程图如图 4.4(b)所示。

参考程序：

```
        ORG     0000H
X       DATA    30H
Y       DATA    31H
        MOV     A,X             ; A ← X
        MOV     0,#0FFH         ; 先设 X < 0,R0 = FFH
        JB      ACC.7,DONE      ; 若 X < 0,则转 DONE
PLUS:   MOV     R0,#01H         ; 若 X > 0,则 Y = 1
DONE:   MOV     Y,R0            ; 存函数值
        SJMP    $
        END
```

由例 4.10 可知,二路分支有两种情况,一种是不完全二路分支,如图 4.4(a)所示,相当于高级语言中的 if 条件 then 语句 1,这种分支只需要一条条件转移指令就可以实现;另一种是完全二路分支,如图 4.4(b)所示,相当于高级语言中的 if 条件 then 语句 1 else 语句 2。实现这种分支需要一条条件转移指令和一条无条件转移指令。

2. 多分支程序

多分支结构是有若干个条件的,每一个条件对应一个基本操作。分支程序就是判断产生的条件,哪个条件成立,就执行哪个条件对应操作的程序段。也就是说,从若干分支中选择一个分支执行。多分支结构实现的方法有:条件选择法,转移表法。

(1) 条件选择法。一个条件选择指令可实现两路分支,多个条件选择指令就可以实现多路分支。这种方法适用于分支数较少的情况。

【例 4.11】 按照下式的要求给 Y 赋值。

$$Y = \begin{cases} 1 & X > 0 \\ 0 & X = 0 \\ -1 & X < 0 \end{cases}$$

分析:本题与例 4.10 类似,只是这是一个三分支的流程图,判别 X 是否是负数用位控制转移指令,判别 X 是否等于 0 可使用累加器判零指令,因此,至少要用两条条件转移指令。其流程图如图 4.5 所示。

```
        ORG   0000H
X       DATA  30H
Y       DATA  31H
        MOV   A,X          ; A ← X
        MOV   R0,#0FFH      ; 先设 X<0,R0 = FFH
        JB    ACC.7,DONE    ; 若 X<0,则转 DONE
        MOV   R0,#0
        JZ    DONE
PLUS:   MOV   R0,#01H       ; 若 X>0,则 Y = 1
DONE:   MOV   Y,R0          ; 存函数值
        SJMP  $
        END
```

图 4.5 例 4.11 流程图

在例 4.11 中,用两条条件转移指令实现了三路分支。

(2) 转移表法。转移方法实现多分支的设计思想是:设置一个表,在该表中可以存放条件转移指令、地址偏移量或各分支入口地址。把离表首单元的偏移量作为条件来判断各分支在表中的位置。当进行多分支条件判断时,根据序号查找相应的转移指令或入口地址,使程序发生转移,实现多路分支。

【例 4.12】 128 分支程序。根据 R3 的值(00H~7FH),分支到 128 个不同的分支入口。

分析:程序的工作是两次转移的方式:先根据 R3 的值,用 JMP 指令转移到从 BRTAB 开始的某一条 AJMP 指令,然后再用这条 AJMP 指令转移到相应的分支入口 ROUTnn。转移地址表 BRTAB 如图 4.6 所示。

本例参考程序段如下。

```
        MOV   A,R3          ; 取地址序号送 A
        RL    A             ; A←A×2
        MOV   DPTR,#BRTAB    ; 地址表首地址送 DPTR
```

```
        JMP     @A + DPTR       ; 转入转移表内
BRTAB:  AJMP    ROUT00          ; 地址表
        AJMP    ROUT01
        ...
        AJMP    ROUT127
        END
```

由于 AJMP 是双字节指令,因此提前使偏移量 A 乘以 2,以便转向正确的位置。每个分支的入口地址(ROUT00～ROUT127)必须和其相应的 AJMP 指令在同一个 2kB 存储区内。也就是说,分支入口地址的安排仍有相当的限制。如改用长转移 LJMP 指令,则分支入口就可以在 64KB 的范围内任意安排,但程序要做相应的修改。

【例 4.13】　编程根据 R3(0～3)的值,转向相应的操作程序。

分析:程序分支序号较少,可将地址偏移量定义到表中,根据序号查表可转到相应的分支。转移地址表如图 4.7 所示。

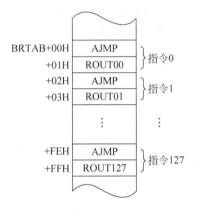

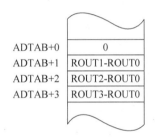

图 4.6　128 分支绝对转移地址表　　　　图 4.7　例 4.13 地址偏移量表

本例参考程序段如下。

```
        ORG     0000H
        MOV     A, R3
        MOV     DPTR, ♯ ADTAB       ; 地址表首地址送 DPTR
        MOVC    A, @A + DPTR        ; 偏移地址送 A
        MOV     DPTR, ♯ ROUT0       ; 首地址送 DPTR
        JMP     @A + DPTR           ; 转至序号对应的分支
ROUT0:  ...
        SJMP    DONE
ROUT1:  ...
        SJMP    DONE
ROUT2:  ...
        SJMP    DONE
ROUT3:  ...
DONE:   RET
ADTAB:  DB      0, ROUT1 - ROUT0, ROUT2 - ROUT0, ROUT3 - ROUT0
        END
```

当程序分支序号较少,且所有分支程序均处在 256B 之内时,可使用这种方法实现多路分支。若转向范围大于 256B,则可建立一个入口地址表实现程序的跳转。

【例 4.14】 编程根据 R3 的值,转向相应的操作程序。

分析:本例可建立一个地址表 ADTAB 存放各路分支的 16 位入口地址,然后通过查表法依次取出地址的高 8 位和低 8 位,分别送到 DPTR 的高 8 位和低 8 位中。

本例源程序如下。

```
        ORG     0000H
        MOV     A,R3
        RL      A
        MOV     R1,A            ; 存 2 倍序号至 R1
        MOV     DPTR,#ADTAB
        MOVC    A,@A+DPTR       ; 转移地址高 8 位送 A
        XCH     A,R1            ; 转移地址高 8 位送 R1,2 倍序号送 A
        INC     A               ; 2 倍序号加 1,以便取低 8 位转移地址
        MOVC    A,@A+DPTR       ; 取低 8 位转移地址
        MOV     DPL,A           ; 低 8 位转移地址送 DPL
        MOV     DPH,R1          ; 高 8 位转移地址送 DPH
        CLR     A               ; A 清零
        JMP     @A+DPTR         ; 转移
ROUT0:  ...
        LJMP    DONE
ROUT1:  ...
        LJMP    DONE
ROUT2:  ...
        LJMP    DONE
ROUT3:  ...
        LJMP    DONE
DONE:   ...
ADTAB:  DW      ROUT0,ROUT1,ROUT2,ROUT3  ; 入口地址表
        END
```

4.2.3 循环程序

循环程序也是一种程序的组织形式。在程序执行时,往往同样的一组操作需要重复许多次,当然可以重复使用同样的指令来完成,但若使用循环程序,重复执行同一条指令许多次来完成重复操作,就大大简化了程序。例如,要做 1~100 的加法,没有必要去写 100 条加法指令,可以只写一条加法指令并使之执行 100 次,每次执行时操作数也做相应的变化,同样能完成原来规定的操作。

循环程序一般由以下 4 部分组成。

(1) 置循环初值,即确定循环开始时的状态,如使工作单元清 0,计数器置初值等。

(2) 循环体部分,即要求重复执行的部分。这部分程序应特别注意,因为它要重复执行许多次(如 100 次),因此,若少写一条指令,实际上就是少执行 100 条指令。反之亦然。

(3) 循环修改部分,循环程序必须在一定的条件下结束,否则就要形成死循环。因此,每循环一次就要注意是否需要修改达到循环结束的条件,若需要修改时,一定不要忘记,以便在一定情况下能结束循环。

（4）循环控制部分，根据循环结束条件，判断是否结束循环。

以上 4 部分可以有两种组织形式，如图 4.8 所示。

在 STC15 汇编指令系统中，没有专门的循环指令，需借助条件转移指令来实现循环结构。下面将通过一些实例来说明循环程序的编写方法。

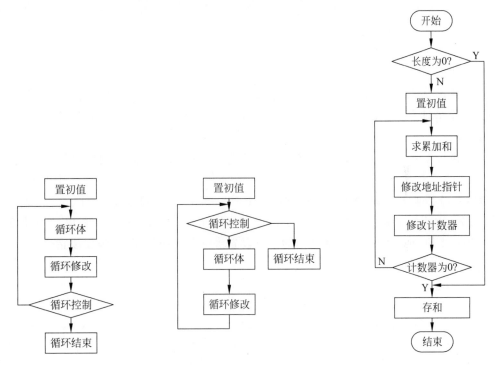

图 4.8　循环程序的两种组织形式　　　　　图 4.9　例 4.15 流程图

【例 4.15】　从 BLOCK 单元开始存放一组无符号数，一般称为一个数据块。数据块长度放在 LEN 单元，编写一个求和程序，将和存入 SUM 单元，假设和不超过 8 位二进制数。

分析：这是一个典型的循环程序例子。在置初值时，将数据块长度置入寄存器 R2，将数据块首地址送入寄存器 R1，称为数据块地址指针。每做一次加法之后，修改地址指针，以便取出下一个数来相加。并且使 R2 减 1，当 R2 减到 0 时，求和结束，把和存入 SUM 即可。考虑到数据块的长度有可能为零，可在做加法之前，先对数据块的长度做判断。其流程如图 4.9 所示。

本例参考程序段如下。

```
        MOV    A,♯LEN           ; 数据块长度送 A
        JZ     DONE             ; 若长度为 0,存结果
        MOV    R1,♯BLOCK        ; 数据块首址送 R1
        MOV    R2,A
        CLR    A                ; 清累加器
LOOP:   ADD    A,@R1            ; 循环做加法
        INC    R1               ; 修改地址指针
CHECK:  DJNZ   R2,LOOP
DONE:   MOV    SUM,A            ; 存和
        END
```

【例 4.16】 一组十六进制数转换为 ASCII 码。每个字节内存放两个十六进制数。十六进制数据块首地址存于 R0 寄存器,存放 ASCII 码区域的首地址存于 R1 寄存器,数据块长度存于 R2 寄存器。程序执行后 R0 和 R1 仍应指向原来的位置。

分析:这个问题可用查表求解法。由于每个字节存放两个十六进制数,因此要拆开转换两次,每次都通过查表求相应的 ASCII 码。我们用另一条查表指令"MOVC　A,@A+PC"实现。用 PC 内容作为基地址来查表,所需操作有所不同,但也可以分为以下三步。

(1) 将所查表的项数(即在表中是第几项)送到累加器 A,在 MOVC A,@A+PC 指令之前先写上一条 ADD A,♯data 指令,data 的值待定;

(2) 计算"MOVC　A,@A+PC"指令执行后的地址到所查表的首地址之间的距离,即算出这两个地址之间其他指令所占的字节数,把这个结果作为 A 的调整量取代加法指令中的 data 值;

(3) 执行查表指令"MOVC　A,@A+PC"进行查表,查表结果送到累加器 A。

0~9 的 ASCII 码为 30H~39H,而 A~F 的 ASCII 码为 41H~46H。计算求解的思路是当 R0≤9 时,加上 30H 就变成相应的 ASCII 码。若 R0>9,则加上 37H 才能完成变换。以上思路可以用分支程序来实现。由于两次查表所用的 MOVC 指令在程序的不同位置,因此,两次对 PC 地址调整的值是不同的。可以先将整个程序写完,两条加法指令中的加数待程序写完后再填入。

```
          MOV    TEMP,R0            ; 暂存指针值
          MOV    TEMP + 1,R1
LOOP:     MOV    A,@R0             ; 取两个十六进制数
          ANL    A,♯0FH            ; 保留低 4 位
          ADD    A,♯19            ; 第一次地址调整
          MOVC   A,@A+PC           ; 第一次查表
          MOV    @R1,A            ; 存第一次转换结果
          INC    R1
          MOV    A,@R0             ; 重新取出被转换数
          SWAP   A                 ; 准备处理高 4 位
          ANL    A,♯0FH
          ADD    A,♯10            ; 第二次地址调整
          MOVC   A,@A+PC           ; 第二次查表
          MOV    @R1,A            ; 存第二次转换结果
          INC    R1                ; 修改指针
          INC    R0
          DJNZ   R2,LOOP           ; R2≠0 再循环
          MOV    R0,TEMP           ; 恢复指针原值
          MOV    R1,TEMP + 1
          RET
ASCTAB:   DB     '123456789ABCDEF'
TEMP:     DATA   20H
          END
```

在用 DPTR 作为基址进行查表时,可以通过传送指令让 DPTR 的值和表的首地址一致。但在用 PC 作为基址时,却不大可能做到这一点,因为 PC 的值是由"MOVC　A,@A+PC"指令所在的地址加 1 以后的值所决定的。因此,必须要做上面步骤中规定的地址调整。用

PC 作为基址虽然稍微麻烦一些,但可以不占用 DPTR 寄存器,所以仍是常用的一种查表方法。

4.2.4　子程序

在实际程序中,往往包含一些进行相同运算或处理的程序段,如果每次都从头编起,不仅麻烦,而且十分浪费编程时间,增加出错率,也浪费存储空间。因而常常将这些常用的程序标准化,做成预制好的模块,这些模块就是子程序(SUBROUTINE)。

在汇编语言源程序中使用子程序,首先是要考虑参数传递问题。参数传递一般可采用以下方法。

(1) 传递数据。将数据通过工作寄存器 R0～R7 或者累加器来传送,即在调用子程序之前把数据送入寄存器或者累加器。调用以后就用这些寄存器或者累加器中的数据来进行操作。子程序执行以后,结果仍由寄存器或累加器送回。

(2) 传递地址。数据存放在存储器中,参数传递时只通过 R0、R1、DPTR 传递数据所存放的地址。调用结束时,子程序运算的结果也可以存放在内存单元中,传送回来的也只是放在某些寄存器中的地址。

(3) 通过堆栈传递参数。在调用之前,先把要传送的参数压入堆栈。进入子程序之后,再将压入堆栈的参数弹到工作寄存器或者其他内存单元。但要注意,在调用子程序时,断点处的地址也要压入堆栈,占用两个单元。在弹出参数时,注意不要把断点地址传送出去,另外,在返回主程序时,要把堆栈指针指向断点地址,以便能正确地返回。

(4) 通过位地址传送参数。在进入汇编语言子程序特别是进入中断服务子程序时还应注意的是现场保护问题。即对于那些不需要进行传递的参数,包括内存单元的内容,工作寄存器的内容,以及各标志的状态等,都不应因调用子程序而改变,方法就是在进入子程序时,将需要保护的数据推入堆栈,而空出这些数据所占用的工作单元,供子程序使用。在返回调用程序之前,则将推入堆栈的数据弹出到原有的工作单元,恢复其原来的状态,使调用程序可以继续往下执行。这种现场保护的措施在中断时更为必要,更加不能忽视。

由于堆栈操作是"先入后出",因此,先压入堆栈的参数应该后弹出,才能保证恢复原来的状态。例如:

```
SUBROU:  PUSH   ACC
         PUSH   PSW
         PUSH   DPL
         PUSH   DPH
         ...
         POP    DPH
         POP    DPL
         POP    PSW
         POP    ACC
         RET
         END
```

至于每个具体的子程序是否要进行现场保护,以及哪些参数应该保护,则应视具体情况而定。

【例 4.17】 用程序实现 $C = a^2 + b^2$，假设 a、b 的平方均小于 128，a 存在内部 RAM41H 单元，b 存在内部 RAM42H 单元，C 存入内部 RAM33H 单元。

分析：在本例中要求两次平方值，将求平方值的过程作为子程序来处理。子程序名称 CSQR，入口参数放在 A 中，出口参数（平方值）也放在 A 中。

本例参考程序如下。

```
        MOV    SP,#3FH              ;设置堆栈指针
        MOV    A,31H                ;取 a
        LCALL  CSQR                 ;求 a 的平方值
        MOV    R1,A                 ;将子程序出口参数(a 的平方值)送 R1
        MOV    A,32H                ;取 b
        LCALL  CSQR                 ;求 b 的平方值
        ADD    A,R1                 ;求和
        MOV    33H,A                ;送结果
        SJMP   $
        ORG    2400H
CSQR:   MOV    DPTR,#TAB            ;子程序
        MOV    C A,@A+DPTR
        RET
TAB:    DB     0,1,4,9,16,25,36,49,64,81,100,121
```

本例中只有一个入口参数和出口参数，且都为单字节数，都通过累加器 A 来实现参数的传递。

【例 4.18】 在 HEX 单元存有两个十六进制数，试将它们分别转换成 ASCII 码，存入 ASC 和 ASC+1 单元。

解：由于要进行两次转换，故可调用子程序来完成。参数传递用堆栈来完成。

调用程序：

```
        MOV    SP,#3FH              ;设堆栈指针
        PUSH   HEX                  ;第一个十六进制数进栈
        ACALL  HASC                 ;调用转换子程序
        POP    ASC                  ;参数返回送 ASC 单元
        MOV    A,HEX
        SWAP   A                    ;高 4 位低 4 位交换
        PUSH   ACC                  ;第二个十六进制数进栈
        ACALL  HASC                 ;再次调用
        POP    ASC+1                ;第二个 ASCII 码存入
        SJMP   $
HASC:   DEC    SP
        DEC    SP                   ;修改 SP 到参数位置
        POP    ACC                  ;弹出参数到 A
        ANL    A,#0FH
        MOV    DPTR,#TAB
        MOVC   A,@A+DPTR            ;查表
        PUSH   ACC                  ;参数进栈
        INC    SP                   ;修改 SP 到返回地址
        INC    SP
        RET
TAB:    DB     '0123456789ABCDEF'
        END
```

本例中的参数传递是通过堆栈实现的。在执行 ACALL 指令时,会自动将断点处的地址推入堆栈,占用了两个存储单元,因此在子程序中用两条 DEC 指令和结束时的两条 INC 指令是为了将 SP 的位置调整到合适的位置,否则会将返回地址作为参数弹出,或返回到错误的位置。此外,本例还可通过累加器传递入口参数,出口参数通过传递地址实现。参考程序如下。

```
            MOV     SP,#3FH              ; 设堆栈指针
            MOV     A,HEX                ; 第一个十六进制数
            MOV     R1,#ASC
            ACALL   HASC                 ; 调用转换子程序
            INC     R1                   ; 修改地址指针
            MOV     A,HEX
            SWAP    A                    ; 第二个十六进制数
            ACALL   HASC                 ; 再次调用
            SJMP    $
HASC:       ANL     A,#0FH               ; 高 4 位清零
            MOV     DPTR,#TAB
            MOVC    A,@A+DPTR            ; 查表
            MOV     @R1,A.0              ; 出口参数
            RET
TAB:        DB      '0123456789ABCDEF'
            END
```

在编写子程序的过程中,要注意以下几点。

(1) 要给每个子程序命名,也就是给出子程序入口地址的符号。

(2) 明确子程序的入口参数和出口参数。入口参数是指子程序需要哪些参数,放在哪个寄存器或存储单元;出口参数是指子程序的处理结果有哪些,存放在哪里。

(3) 现场的保护及恢复。

(4) 子程序应具有较高的通用性。

4.3　实用程序举例

4.3.1　算术运算类程序

【例 4.19】　多字节带符号数加法,假定被加数和加数的低位字节地址分别存放在 R0 和 R1 中,R3 中存放字节数,求和并将其存放于被加数所在的单元,和的字节数仍放在 R3 中。

分析:多字节带符号数相加,可从低位开始加,补码相加的结果仍为补码,在不产生溢出的情况下,最高位为 0,结果为正,最高位为 1,结果为负。其程序流程如图 4.10 所示。

本例参考程序如下。

```
SDADD:      CLR     07H                  ; 进位位清零
            MOV     A,R0                 ; 保存原始地址
            MOV     R2,A
            MOV     A,R3
            MOV     R7,A
```

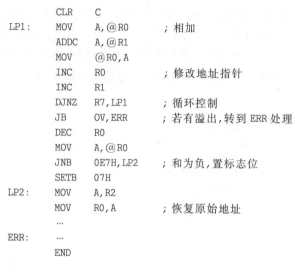

```
          CLR    C
LP1:      MOV    A,@R0        ; 相加
          ADDC   A,@R1
          MOV    @R0,A
          INC    R0           ; 修改地址指针
          INC    R1
          DJNZ   R7,LP1       ; 循环控制
          JB     OV,ERR       ; 若有溢出,转到 ERR 处理
          DEC    R0
          MOV    A,@R0
          JNB    0E7H,LP2     ; 和为负,置标志位
          SETB   07H
LP2:      MOV    A,R2
          MOV    R0,A         ; 恢复原始地址
          ...
ERR:      ...
          END
```

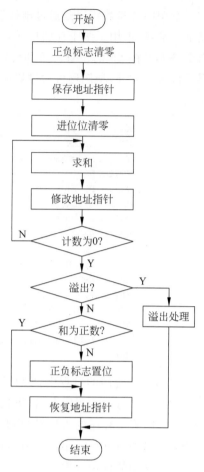

图 4.10　多字节带符号数加法
运算流程图

【**例 4.20**】　两个 16 位无符号数相乘,设 R7、R6 存被乘数,R5、R4 存乘数,乘积存入以 R0 开始的单元(低位积先存)。

分析:由于乘法指令是两个 8 位无符号数相乘,16 位数的求积能分解为 4 个 8 位数相乘,每次 2 个 8 位数相乘,乘积为 16 位,因此,这样相乘以后要产生 8 个 8 位部分积,需由 8 个单元来存放,然后再相加,其和即为所求之积。但这样做占用工作单元太多,一般不采用这样的方法,而是采用边相乘边相加的方法来进行。设被乘数为 ab,乘数为 cd,b 和 d 相乘的积为 16 位,高低 8 位为 bdL,高 8 位为 bdH,其余的也采用类似的方法来表示,则边相乘边相加的过程如式(4-1)所示。即:

(1) $b \times d$,低 8 位积 bdL 可以直接存入结果,高 8 位积 bdH 暂存 R3,准备求和。

(2) $a \times d$,低位积 adL 与暂存的 bdH 相加,其和仍暂存于 R3,进位与 adH 相加,和暂存于 R2。

(3) $b \times c$,低位积 bcL 与 R3 中暂存的结果相加,其和作为乘积的一部分存入内存,bcH 和 R2 中的暂存结果以及进位相加,和再次存入 R2,同时,若有进位,也要设法保存(R1)。

(4) $a \times c$,acL 和 R2 中暂存结果相加,acH 与这次的进位和上次保存下来的进位(R1 的内容)相加,得到最后的结果。

$$
\begin{array}{cccc}
     &   & \text{bdH} & \text{bdL} \\
  +) &   & \text{adH} & \text{adL} \\
\hline
     & \text{R2} & \text{R3} & @\text{R0} \\
  +) &   & \text{bcH} & \text{bcL} \\
\hline
  \text{R1} & \text{R2} & @(\text{R0}+1) & \\
  +) & \text{acH} & \text{acL} & \\
\hline
  @(\text{R0}+3) & @(\text{R0}+2) & &
\end{array}
$$

(4-1)

这样工作单元最多只需要 R3、R2 和 R1,实际上 R1 也可以用 R3 来代替,因为在那个时候,R3 中所存的结果已处理完毕,可以重新使用。

```
START:   MOV   A,R6
         MOV   B,R4
         MUL   AB              ; 两个低 8 位相乘
         MOV   @R0,A           ; 低位积 dbL 存入内存
         MOV   R3,B            ; bdH 暂存 R3
         MOV   A,R7
         MOV   B,R4
         MUL   AB              ; 第二次相乘
         ADD   A,R3            ; bdH + adL
         MOV   R3,A            ; 暂存 R3
         MOV   A,B
         ADDC  A,#0            ; adH + cy
         MOV   R2,A            ; 暂存 R2
         MOV   A,R6
         MOV   B,R5
         MUL   AB              ; 第三次相乘
         ADD   A,R3            ; dbH + adL + bcL
         INC   R0              ; 积指针加 1
         MOV   @R0,A           ; 积的第 15~8 位存入
         MOV   R1,#0
         MOV   A,R2
         ADDC  A,B             ; adH + bcH + Cy
         MOV   R2,A            ; 暂存 R2
         JNC   NEXT
         INC   R1              ; 若有进位存入 R1
NEXT:    MOV   A,R7
         MOV   B,R5
         MUL   AB              ; 第四次相乘
         ADD   A,R2            ; adH + bcH + acL
         INC   R0
         MOV   @R0,A           ; 积的第 23~16 位存入
         MOV   A,B
         ADDC  A,R1
         INC   R0
         MOV   @R0,A           ; 积的第 31~24 位
         RET
```

这个程序作为子程序调用时,入口参数为 R7R6 和 R5R4,分别为被乘数和乘数;出口参数为 R0,指向 32 位积的高 8 位。

4.3.2　代码转换类程序

【例 4.21】 双字节二进制数转换为 BCD 数。设 R3、R2 中分别存放一个 16 位二进制数的高 8 位和低 8 位,将其转换为 BCD 数,并存入寄存器 R6(万位)、R5(千位、百位)、R4(十位、个位)中。

分析：二进制数 $a_{15}a_{14}\cdots a_1a_0$ 的真值计算公式为 $(\cdots(0\times2+a_{15})\times2+a_{14}\cdots)\times2+a_0$，则可将二进制数从最高位开始依次左移入 BCD 码寄存器的最低位，并且，每次都实现 $(\cdots)\times2+a_i$ 的运算。共循环 16 次，由 R7 控制。流程图如图 4.11 所示。

本例参考程序如下。

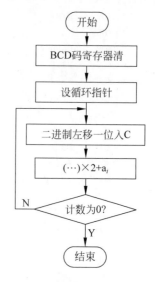

图 4.11　二进制数转 BCD 码流程图

```
BTOBCD: CLR     A
        MOV     R4,A
        MOV     R5,A
        MOV     R7,A
        MOV     R7,#10H
LP0:    CLR     C
        MOV     A,R2
        RLC     A
        MOV     R2,A
        MOV     A,R3
        RLC     A
        MOV     R3,A
        MOV     A,R4
        ADDC    A,R4
        DA      A
        MOV     R4,A
        MOV     A,R5
        ADDC    A,R5
        DA      A
        MOV     R5,A
        MOV     A,R6
        ADDC    A,R6
        DA      A
        MOV     R6,A
        DJNZ    R7,LP0
        RET
```

4.3.3　定时程序

有多个定时需要，可以先设计一个基本的延时程序，使其延时时间为各定时时间的最大公约数，然后就以此基本程序作为子程序，通过调用的方法实现所需要的不同定时。

【例 4.22】　要求的定时时间分别为 5s、10s 和 20s 并设计一个 1s 延时子程序 DELAY，则不同定时的调用情况表示如下。

```
        MOV     R0,#05H         ; 5s 延时
LOOP1:  LCALL   DELAY
        DJNZ    R0,LOOP1
        ⋮
        MOV     R0,#0AH         ; 10s 延时
LOOP2:  LCALL   DELAY
```

```
        DJNZ    R0,LOOP2
         ⋮
        MOV     R0,# 14H              ; 20s 延时
LOOP3:  LCALL   DELAY
        DJNZ    R0,LOOP3
         ⋮
```

4.3.4 数据极值查找程序

【例 4.23】 内部 RAM20H 单元开始存放 8 个无符号 8 位二进制数,找出其中的最大数。

分析:极值查找操作的主要内容是进行数值大小的比较。假定在比较过程中,以 A 存放大数,与之逐个比较的另一个数放在 2AH 单元中。比较结束后,把查找到的最大数送 2BH 单元中。程序流程如图 4.12 所示。

本例参考程序如下。

```
        MOV     R0,# 20H             ; 数据区首地址
        MOV     R7,# 08H             ; 数据区长度
        MOV     A,@R0                ; 读第一个数
        DEC     R7
LOOP0:  INC     R0
        MOV     2AH,@R0              ; 读下一个数
        CJNE    A,2AH,CHK            ; 数值比较
CHK:    JNC     LOOP1                ; A 值大转移
        MOV     A,@R0                ; 大数送 A
LOOP1:  DJNZ    R7,LOOP0             ; 继续
        MOV     2BH,A                ; 极值送 2BH 单元
HERE:   AJMP    HERE                 ; 停止
```

4.3.5 数据排序程序

【例 4.24】 假定 8 个数连续存放在以 20H 为首地址的内部 RAM 单元中,使用冒泡法进行升序排序编程。

分析:设 R7 为比较次数计数器,初始值为 07H。TR0 为冒泡过程中是否有数据互换的状态标志,TR0=0 表明无互换发生,TR0=1 表明有互换发生。流程图如图 4.13 所示。

本例参考程序如下。

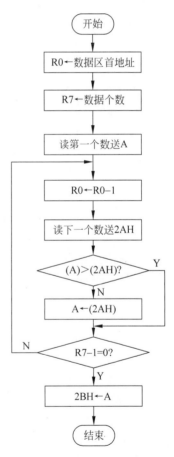

图 4.12 例 4.23 流程图

```
SORT:   MOV     R0,# 20H             ; 数据存储区首单元地址
        MOV     R7,# 07H             ; 各次冒泡比较次数
        CLR     TR0                  ; 互换标志清零
LOOP:   MOV     A,@R0                ; 取前数
```

```
        MOV     2BH,A                    ; 存前数
        INC     R0
        MOV     2AH,@R0                  ; 取后数
        CLR     C
        SUBB    A,@R0                    ; 前数减后数
        JC      NEXT                     ; 前数小于后数,不互换
        MOV     @R0,2BH
        DEC     R0
        MOV     @R0,2AH                  ; 两个数交换位置
        INC     R0                       ; 准备下一次比较
        SETB    TR0                      ; 置互换标志
NEXT:   DJNZ    R7,LOOP                  ; 返回,进行下一次比较
        JB      TR0,SORT                 ; 返回,进行下一轮冒泡
HERE:   SJMP    $                        ; 排序结束
```

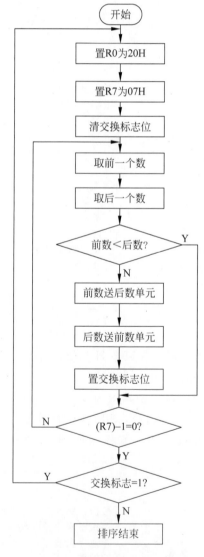

图 4.13　冒泡法排序程序流程

4.4　Keil μVision 集成开发环境简介

Keil μVision 系列软件是美国 Keil Software 公司推出的 51 系列兼容单片机 C 语言(简称为 C51 语言)软件开发系统。Keil 提供了包括 C 编译器、宏汇编、链接器、库管理和一个功能强大的仿真调试器等在内的完整开发方案,通过一个集成开发环境将这些部分组合在一起。下面介绍在该软件中如何调试汇编语言源程序。

4.4.1　Keil μVision 5 软件简介

1. 软件下载安装

Keil μVision 5 可通过登录 Keil 官网(www.keil.com),依照提示输入相关信息后可下载其安装包。双击安装包文件,按照提示信息,完成软件的安装。

Keil C51 默认是不支持 STC 单片机的,因此需要将 STC 公司的单片机元件库导入到 Keil μVision 中,具体操作步骤见 2.6 节。

2. Keil μVision 5 界面简介

在源程序编辑状态下,Keil μVision 5 的工作界面如图 4.14 所示。其中,菜单栏和工具栏提供了绝大部分常用操作。项目管理窗口用来管理项目中的相关文件。源程序编辑窗口用于编辑程序的源代码。编译输出窗口则输出项目编译的结果。

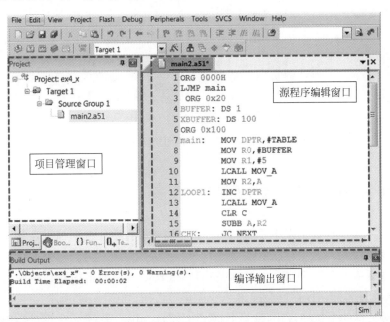

图 4.14　Keil μVision 5 的编辑界面

在程序调试状态下,Keil μVision 5 的常见界面如图 4.15 所示。反汇编窗口中列出了当前代码的反汇编结果;CPU 寄存器窗口则显示了 CPU 中各寄存器的值随程序运行的变化情况。在内存窗口中输入相应的地址信息，则可以查看相关存储单元的内容。

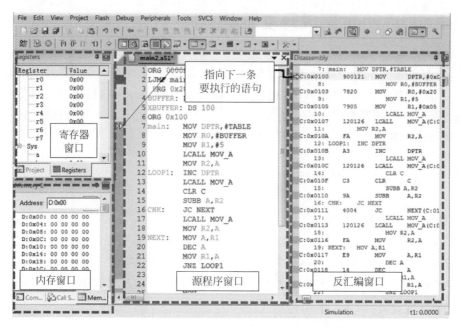

图 4.15　Keil μVision 5 的常见调试界面

在调试过程中，有几个常用的按钮如图 4.16 所示。其中，"跨越执行"的功能是指遇到子程序(子函数)时不进入子程序(子函数)内单步执行，而是将子程序(子函数)整个执行完再停止，也就是把整个子函数作为一步来执行。

图 4.16　调试中常用功能按钮

4.4.2　Keil μVision 5 中创建并调试汇编程序

本节将以一个实例说明在 Keil μVision 5 中如何进行单片机汇编语言的程序设计。

1. 创建项目

(1) 在主菜单中选择 Project→New μVision Project，在弹出的对话框中选择保存项目目录，并输入项目名称。保存后会弹出型号选择对话框，如图 4.17 所示。

(2) 在对话框的下拉列表中，选择 STC MCU Database 选项。在该对话框中左下方找到并单击 STC 前面的"＋"。在展开项中，找到并选择 STC15W4K32S4，如图 4.17 所示。单击 OK 按钮后会询问是否在当前设计工程中添加 STARTUP. A51 文件，选择"否"。此时项目建立完毕，其中还没有任何源文件。

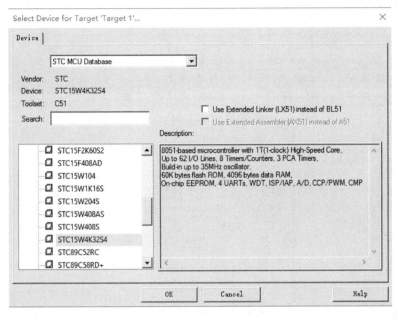

图 4.17　型号选择

2. 创建源文件

（1）在项目管理窗口中选中 Target1Exi→Source Group1 并右击，在弹出菜单中选择 Add Existing files Item to Group 'Source Group 1'，在弹出对话框中设定文件类型为 Asm File，如图 4.18 所示，文件名的扩展名默认为.a51，选择存储路径并确定主文件名，完成新文件的建立。

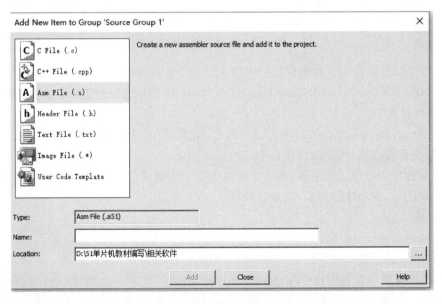

图 4.18　添加汇编源程序

（2）打开刚刚建立的汇编源程序文件，添加代码如图 4.19 所示。该程序的功能是找出 TABLE 开始的 5 个存储单元中的最大数，并将其送到 BUFFER 单元和 P1 端口中。再次保存该文件。

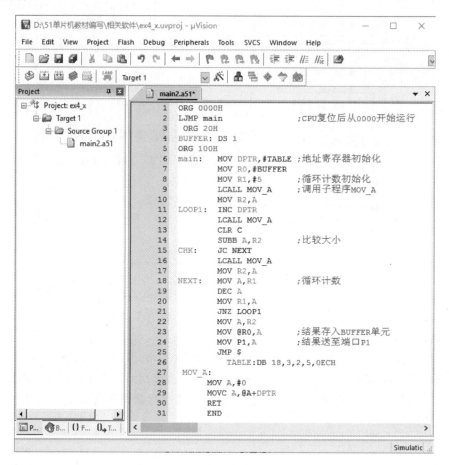

图 4.19　源程序代码示例

（3）也可以直接在项目管理窗口中选择 Target 1→Source Group 1 并右击，在弹出的菜单中选择 Add Files to Group 'Source Group 1'，向项目中添加已经创建的汇编语言源程序。

3. 编译项目

选择 Project→Rebuild all target files 命令，编译所有的项目文件。如果源程序没有语法错误，则编译完成后，将在输出窗口中显示编译结果。

如果源程序中存在语法错误，在输出窗口会显示出错的位置及可能的原因，供程序员参考。要注意的是，源程序修改后，须重新编译。

4. 仿真调试

源程序通过编译，说明程序中无语法错误，但要确定程序中有无逻辑错误、能否得到正确的运行结果，还需要对程序进行调试。程序调试的步骤如下。

（1）在项目管理窗口中选中 Target 1 并右击，在弹出的菜单中选择 Options for Target 'Target 1'，在弹出的对话框中选择 Debug 选项卡。确定 Use Simulator 和 Load Application at Startup 被选中，如图 4.20 所示。

（2）选择 Debug→Start/Stop Debug Session 命令或单击命令按钮，进入程序调试模式，如图 4.21 所示。

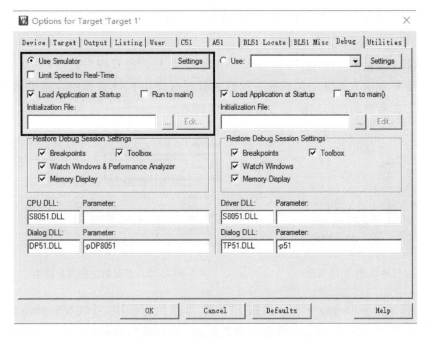

图 4.20　工程设置 Debug 选项卡设置

图 4.21　程序调试界面

（3）为方便查看 P1 端口的数据变化，选择 Peripherals→I/O Ports→Port 1，打开端口 P1 的仿真窗口，如图 4.22 所示。

（4）选择 View→Memory Windows→Memory 1，打开查看内存窗口，为方便查看运行结果，在地址栏中输入地址 D:0x20，表示要查看数据段从 20H 开始的存储单元（在本例中即为 BUFFER 所指向的存储单元），如图 4.23 所示。

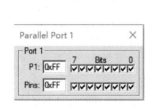

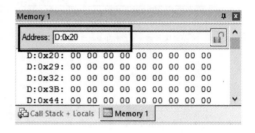

图 4.22　端口 P1 的仿真窗口　　　　　　　图 4.23　查看指定存储区内容

（5）选择菜单项 Debug→Step 或按 F11 键，单步执行程序，可以观察到随着指令的执行，相关寄存器、存储单元和端口内容发生了改变。程序执行到最后一指令时，可以看到，程序中数据表的最大数 0ECH 被送到了 BUFFER 所指向的存储单元（地址为 20H）以及 P1 端口，如图 4.24 所示。

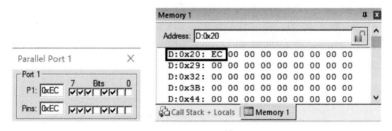

图 4.24　查看运行结果

（6）选择 Debug→Start/Stop Debug Session 命令，退出仿真调试模式。

（7）为确保程序的正确性，可改变最大数的位置，将其放在表中的第一个数或放在表中间。重新编译程序，再调试运行程序，检查运行结果是否正确。

利用仿真调试，通过观察相关数据的改变，可以找出程序中的逻辑错误，保证程序运行结果的正确性。

5．生成烧写文件

在项目管理窗口中，选中 Target 1 文件夹，并单击右键，在浮动菜单中单击 Options for Target‘Target 1’...选项，此时弹出 Options for Target‘Target 1’对话框。在 Output 选项卡中选中 Create HEX File 复选框，并单击 OK 按钮保存设置，如图 4.25 所示。

此时，重新编译一次，便能生成可以下载到单片机中的 HEX 执行文件。

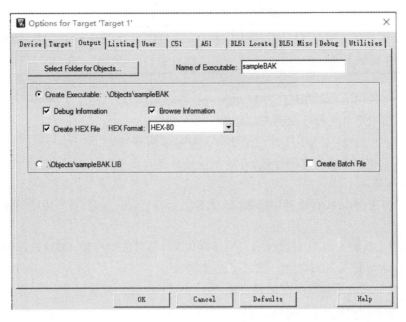

图 4.25   Options for Target 'Target 1'对话框

小结

本章首先介绍了单片机汇编语言程序设计的基本概念,单片机汇编语言伪指令;详细地讲述了三种汇编语言程序设计的基本结构,即:顺序结构、分支结构和循环结构程序设计的步骤和方法;然后介绍了几种汇编语言程序设计实例。最后,介绍了如何在 Keil μVision 5 中创建并调试汇编语言程序。

习题

1. 在内部 RAM30H 单元中存放着一个带符号数,设计一段程序求其绝对值,并把结果存回原地址。

2. 设计一段程序,找出从片内 RAM30H 开始的 16 个单元中无符号数的最小值所在的单元,并将该单元的内容改成 0FFH。

3. 编写一段程序实现两个多字节十进制 BCD 码的减法,假设被减数低字节地址在 R1,减数低字节地址在 R0,字节数在 R2,差(补码)的低字节地址在 R0,字节数在 R3。

4. 在 R1 中存放有一个二进制数,设计一个名为 TRANS 的子程序,将其变换为十六进制数,再设计一个名为 DISPLAY 的子程序,查出它的 7 段共阴数码管显示码并将共存入内部 RAM 的 30H(低位)和 31H(高位)单元中。

7 段共阴数码管显示码表如表 4.1 所示。

表 4.1　7 段共阴数码管显示码

显示码	3FH	06H	5BH	4FH	66H	6DH	7DH	07H	7FH	6FH	77H	7CH	39H	5EH	79H	71H
数值	0	1	2	3	4	5	6	7	8	9	A	B	C	D	E	F

5. 编程将片内 RAM 20H～2FH 单元内有符号单字节数,按从大到小顺序原位存放。

6. 试编写双字节无符号数相乘的程序。

7. 编程求片内 10H～2FH 片内单字节无符号数的平均值。

8. 设有 100 个单字节有符号数,存放于片外数据存储器 2000H 开始的单片,编程求其最大值和最小值。

9. 编程将片内 20H 存放的字节数,转化为压缩 BCD 码,并存放于 10H(低位)、11H(高位)单元。

10. 编程实现将片内 10H(低位)、11H(高位)单元存放的压缩 BCD 码,转换为十六进制数的程序,结果存入 20H(低位)、21H(高位)单元。

11. 编程实现将片外数据存储器 2000H、2001H 的双字节数据和片内 20H、21H 单元的双字节数据互换的程序。

12. 设片外 2000H 开始的 100H 个单元有字节数,编程求其校验和 CHKSUM。所谓校验和是将其与所有的字节数相加,不考虑进位,结果为 0 的那一个数。

13. 设片外数据 RAM2000H 开始的 200H 个单元均存放有符号单字节数,编程求正数、负数、0 的个数。

14. 设片外数据 RAM 从 1200H 开始存放 100H 个双字节无符号数,编程将它们在原位按从大到小的次序存放(可利用片外或片内的数据存储器中转)。

15. 综合设计:

(1) 在单片机测控系统的开发中,由于数据处理精度的要求,经常需要用到浮点数运算。请通过查找相关资料,了解 3 字节浮点数的表示方法、表示精度,并学习、编写、调试 3 字节浮点数的加减乘除以及函数运算子程序。

(2) 对于 STC15 单片机,编写一整套对片内数据 Flash 存储器读、擦除、写的子程序。

第 5 章

单片机 C51 程序设计

【学习目标】

- 了解 C51 与标准 C 的区别；
- 掌握 C51 的基本语法及相关规则；
- 掌握 C51 的基本编程方法；
- 掌握 C51 和汇编混合编程的方法；
- 掌握 C51 程序的调试及运行方法。

【学习指导】

在学习 C51 的过程中，首先应重视基础知识的学习：弄清语法规则，熟记算法；在学习语法规则时注意其与标准 C 的区别，在学习编程时就将其与汇编语言程序设计相比较，通过对比加深记忆和理解。另外，在学习过程中要多读例程，并在此基础上自己编写程序，结合开发环境的调试器，上机调试程序，进行验证性学习，通过观察语句运行过程中的相关信息的变化，在实践中加深对 C51 的理解。

5.1 C51 程序应用概述

相对于汇编语言，高级语言接近人的自然语言，易学易用，用高级语言写出来的源程序可读性更强，也更方便维护。由美国 Keil Software 公司推出的 51 系列兼容单片机 C 语言（简称为 C51 语言）继承了 C 语言结构清晰、便于移植的优点，同时也兼具汇编语言可操作性强的优势，因此，单片机 C51 语言被广泛应用于单片机程序设计中。

5.1.1 C51 与标准 C 的比较

C51 支持标准 C 语言的程序设计，并在此基础上做了一定的扩展，主要体现在以下几个方面。

（1）头文件的扩充。51 系列有不同的厂家，不同的系列产品的内部资源如定时器、中断、I/O 等数量以及功能也不一样,在应用这些资源时须将相应的功能寄存器的头文件加载到程序中。因此,Keil C51 系列头文件集中体现了各系列芯片的不同功能。

(2) 数据类型的扩充。由于 8051 系列器件包含位操作空间和丰富的位操作指令,直接嵌入式 C 与标准 C 相比,增加了位类型,使得它能如同汇编一样,灵活地进行位指令操作。

(3) 数据的存储。8051 系列存储区域有片内、片外程序存储器,片内、片外数据存储器等类型之分,片内程序存储器还分为直接寻址区和间接寻址两种类型,分别对应 code、data、xdata、idata 以及根据 51 系列特点而设定的 pdata 类型,使用不同的存储器,将使程序执行效率不同。此外,C51 可通过设置存储器模式确定用于函数自变量、自动变量和无明确存储类型变量的默认存储器类型。

(4) 函数的使用。通常情况下,C51 中的函数不能被递归调用,如果要使用递归特性,必须用 REENTRANT 进行申明才能使用。此外,在 C51 中还增加了中断函数。

(5) 输入/输出的处理。C51 中输入/输出是通过串行口来完成的。输入/输出指令执行前必须对串行口进行初始化。

5.1.2 标识符与关键字

1. 标识符

标识符就是源程序中函数、变量、常量、语句标号等对象的名称。标识符由程序员指定。标识符的定义应符合以下规则。

(1) 标识符以字母(a~z,A~Z)或下画线"_"开头;

(2) 标识符其他部分可以由字母、下画线或数字 0~9 组成;

(3) 标识符一般不超过 32 个字符;

(4) 标识符不能使用 C51 的关键字。

C51 程序语言对大小写敏感,也就是大写字母和小写字母表示不同的意义,代表不同的标识符。为增强程序的可读性,标识符应能体现其所代表对象的含义。

2. 关键字

关键字是被 C51 编译器定义的专用标识符,也称为保留字。在 C51 中,所有的关键字均使用小写字母。C51 的关键字如下所示:

auto	break	case	char	const	continue
default	do	double	else	emum	extern
float	for	goto	if	int	long
register	return	short	signed	sizeof	static
struct	switch	typedef	union	unsigned	viod
volatile	while	_at_	alien	bdata	
code	compact	data	idata	interrupt	large
pdata	_priority_	reentrant	sbit	sfr	sfr16
small	_task_	using	xdata		

本书将在后面的小节中对常用关键字的用途做出详细说明。

5.1.3　C51 的程序结构

　　和标准 C 一样,在 C51 语言中,函数是构成完整程序数据的基础,其中至少有一个使用 main 关键字标识的函数,称为主函数。主函数是唯一的,整个程序从主函数开始执行,通过该主函数就可以调用其他函数。下面以一个实例来说明 C51 程序的基本结构。

　　【例 5.1】　初识 C51。

```
# include < REG51.H >              //包含头文件
# define PORT P1                   //宏定义,用 PORT 指代 P1
void Delay( int n);                //函数声明
void main()                        //主函数
    {
    int t;                         //变量声明
    t = 300;                       //变量赋初值
    PORT = 0;                      //PORT 初值为 0
    /* 以下程序段实现每次将 PORT 的内容加 1,直到 PORT 的值不再小于 0xff 为止 */
    while(PORT < 0xff)
        {
        PORT = PORT + 1;
        Delay(t);                  //函数调用

        }
    }
 void Delay (int n)                //函数定义
    {
    int i,j,k;                     //变量声明
    for (i = 0;i < n;i++)          //二重循环程序,实现延时
     {for (j = 0;j < 10;j++)
        {
        k = 1;
        }
        }
    }
```

　　(1) 预处理。预处理是编译器最先执行的行为,其目的是在对源文件进行编译之前代替或者插入一些其他的文本到源文件中。预处理命令以"♯"开头。

　　(2) 注释。注释是对语句或程序功能的标注和说明,可增强程序的可读性。对程序的关键代码给出注释是一个非常良好的编程习惯。注释部分不编译,不影响程序的执行。在 C51 中,有两种注释方法。一种是单行注释。"//"作为注释的开始,后面的内容不能跨行。如果注释的内容超越一行,则须在每一行注释内容前都添加"//"或者使用以"/ *"开始以" * /"结束的多行注释,其间的内容均为注释,可以注释多行内容。

　　(3) 函数。每一个函数都有函数名。函数包括函数说明和函数体两部分。函数体包含在花括号"{"和"}"之间。花括号总是成对出现。如果在函数内部有多对花括号,则最外层的花括号为函数体的范围。为增强程序可读性,一般情况下花括号采用锯齿形书写格式。

　　(4) 每一条语句和数据定义都以";"结束。

　　(5) C51 没有程序行概念。一行内可以写多条语句,一条语句也可以分写在多行上。

5.2　C51 数据类型与运算

5.2.1　C51 的数据类型

C51 的数据类型可分为基本数据类型和复杂数据类型,复杂数据类型由基本数据类型构造而成。在本小节中只介绍基本数据类型。复杂数据类型将在后续内容做详细讲解。

在 C51 编译器支持的基本数据类型如表 5.1 所示。

表 5.1　Keil C51 编译器支持的基本数据类型

数 据 类 型	长　　度	值　　域
signed char	单字节	−128～+127
unsigned char	单字节	0～255
signed int	双字节	−32 768～+32 767
unsigned int	双字节	0～65 535
singed long int	4 字节	−2 147 483 648～+2 147 483 647
unsigned long int	4 字节	0～+4 294 967 295
float	4 字节	±1.175 494E−38～±3.402 823E+38
指针	1～3 字节	对象地址
bit	1 位	0 或 1
sbit	1 位	0 或 1
sfr	单字节	0～255
sfr16	双字节	0～65 535

1. 整数类型

基本型:类型说明符为 int,在内存中占 2B。

长整型:类型说明符为 long int 或 long,在内存中占 4B。

默认基本类型和长整型数都是有符号数。如果需要指明它们是无符号数,应该在类型说明符前面添加 unsigned 关键字。对于有符号数来说,在计算机中用补码表示。

在 C51 中,可采用十进制、八进制和十六进制表示一个整型数。具体表示方法如表 5.2 所示。

表 5.2　C51 中整数的表示方法

进位制	基数	数码	前缀	示例
十进制	10	0～9	无	329
八进制	8	0～7	0	0124
十六进制	16	0～9,A～F	0x	0x4B

2. 实数型

实数除了可以用十进制小数形式(注意必须有小数点)表示外,也可以用指数形式来表示。如 1.25e3 或 1.25E3 都代表 $1.25×10^3$,1.25e-3 或 1.25E-3 都代表 $1.25×10^{-3}$。应注意的是字母 e(或 E)之前必须有数字,且 e 后面的指数必须为整数。

3. 字符型

字符型的数据常见的是用单引号括起来的单个字符。如'a','x','$','8'等都是字符数据。要注意的是字符'8'和数字 8 是两个不同的数据。另一类就是以"\"开头的字符,称为转义字符。常用转义字符如表 5.3 所示。

表 5.3　转义字符及其含义

字符形式	含　　义	ASCII 代码
\n	换行	10
\t	跳到下一个 Tab 位置	9
\b	退格,将当前位置移到前一列	8
\r	回车,将当前位置移到本行开头	13
\f	换页,将当前位置移到下页开头	12
\\	反斜杠符"\"	92
\'	单引号符	39
\"	双引号符	34
\a	响铃	7
\ddd	1～3 位八进制所代表的字符	
\xhh	1～2 位十六进制所代表的字符	

4. C51 扩充的类型

(1) bit 类型。bit 类型用一个二进制位来存储数据。所有的位变量都被定义在 8051 的片内可位寻址区,区域大小为 16B,因此,在程序中最多只能定义 128 个位变量。在 C51 程序中可以使用 bit 类型的常量,定义 bit 类型的变量、函数参数及返回值。

例如:

```
#define FALSE 0x0              \\bit 类型的常量
bit flag = 0                   \\bit 类型的变量 flag
bit func(bit f1,bit f2)        \\bit 类型的函数 func,bit 类型的函数参数 f1,f2
```

对于 bit 类型的数据使用有限制:bit 类型数据不能作为数组和指针;使用预处理命令 #progma disable 禁止中断或在函数声明时明确指定工作组寄存器(using n)的函数不能返回 bit 类型的数据。

(2) sfr 类型。可以定义 8051 单片机中的所有内部 8 位特殊功能寄存器 SFR。占用一个字节的存储空间,取值范围为 0～255。定义格式如下。

sfr 标识符 = 地址常数;

例如:

sfr TCON = 0x88;

(3) sfr16 类型。可以定义 8051 单片机中的 16 位特殊功能寄存器,占用两个字节的存储空间,取值范围为 0～65 535。定义格式如下。

sfr16 标识符 = 地址常数;

其中,地址常数为 SFR 低字节的地址。

例如:

```
sfr16 DPTR = 0x82;                    //则 DPTR 的高字节地址为 0x84,低字节地址为 0x82
```

(4) sbit 类型。在 C 语言中,要访问内存单元或寄存器中的可寻址位时,须给它取一个合法的标识符作为名称才能实现正确访问。用 sbit 可定义这类可寻址位。sbit 的定义格式如下。

```
sbit 位变量名 = 地址值
sbit 位变量名 = SFR 名称^变量位地址值
sbit 位变量名 = SFR 地址值^变量位地址值
```

例如:

```
sfr P1 = 0x90;
sbit P12 = P1 ^2;
sbit P15 = 0x90 ^5;
sbit P17 = 0x97;
```

如果不是 SFR,则应先使用 bdata 关键字定义这个变量后才能在该变量的基础上使用 sbit,例如:

```
int bdata b1;               //定义可位寻址的变量 b1
sbit bit3 = b1 ∧ 0;         //定义 bit3 为 b1 的第 3 位
```

要注意的是,不是所有的 SFR 都支持位寻址,只有地址能被 8 整除的 SFR 才能进行位寻址;此外,sbit 变量不能在函数内声明,它只能声明在函数的外部。

在用于 8051 单片机的 SFR 定义头文件 reg51.h 中提供了一些 SFR 的地址声明,对可位寻址的 SFR,也提供了一些位地址的声明。将此文件包含在 C51 源程序中,可直接使用其中已经定义的 SFR,无须重复定义。该文件存放在安装路径的\C51\INC 文件夹下。

5.2.2　C51 中的常量和变量

1. 常量

常量是指在程序执行过程中其值不能发生改变的量。常量可分为不同的类型,如整型常量,实型常量,字符常量等。

有时也可以用一个标识符来代表一个常量,称为符号常量。符号常量在使用前通常用 #define 定义。其一般形式为

```
#define　标识符　常量
```

例如:

```
#define DAY 5
```

以后出现的 DAY 都代表 5,可以和数字 5 一样进行运算。使用符号常量可以使常量的含义更清楚,提高程序的可读性;此外,在需要改变一个常量时能做到一改全改。比如在程

序中,DAY多次出现,此时如果要改变这个常量的值,只需要修改其定义就可以了。

2. 变量

变量代表存储区中的一个或多个存储单元,用来存放数据。变量必须先定义,后使用。所谓变量的定义即是用一个标识符作为变量名并指出它的数据类型和存储模式,以便编译系统为它分配相应的存储单元。

在C51中,变量定义的格式如下。

数据类型　[存储类型]　变量名列表;

说明:

(1) []中的内容为可选项。

(2) C51中的存储类型及其与MCS-51单片机存储器结构的关系如表5.4所示。

表5.4　C51的存储类型

存储器类型	说　明
data	直接寻址片内数据存储器(128B),访问速度最快
bdata	可位寻址的片内数据存储器(16B),允许位和字节混合访问
idata	间接访问的片内数据存储器(256B),允许访问全部片内地址
pdata	分页寻址的片外数据存储器(256B),用 MOV @Ri 指令访问
xdata	外部数据存储器(64KB),用 MOVX @DPTR 指令访问
code	程序存储器(64KB),用 MOVC @A+DPTR 指令访问

(3) 如果在定义变量时未定义其存储类型,编译器会按编译时使用的存储模式进一步确定默认的存储类型。C51变量在不同存储模式下的默认存储类型如表5.5所示。

表5.5　C51的存储模式与默认存储类型

存 储 模 式	默认存储类型
SMALL	DATA
COMPACT	PDATA
LARGE	XDATA

在SMALL模式下,所有变量的默认存储区域是片内数据存储器,对变量的访问速度最快。此外,堆栈也安排在片内数据存储器中。

在COMPACT模式下,变量默认存储区域是分页寻址的片外数据存储器的某一页中。在此模式下,存储容量比SMALL模式大,速度比SMALL模式慢,比LARGE模式快。

在LARGE模式下,变量默认存储区域是外部数据存储器,堆栈也在此区域中。这种模式存储容量大,但是速度慢。

3. 定位变量的绝对地址

为了能够在C51程序中直接对任意指定的存储器地址进行操作,可以用扩展关键字_at_定位变量的绝对地址。定义格式如下:

[存储器类型]　数据类型　标识符　_at_　地址常数

其中,存储器类型可以是除了位类型以外的C51编译器能够识别的任何类型。数据类型可

以是基本类型,也可以是数组等复杂数据类型,地址常数规定了变量的绝对地址,它必须位于有效的存储空间之内。例如:

```
data char var1 _at_ 0x70;          \\在 data 区定义了一个字符型变量,地址为 0x70
idata int x _at_ 0x42;             \\在 idata 区定义了一个整型变量,地址为 0x42
```

用_at_定位变量的绝对地址时,应注意:

(1) 用_at_所声明的地址,必须在变量所属存储空间内;

(2) 不能初始化绝对变量;

(3) 不能在函数内部声明用_at_定位的变量。

5.2.3　C51 中的数据运算及表达式

1. 算术运算

算术运算操作符主要包括＋(加法运算符)、－(减法运算符)、*(乘法运算符)、/(除法运算符)、%(求余运算符)、＋＋(自增运算符)、－－(自减运算符)。

说明:自增运算符和自减运算符为单目运算,使变量自动加 1 或减 1。变量名可放在运算符之前,也可放在运算符之后。变量名放在运算符之前,则表达式的值为变量修改之前的值;如果变量名放在运算符之后,则表达式的值为变量修改之后的值。

例如:若 i=3,执行 a=i＋＋时,表达式 i＋＋的值为 3,语句执行后,a=3,i=4;若 i=3,执行 a=＋＋i 时,表达式＋＋i 的值为 4,语句执行后,a=4,i=4。

2. 关系运算

关系运算是对两个操作数的大小做比较。关系运算主要包括:＞(大于)、＜(小于)、＞=(大于或等于)、＜=(小于或等于)、==(相等)、!=(不相等)。

例如,对于表达式 x=a＞b 而言,若 a＞b 成立,则 x 的值为 1,否则 x 的值为 0。

3. 逻辑运算

逻辑运算主要包括:&&(逻辑与)、||(逻辑或)、!(逻辑非)。逻辑运算结果为真进取 1,否则取 0。

例如,在表达式 x=a＞b||a＜c 中,只要 a＞b 和 a＜c 中有一个关系表达式的值为 1,则 x 的值为 1,若两条关系表达式的值都为 0,则 x 的值为 0。

4. 位运算

位运算符主要包括:～(按位取反)、≪(左移)、≫(右移)、&(按位与)、∧(按位异或)、|(按位或)。

位运算的操作对象只能是整型和字符型数据。位运算符按位对变量进行运算,但并不改变参与运算的变量的值。

例如,若 x=0x12,执行 y=x≪2 后,y 的值为 0x48,x 的值仍为 0x12。

5. 赋值运算

赋值运算符为“=”,其作用为将运算符右边的表达式的值赋给左边的变量。赋值运算的结果为左值的值。在使用赋值运算符时应注意与关系运算符“==”的区别。

例如,若 b=2,a=1,赋值表达式 a=b+3 的值为 5;但关系表达式 a==b+3 的值为 0。

在赋值运算符前加上其他运算符可构成复合运算符。复合赋值运算首先对变量进行某种运算，再将运算的结果再赋给该变量。C51 的复合运算符包括：＋＝（加法赋值）、－＝（减法赋值）、＊＝（乘法赋值）、/＝（除法赋值）、％＝（取模赋值）、&＝（逻辑与赋值）、|＝（逻辑或赋值）、∧＝（逻辑异或赋值）、～＝（逻辑非赋值）、≪＝（左移位赋值）、≫＝（右移位赋值）。

6. C51 中的表达式

表达式由一系列运算符和运算对象组成，没有运算符的操作数是简化的表达式。在 C 语言中，表达式有多种表现形式，常量、变量、算术表达式、关系表达式、逻辑表达式、逗号表达式、赋值表达式、混合表达式、函数调用表达式都属于表达式的不同表现形式。例如：

```
4               常量表达式
i++             算术表达式
x = 3           赋值表达式
a > 2           关系表达式
a&&b            逻辑表达式
abs(3)          函数表达式
x + a > 2       混合表达式
```

C 语言中表达式的运算顺序由运算符的优先级和结合性决定。运算符的优先级和结合性如表 5.6 所示

表 5.6　运算符的优先级和结合性

优先级	运算符	名称或含义	使用形式	结合方向	说明
1	[]	数组下标	数组名[常量表达式]	左到右	—
	()	圆括号	(表达式)/函数名(形参表)		—
	.	成员选择(对象)	对象.成员名		—
	－>	成员选择(指针)	对象指针－>成员名		—
2	－	负号运算符	－表达式	右到左	单目运算符
	～	按位取反运算符	～表达式		
	++	自增运算符	++变量名/变量名++		
	－－	自减运算符	－－变量名/变量名－－		
	＊	取值运算符	＊指针变量		
	&	取地址运算符	& 变量名		
	!	逻辑非运算符	! 表达式		
	(类型)	强制类型转换	(数据类型) 表达式		—
	sizeof	长度运算符	sizeof(表达式)		—
3	/	除	表达式/表达式	左到右	双目运算符
	＊	乘	表达式 ＊ 表达式		
	％	余数(取模)	整型表达式％整型表达式		
4	＋	加	表达式＋表达式	左到右	双目运算符
	－	减	表达式－表达式		
5	≪	左移	变量≪表达式	左到右	双目运算符
	≫	右移	变量≫表达式		

续表

优先级	运算符	名称或含义	使用形式	结合方向	说明
6	＞	大于	表达式＞表达式	左到右	双目运算符
	＞＝	大于或等于	表达式＞＝表达式		
	＜	小于	表达式＜表达式		
	＜＝	小于或等于	表达式＜＝表达式		
7	＝＝	等于	表达式＝＝表达式	左到右	双目运算符
	!＝	不等于	表达式!＝表达式		
8	&	按位与	表达式 & 表达式	左到右	双目运算符
9	∧	按位异或	表达式∧表达式	左到右	双目运算符
10	|	按位或	表达式|表达式	左到右	双目运算符
11	&&	逻辑与	表达式 && 表达式	左到右	双目运算符
12	||	逻辑或	表达式||表达式	左到右	双目运算符
13	?:	条件运算符	表达式 1? 表达式 2:表达式 3	右到左	三目运算符
14	＝	赋值运算符	变量＝表达式	右到左	—
	/＝	除后赋值	变量/＝表达式		—
	*＝	乘后赋值	变量 *＝表达式		—
	%＝	取模后赋值	变量%＝表达式		—
	＋＝	加后赋值	变量＋＝表达式		—
	—＝	减后赋值	变量—＝表达式		—
	≪＝	左移后赋值	变量≪＝表达式		—
	≫＝	右移后赋值	变量≫＝表达式		—
	&＝	按位与后赋值	变量 &＝表达式		—
	∧＝	按位异或后赋值	变量∧＝表达式		—
	|＝	按位或后赋值	变量|＝表达式		—
15	,	逗号运算符	表达式,表达式,…	左到右	—

5.2.4 C51 的数组

数组是相同类型数据的有序集合,用一个统一的数组名和下标即可访问数组中的每一个元素。下面仅以一维数组为例,介绍 C51 中数组的应用。

1. 数组的定义。

一维数组的形式如下:

类型说明符   数组名 [元素个数]

类型说明符说明数组元素的数据类型,数组名是用户定义的标识符。元素个数是一个常量表达式。例如:

```
int x[10];
```

这条语句定义了一个一维整型数组 x,该数组有 10 个元素,元素下标从 0 到 9 依次递增。

2. 数组元素的初始化

数组元素的初始化有两种方法:一种是在定义数组时对数组元素赋初值。

例如：

```
int x[10] = {0,10,20,30,40,50,60,70,80,90};
```

经过上面的定义和初始化后，a[0]＝0，a[1]＝10，a[2]＝20，a[3]＝30，a[4]＝40，a[5]＝50，a[6]＝60，a[7]＝70，a[8]＝8，a[9]＝90。

另一种则是在定义以后，在程序中通过循环程序，访问数组中的每一个元素，完成初始化的操作。

3．数组的存储

当程序中定义了一个数组时，C51编译器就在内存中给数组分配一块连续的存储区域，区域的大小为数组的元素个数与数组类型长度的乘积。数组就存放在这个连续的存储区内。

5.2.5 C51 的指针

C51 编译器支持的指针有通用指针和存储器专用指针。

1．通用指针

通用指针可以访问所有的存储空间。通用指针占用 3B。其定义格式与标准 C 相同：

数据类型　＊指针名

例如：

```
char * spt;
int * ipt;
```

定义通用指针时如果在"＊"后面加一个"存储器类型"选项，则可指定该指针本身的存储空间。

例如：

```
char * xdata spt;          //位于 xdata 的通用指针
int * data ipt;            //位于 data 的通用指针
```

2．存储器专用指针

存储器专用指针所指对象有明确的存储器空间。存储器专用指针的定义格式如下：

数据类型　存储器类型　＊指针名

其中，存储器类型为 idata、data、pdata、code 或 xdata。例如：

```
char data * spt;           //指向 data 空间的 char 型数据的指针
int xdata * ipt;           //指向 xdata 空间的 int 型数据的指针
```

与通用指针一样，存储器专用指针也可以通过在"＊"后面加上"存储器类型"选项指定指针本身的存储空间。

```
char data * xdata spt;     //指向 data 空间的 char 型数据的指针，指针存放在 xdata 空间
int xdata * data ipt;      //指向 xdata 空间的 int 型数据的指针，指针存放在 xdata 空间
```

存储器专用指针长度比通用指针短，可节省存储空间，但兼容性较差。

5.3 C51 语句及控制结构

5.3.1 C51 语句的常见类型

1. 空语句

只有一个";"的语句叫空语句。它不进行任何操作,仅仅是在语法上存在的一条语句。

2. 表达式语句

在表达式后面加一个";"就构成了表达式语句。函数调用语句也是表达式语句,由函数加分号构成。

3. 控制语句

控制程序运行去向的语句叫控制语句。

4. 复合语句

复合语句是把多条语句用花括号"{"和"}"括起来,而形成一个功能块,在语法上等同于一条单价语句,多用于选择或循环结构中。复合语句的一般形式为:

```
{
    局部变量定义
    语句 1;
    语句 2;
    …
    语句 n;
}
```

复合语句可以嵌套定义。在复合语句内定义的变量只在此复合语句中有效。

5.3.2 C51 的控制结构

1. 顺序结构

顺序结构的程序是从前往后依次执行语句。实际上,整体程序就是一个顺序结构的程序,但是在中间有些部分是由选择结构或循环结构构成。

2. 选择结构

选择结构的程序是在执行过程中根据条件是否满足,选择执行其中的一个分支。这类程序使计算机有了判断能力。选择结构的程序可分为不完全二路分支,完全二路分支和多路分支,如图 5.1 所示。

程序的选择结构可用条件语句和开关语句实现。

条件语句有以下三种形式。

(1) if (条件表达式)

　　　　语句;

若条件表达式结果为真(非 0),则执行后面的一条语句;否则,不执行该语句。

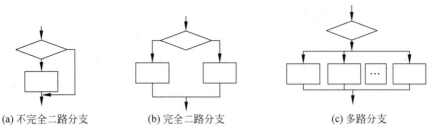

| (a) 不完全二路分支 | (b) 完全二路分支 | (c) 多路分支 |

图 5.1 选择结构常见形式

（2）if（条件表达式）
　　　语句 1；
　　else
　　　语句 2

若条件表达式结果为真（非 0），则执行语句 1；否则，执行语句 2。

（3）if（条件表达式 1)语句 1；
　　else if（条件表达式 2)语句 2；
　　　…
　　else if(条件表达式 i)语句 n；
　　else 语句 m

若条件表达式 i 结果为真（非 0），则执行语句 n；否则，执行语句 m。这种形式可以实现多路分支。

开关语句一般形式如下：

```
switch（表达式 0）
{
    case 常量表达式 1: 语句 1；
                    break；
    case 常量表达式 2: 语句 2；
                    break；
…
case 常量表达式 n:     语句 n；
                    break；
default: 语句 m；
```

语句执行时，将表达式 0 依次与 case 后面的常量表达式比较，若相等，则执行其后对应的语句，然后执行间断语句 break，其功能为中止当前语句的执行，结束 switch 语句。若 case 分支中未使用 break 语句，则程序将继续执行其后分支中的语句直到遇到 break 语句或整个 switch 语句结束。如果所有 case 后面的常量表达式的值与表达式 0 的值都不相等，则执行语句 m。

3. 循环结构

循环结构是根据某个条件，决定是否重复运行一段相同的程序。循环结构有如图 5.2 所示的两种类型。一种是"先判断，后执行"的当型循环；另一种是"先执行，后判断"的直到型循环。

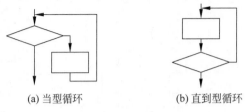

(a) 当型循环　　　　　　　(b) 直到型循环

图 5.2　循环结构分两种类型

循环结构可用循环语句实现。常用的循环句有以下三种。

（1）while (条件表达式)
　　　　循环体语句;

当条件表达式的值为真(非 0)时,反复执行循环体语句,直至条件表达式的值变为假(0)为止。

（2）do
　　　　循环体语句
　　while (条件表达式);

先执行循环体语句,然后判断条件表达式的值是否为真(非 0),如果为真,反复执行循环体语句,直至条件表达式的值变为假(0)为止。跟第一种形式相比,这种循环结构属于先执行,后判断,无论条件表达式的值是否为真,循环体语句至少被执行一次。

（3）for (表达式 1; 表达式 2; 表达式 3)
　　　　循环体语句

其执行过程如下。
① 求表达式 1 的值;
② 求表达式 2 的值,若其值为真(非 0),则执行循环体语句,否则退出循环;
③ 求解表达式 3 的值,然后返回①继续执行。
在循环过程中,有一些转向语句。
（1）goto 语句。goto 语句是一条无条件转向语句,它的一般形式为:

goto 语句标号;

其中的语句标号用标识符表示。该语句执行的操作是转向标号所指向的语句运行。
（2）continue 语句。continue 语句的功能是中断本次循环,然后根据循环控制条件确定是否继续执行循环语句。它的一般形式为:

continue;

continue 通常和条件语句一起用在循环结构中。

5.4　C51 函数

函数是能够执行特定功能和任务的程序段。在 C51 中,函数的数目不受限制,主函数可以调用其他函数,但是不能被其他函数调用。除了主函数以外的其他函数可以互相调用。

5.4.1　函数的定义

函数按照其制定者的不同可分为库函数和自定义函数。库函数是由 Keil C51 编译器提供的,可直接调用。自定义函数是用户根据自己需要编写的函数,这类函数必须要定义以后才能调用。函数的定义形式为:

```
函数类型   函数名(形式参数列表)
{
    函数体
}
```

说明:

(1) 函数类型确定了自定义函数返回值的类型;

(2) 函数名是用标识符表示的函数的名称;

(3) 函数体是函数的重要组成部分,里面包含对函数内部要使用的变量的定义及完成函数的功能系列语句;

(4) 形式参数是在函数的函数名后面括号中的变量,简称形参。一个函数可以有 0 个或多个形参,多个形参之间用“,”分隔开。形参在该函数被调用之前,是不占用实际内存空间的。

5.4.2　函数的调用与返回

1. 函数的调用形式

函数调用是指在一个函数中引用另一个已经定义了的函数。前者称为主调函数,后者称为被调函数。函数调用的一般形式为:

```
函数名(实际参数列表)
```

说明:

(1) 函数名是被调函数的名称。

(2) 实际参数简称实参。和形参一样,实参列表中的各参数之间也是用逗号分隔。调用函数时,系统为被调函数的形式参数分配内存单元,并将实参的数据复制到形参所在的内存单元,此时内存中的实参和形参位于不同的单元。实参必须与函数定义时的形参在类型、个数及顺序上保持一致,否则会产生错误的结果。

2. 函数的调用方式

(1) 函数语句。把被调函数作为主调函数的一条语句。在这种情况下,不要求函数有确定的返回值,只要求函数完成某种操作。

(2) 函数表达式。函数调用作为一个操作数直接出现在表达式中。这种情况要求函数有明确的返回值。

例如:

```
y = max(a,b);
```

在这个赋值表达式中,被调函数 max 作为操作数之一,它的返回值将赋给变量 y。

（3）函数参数。被调函数作为另一个函数调用的实际参数。

例如：

Delay(max(a,b));

函数 max(a,b)的返回值作为函数 Delay()的实参。

3. 函数的返回

返回语句控制程序终止函数的执行,并控制其返回到调用时的位置。返回语句有两种形式：

（1）return(表达式)；

（2）return；

说明：括号内的表达式作为函数的返回值。如果 return 不带表达式,则被调函数返回主函数时,函数值不确定。如果函数中没有 return 语句,则被调函数执行到最后一个界限符"}"时自动返回主调函数。

5.4.3　中断服务函数

C51 编译器支持在程序中直接编写 8051 单片机的中断服务程序,可将一个函数定义为中断服务函数。其中,现场保护、阻断其他中断、现场恢复等都由编译器在编译时提供相关程序段,因此在编写中断服务函数时降低了编写中断服务程序的烦琐程度。中断服务函数的一般形式为：

函数类型　函数名(形式参数列表)interrupt n using m

说明：

（1）关键字 interrupt 后面的 n 是中断号；

（2）关键字 using 后面的 m 是所选择的寄存器组,m 的取值为 0～3 的整数。using 为可选项,如果没有用 using 指定寄存器组,则由编译器自动选择一个寄存器组；

（3）中断函数没有返回值,一般定义为 void 类型；

（4）不能直接调用中断函数；

（5）在中断函数中调用的其他函数所使用的寄存器组必须与中断函数相同,否则会出错。

5.4.4　Keil C51 库函数

Keil C51 提供了丰富的可直接调用的库函数,使用库函数可以大大提高程序的可读性和可维护性。下面介绍几种常用的库函数。

1. 本征库函数

本征库函数是指编译时直接将固定的代码插入到当前行,而不是用汇编语言中的 ACALL 和 LCALL 指令来实现调用。在使用本征库时,源程序中必须包含预处理命令 #include <instrins. h> Keil C51 的本征库有 9 个。本征库函数的功能如表 5.7 所示。

2. 字符判断转换库函数

字符判断转换库函数的原型声明在头文件 CTYPE. H 中定义。函数名及功能说明如表 5.8 所示。

表 5.7 本征库函数

函数名及定义	功 能 说 明
crol	将字符型变量循环向左移动指定位数后返回
cror	将字符型变量循环向右移动指定位数后返回
irol	将整型变量循环向左移动指定位数后返回
iror	将整型变量循环向右移动指定位数后返回
lrol	将长整型变量循环向左移动指定位数后返回
lror	将长整型变量循环向右移动指定位数后返回
nop	产生一个 NOP 指令
testbit	相当于 JBC bit 指令,测试该位变量并跳转同时清除
chkfloat	测试并返回浮点数状态

表 5.8 字符判断转换库函数

函数名	功 能 说 明
isalpha	检查参数字符是否为英文字母,是则返回 1,否则返回 0
isalnum	检查参数字符是否为英文字母或数字字符,是则返回 1,否则返回 0
iscntrl	检查参数字符是否为控制字符(值为 0x00~0x1f 或等于 0x7f),是则返回 1,否则返回 0
isdigit	检查参数字符是否为十进制数字 0~9,是则返回 1,否则返回 0
isgraph	检查参数字符是否为可打印字符(不包括空格),值域 0x21~0x7e,是则返回 1,否则返回 0
isprint	检查参数字符是否为可打印字符(包括空格),值域 0x21~0x7e,是则返回 1,否则返回 0
ispunct	检查参数字符是否为标点、空格或格式字符,是则返回 1,否则返回 0
islower	检查参数字符是否为小写英文字母,是则返回 1,否则返回 0
isupper	检查参数字符是否为大写英文字母,是则返回 1,否则返回 0
isspace	检查参数字符是否为空格、制表符、回车、换行、垂直制表符和送纸(值为 0x09~0x0d,或为 0x20),是则返回 1,否则返回 0
isxdigit	检查参数字符是否为十六进制数字字符,是则返回 1,否则返回 0
toint	将 ASCII 字符的 0~9、a~f(大小写无关)转换为十六进制数字
tolower	将大写字符转换成小写形式,如果字符参数不为 A~Z,则该函数不起作用
_tolower	将字符参数 c 与常数 0x20 逐位相或,从而将大写字符转换成小写字符
toupper	将小写字符转换成大写形式,如果字符参数不为 a~z,则该函数不起作用
_toupper	将字符参数 c 与常数 0xdf 逐位相与,从而将小写字符转换成大写字符
toascii	将任何字符参数值缩小到有效的 ASCII 范围内,即将 c 与 0x7f 相与,去掉第 7 位以上的位

3. 输入/输出库函数

输入/输出库函数的原型声明在头文件 STDIO.H 中定义,通过 8051 的串行口工作。函数名及功能说明如表 5.9 所示。

表 5.9 输入库输出函数

函数名	功 能 说 明
_getkey	等待从串口接收一个字符
getchar	使用 _getkey 从串口读入字符,并将读入的字符马上传给 putchar 函数输出,其他与 _getkey 函数相同
gets	调用 getchar 从串口读入一行字符串,输入成功时返回传入的参数指针,失败时返回 NULL

续表

函数名	功 能 说 明
ungetchar	将输入字符回送到输入缓冲区
putchar	通过串行口输出字符,与函数_getkey 一样
printf	按预定格式通过串行口输出数值和字符串
sprintf	与 printf 功能相似,但数据是通过一个指针 s 送入内存缓冲区,并以 ASCII 码的形式存储
puts	利用 putchar 函数将字符串和换行符写入串行口,错误时返回 EOF,否则返回 0
scanf	在格式控制串的控制下,利用 getchar 函数从串行口读入数据
sscanf	与 scanf 的输入方式相似,但字符串的输入不是通过串行口,而是通过指针指定的数据缓冲区
vprintf	将格式化字符串和数据值输出到指定的内存缓冲区

5.5 汇编语言与 C51 的混合编程

如前所述,C51 语言编写的程序可读性高、维护方便且兼容性强,开发也比较简单。但是相对来说,在程序执行的效率和对硬件的操控能力等方面,汇编语言要强于 C 语言。因此,可采用二者混合编程的方式,主体部分程序用 C 语言编写,用汇编语言实现硬件的驱动和对实时性要求较高的底层部分,将二者的优点结合起来。常见的混合编程可以通过在 C51 中调用或直接嵌入汇编语言程序实现。

5.5.1 C51 函数与汇编语言程序接口

1. 参数传递

当 C51 函数与汇编语言子程序混合调用时,可以通过 8051 单片机的寄存器实现参数的传递。一般情况下,C51 函数最多可通过寄存器传递三个参数。传递规则如表 5.10 所示。

表 5.10 寄存器参数传递

参　　数	参 数 类 型			
	char 或单字节指针	int 或双字节指针	long 或 float	通用指针
第一个参数	R7	R6,R7	R4~R7	R3,R2,R1
第二个参数	R5	R4,R5	R4~R7	R3,R2,R1
第三个参数	R3	R2,R3	无	R3,R2,R1

例如:

```
F(int x,char c,int * d);
```

其中,x 是第一个 int 类型的参数,在 R6,R7 中传递;c 是第二个 char 类型的参数,通过 R5 传递;而 d 是第三个参数,类型为通用指针,则通过 R3,R2,R1 传递。

如果调用时没有可用的寄存器用于传输参数,则通过固定的存储区域来传递函数参数。

2. 函数的返回值

在 C51 编译器中,用 8051 单片机的寄存器来存放函数的返回值,返回值的类型及其对应的寄存器如表 5.11 所示。

表 5.11　函数返回值及所用寄存器

返回值类型	寄　存　器	说　　　明
bit	进位标志 C	
char,unsigned char,单字节指针	R7	
int,unsigned int,双字节指针	R6,R7	高位在 R6,低位在 R7 中
long,unsigned long	R4～R7	高位在 R4,低位在 R7 中
float	R4～R7	32 位 IEEE 格式
通用指针	R3,R2,R1	R3 放存储类型,高位在 R2,低位放 R1

3. 函数名的转换及段名命名规则

要实现 C51 函数与汇编子程序之间的正确调用,必须了解 C51 函数名的内部转换规则。C51 编译器对 C51 函数按以下规则自动转换函数名。转换规则如表 5.12 所示。

表 5.12　C51 编译器的函数名转换规则

函　数　声　明	转换目标文件中的符号名	说　　　明
void func(void)…	FUNC	没有经寄存器传递的参数时
void func(char)	_FUNC	参数经寄存器传递时
void func(void) reentrant…	_?FUNC	载入函数采用堆栈传递参数时

C51 函数经编译后,每个函数生成一个以"? PR? 函数名? 模块名"为名的代码段。对于函数中的不同类型的变量,也采用类似的格式建立不同的数据段将其存放于其中。

5.5.2　汇编程序作为外部函数被引用

下面以实例说明在 C51 中调用汇编语言程序。

【例 5.2】　在 C51 中调用汇编语言程序。

(1) 创建 C51 源程序 ex5_2.C 如下。

```
# include <REG51.H>
# define T 0x50ff              //定义符号常量 T
extern void delay(int t);      //说明被调用的汇编语言函数
void main()                    //主函数
{
    P1 = 0x00;                 //P1 端口初值为 0
/* 以下程序段实现每次将 P1 的内容加 1,直到 P1 的值不再小于 0xf3 为止 */
while(PORT < 0xf3)
    {
        P1 = P1 + 1;
        delay(T);              //调用汇编语言源程序实现延时
    }
}
```

创建汇编语言函数文件 delay.a51 如下。

```
NAME DELAY
?PR?_delay?DELAY SEGMENT CODE              ;根据函数名的命名规则定义程序代码段
PUBLIC _delay
RSEG ?PR?_delay?DELAY                      ;定义可重定位段
    _delay: MOV A,R6                       ;延时参数通过R7、R6传递
        LP1: MOV R6,A
        LP2: DJNZ R6,LP2
          DJNZ R7,LP1
            RET
            END
```

（2）新建一个 μVision 5 项目，将以上两个文件都添加到该项目中，如图 5.3 所示。对整个项目编译连接，生成可执行的目标代码。

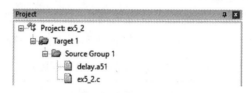

图 5.3　将源程序文件加入项目中

（3）右击左侧项目管理窗口中的 C51 源程序，在弹出菜单中选择 Options for File 项，打开 Options→Properties 选项卡，确定 Generate Assembler SRC File 和 Assemble SRC File 项处于未选中状态，如图 5.4 所示。

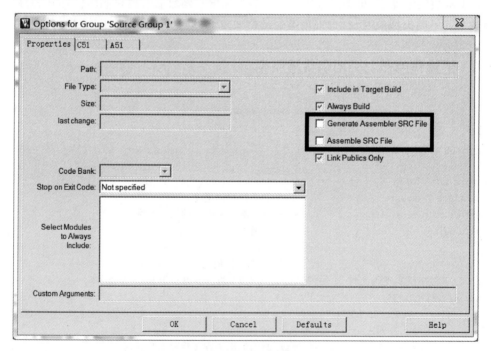

图 5.4　Options for File 对话框设置

（4）在界面左侧的 Project 窗格中选中 Target 并右击，选择 Rebuild all Target Files，建立目标文件。

（5）单击"开始/终止调试"按钮🔍，进入调试状态，如图 5.5 所示。

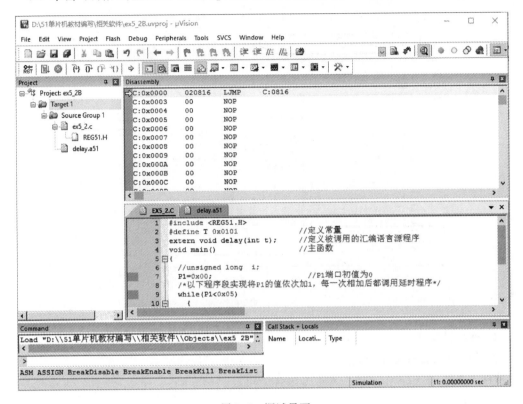

图 5.5　调试界面

（6）单击菜单项 Peripherals→I/O Ports→Port 1，打开 P1 端口仿真窗口，此时程序还未运行，P1 的值为 255（每一位都是 1）。

（7）单击菜单项 View→Watch Windows→Watch 1，打开观察窗口，如图 5.6 所示，在窗口中分别输入寄存器名 R6、R7，以便调试运行时观察其值的变化。也可以在此窗口中输入变量名，观察程序运行过程中变量的变化。

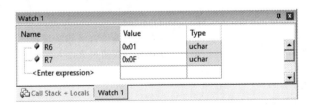

图 5.6　观察窗口

（8）运行程序，在调试环境下观察 P1 端口的变化，发现其值从 0 开始递增到 0xf3。

5.5.3　C51 中直接嵌入汇编语言

1. 新建项目

新建一个 μVision 5 项目，选择对应的单片机型号，如图 5.7 所示。

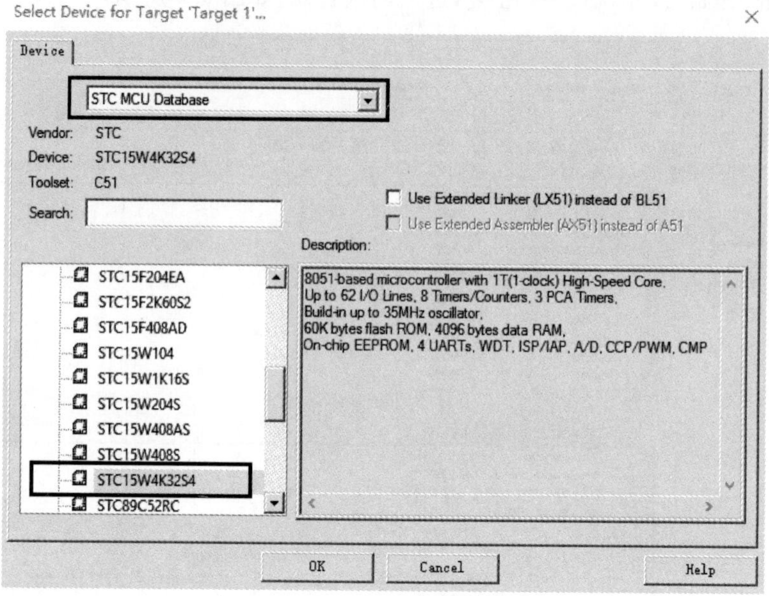

图 5.7　Device 界面

2. 添加源文件

在工程中添加源文件 ex5_3.c。

【例 5.3】　在 C51 中直接嵌入汇编语言语句。

```
# include < REG51.H>
void main()                              //主函数
{
  unsigned long i;
  P1 = 0x00;                             //P1 端口初值为 0
  /* 以下程序段实现每次将 P1 的内容加 1,直到 P1 的值不再小于 0xff 为止 */
  while(P1 < 0xff)
    {
      P1 = P1 + 1;
      for(i = 0;i < 0xff;i++)
    # pragma asm                         //嵌入汇编语言语句实现延时
            MOV R7,0xff                  //延时参数通过 R7、R6 传递
      LP1: MOV R6,0x50
      LP2: DJNZ R6,LP2
            DJNZ R7,LP1
    # pragma endasm
    }
}
```

使用预编译命令在 C 语言函数内部使用汇编语言,用 C51 编译器控制命令 # pragmatic 将其标记的汇编程序合并到 C51 源程序中,使用格式如下。

```
# pragma asm
嵌入的汇编语言语句
# pragma endasm
```

3. 设置文件选项

右击左侧项目管理窗口中的 C51 源程序,在弹出菜单中选择 Options for File 项,打开 Options→Properties 选项卡,选中 Generate Assembler SRC File 和 Assemble SRC File 项,如图 5.8 所示。

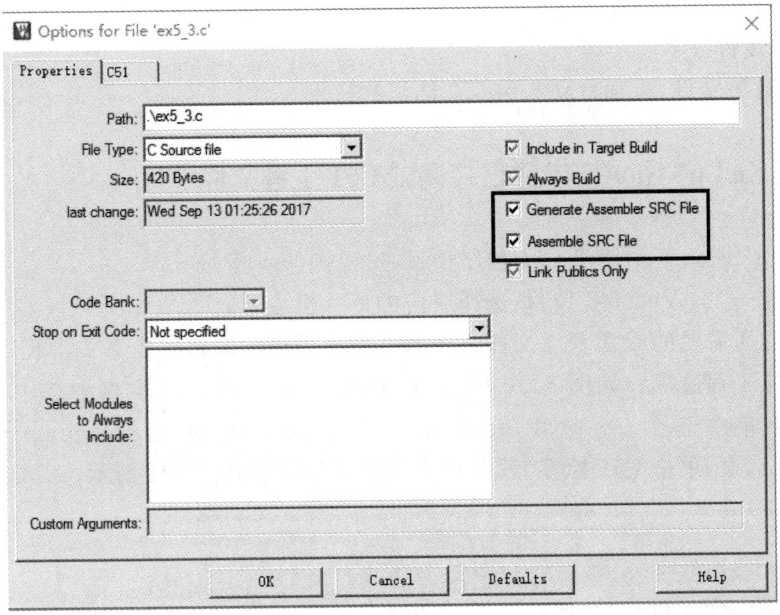

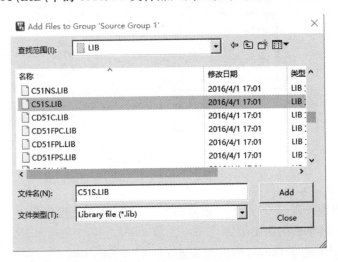

图 5.8　文件设置

4. 添加库文件

根据选择的编译模式,把相应的库文件添加到工程中。在 SMALL 模式下,需将 Keil 安装目录下的\C51\LIB\中的 c51s.lib 文件加入到工程中,如图 5.9 所示。

图 5.9　添加库文件

库文件与编译模式的对应关系如下。

(1) C51S.LIB:没有浮点运算的 Small model。

（2）C51C. LIB：没有浮点运算的 Compact model。

（3）C51L. LIB：没有浮点运算的 Large model。

（4）C51FPS. LIB：带浮点运算的 Small model。

（5）C51FPC. LIB：带浮点运算的 Compact model。

（6）C51FPL. LIB：带浮点运算的 Large model。

5. 编译运行

编译运行该文件，可观察到与例 5.2 同样的效果。

5.5.4　在 Keil μVision 5 中建立并调试 C51 工程文件

在 Keil μVision 5 中创建 C51 程序项目，主要操作步骤如下。

（1）新建一个 μVision 5 项目，选择对应的单片机型号。

（2）添加所需要的 C 源程序文件或者通过系统提供的编辑器建立 C 源程序代码。

（3）配置工程选项。如图 5.10 所示，在界面左侧的 Project 窗格中选中 Target 并右击，在右键菜单中选择 Optionsf for Target1‘Target1’选项，打开 Options for Target1‘Target1’对话框，单击 C51 标签，进入 C51 选项卡界面，如图 5.11 所示。

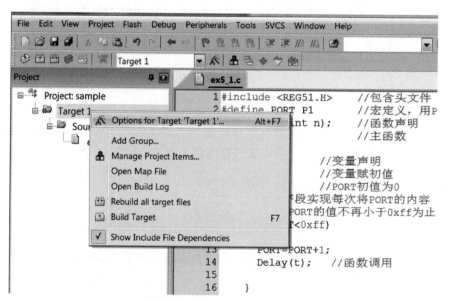

图 5.10　打开工程选项设置

界面中各参数含义如下。

Define：设置预处理符号，用于 C 语言的 #if，#ifdef 预处理命令中。定义的符号大小写敏感，可选择在名字后面给出值。

Undefine：用于清除 Define 所做的设置。

Level：当生成目标代码时，编译器的优化级别。各级别优化的具体情况如下。

① 0 级（Constant Folding）：只要有可能，编译器就执行将表达式化为常数数字的计算，其中包括运行地址的计算。

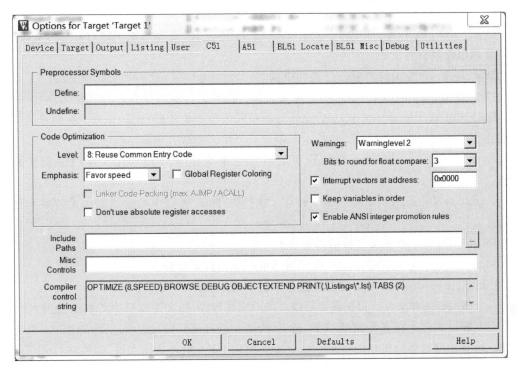

图 5.11　工程设置 C51 选项卡界面

② 1 级(Dead Code Elimination)：无用的代码段和生成的东西被删除。

③ 2 级(Data Overlaying)：适于静态覆盖的数据和位段被鉴别并标记出来。连接定位器 BL51 通过对全局数据流的分析,选择可静态覆盖的段。

④ 3 级(Peephole Optimizing)：去除冗余的 MOV 命令,包括不必要的从存储器装入对象及装入常数的操作。另外,如果能节省存储空间或者程序执行时间,复杂操作将由简单操作所代替。

⑤ 4 级(Register Variables)：使自动变量和函数参数尽可能位于工作寄存器中,只要有可能,将不为这些变量保留数据存储器空间。

⑥ 5 级(Common Subexpression Elimination)：只要有可能,函数内部相同的子表达式只计算一次。中间结果存入一个寄存器以代替新的计算。

⑦ 6 级(Loop Rotation)：如果程序代码能更快更有效地执行,程序回路将进行循环。

⑧ 7 级(Extended Index Access Optimizing)：在适合时对寄存器变量使用 DPTR 数据指针,指针和数组访问被优化以减小程序代码和提高执行速度。

⑨ 8 级(Common Tail Merging)：当同一个函数中有多处调用时,可以重用一些配置代码,从而减少程序代码。

⑩ 9 级(Common Block Subroutines)：检测重复使用的指令序列,并将它们转换为子程序。C51 甚至会重新安排代码以获得更多的重复使用指令序列。

Emphasis：确定优化目标,指定编译器对代码进行速度还是长度的优化。

Global Register Coloring：优化应用程序寄存器。选中该选项时,C51 编译器知道外部函数所使用的寄存器,μVision 自动执行对 C 源代码文件的重新翻译,以改善寄存的分配情况。

Don't use absolute register accesses：禁止将 R0~R7 寄存器用于绝对寄存器寻址，允许函数调用跨越寄存器组。

Warnings：设置编译器警告信息的级别。

Bits to round for float compare：定义在执行浮点比较前四舍五入的位数。

Interrupt vectors at address：C 编译器为中断函数产生中断向量，并为中断向量表指定基地址。

Keep variables in order：存储器中的所有变量顺序与 C 源程序文件中的定义顺序一致。

Enable ANSI integer promotion rules：执行操作前，将较小类型的表达式扩展到整数表达式。

Include Paths：查找头文件的路径设置。

Misc Controls：允许指定没有单个对话框控制的任何命令。

Compiler control string：在编译器命令行中显示命令。

（4）添加新的源文件。根据需要可以添加汇编源程序、库文件等相关文件到工程项目中。

（5）编译文件。在主界面菜单下，选择 Project→Build Target，如果编译成功，系统在 Build Output 窗口会给出相关信息。如果需要生成 HEX 机器代码文件，需要在 Options for Target 'Target 1' 对话框的 Output 选项卡中勾选 Creat HEX File 复选框，如图 5.12 所示。

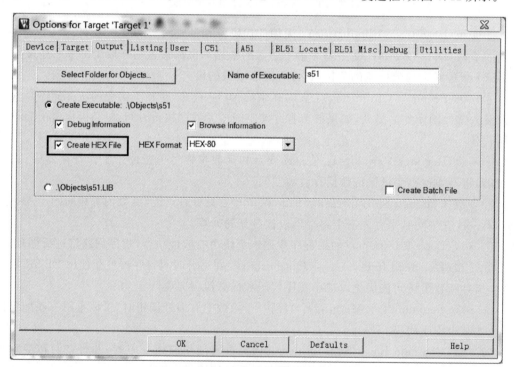

图 5.12　生成文件设置

（6）如果程序有错误，可以直接在集成环境下调试，调试方法与汇编语言的调试方法类似，在此不再详述。

小结

C51 语言广泛应用于单片机系统开发中,它能直接对硬件进行操作,兼具高级语言和汇编语言的优点。C51 在标准 C 的基础上,结合 8051 系列单片机的硬件,在数据类型、存储类型、函数等方面都进行了扩展。C51 也可以与汇编语言混合编程,克服高级语言在实时响应和硬件控制能力上的不足。

习题

1. C51 有哪些存储类型? 其中,数据类型 idata,code,data,pdata 各对应 51 单片机的哪些存储空间?

2. bit 和 sbit 定义的位变量有何区别?

3. 有以下两条定义语句,其中,PSW 与 P、OV 之间是什么关系?

```
sfr PSW = 0xD0;
sbit OV = 0xD2;
sbit P = 0xD0;
```

4. 定义一个可位寻址的变量 flag,该变量位于 0x80 单元,用 sbit 指令定义该变量的 8 个位,变量名为 flag0,flag1,…,flag7。

5. 读程序并填空。

```
nsigned char x, y, z;
x = x&0x0f;
if(x >= 10)
{
    z = 1;
    y = x - 9;
}
else
{
    z = 0;
    y = x;
}
```

当 x=0x45 时,程序执行完毕后,x=_____; y=_____; z=_____

当 x=0x48 时,程序执行完毕后,x=_____; y=_____; z=_____

6. 编写 C51 程序,实现将片外 0x1000 为首地址的连续 10 个单元的内容,读入片内 RAM 的 0x30～0x39 单元中。

7. 综合设计。

编程实现:采用外部中断 INT1 实现数码管从 0 到 9 的循环显示,每按一次按键时,数码管显示变化一次,编写外部中断函数。说明:P2 口接一位共阴数码管,P3.3 口接一个按键。

第**6**章

STC15 单片机中断系统

【学习目标】

- 理解单片机中断的相关概念；
- 熟悉 STC15 系列单片机中断系统结构和功能；
- 掌握单片机与中断相关的控制寄存器位定义及设置方法；
- 理解中断响应过程，及每个步骤的作用；
- 掌握中断处理程序流程，及编写程序的方法；
- 实现简单的单片机中断系统应用设计，并实现软硬件设计。

【学习指导】

本章是理论与实践相融合的章节，因此总体的学习方法是注重理论联系实践。具体而言，对于理论部分应注重单片机中断系统基本概念的理解，掌握 STC 单片机中断系统结构，掌握中断相关寄存器功能和位定义，熟悉单片机中断系统的组成和处理流程。对于实践部分，应强调在理论指导下积极实践，并通过实际的中断应用系统的设计，加深对单片机中断系统的理解。

中断的概念我们并不陌生，因为在日常生活中经常碰到。例如，在某条高速公路上发生了交通事故，这将引起该公路的交通中断；在某课堂上有许多同学在窃窃私语，这将可能导致教师讲课的中断等。从上述实例可知，中断是指由于某种原因，必须停止正在执行的任务的情形。当然，在日常生活中产生中断并不是目的，重要的是如何处理中断。换言之，交通中断仅仅是一种现象，或一个问题，关键是如何解决问题。这就引出了中断处理的概念。顾名思义，中断处理是指解决中断所产生问题的方案和过程，它包括支持中断处理的结构和解决中断问题的策略等。

随着微电子技术的发展，单片机的 CPU 计算速度和外设运行速度的差距日渐增大，因此常常出现这样的情形，CPU 花费大量的宝贵时间等待外设的运行结果，而真正有效的计算时间相对很少。例如，从键盘输入两个自然数，计算这两个数之和。键盘输入时间需要 3s，而求和时间只需要 300ms。从中可见整个任务完成时间为 3.3s，其中，CPU 有效工作时间只占总时间的 $\frac{1}{11}$。这对 CPU 而言是极大的浪费。为有效地解决 CPU 计算资源浪费问题,充分利用CPU,设计人员将中断的概念引入单片机,以提高处理外部事件或内部事件的效率。

本章的其余部分组织如下:6.1节将根据一个中断的实例,详细介绍中断的基本概念;6.2节介绍STC15系列单片机中断系统的内部结构,以及相应寄存器的位定义;6.3节将讲述单片机中断响应过程,并对中断服务程序的流程做详细介绍;6.4节将在前三节的基础上,列举单片机中断系统的应用实例。

6.1　基本概念

单片机中断系统与日常生活中遇到的中断情形有相似之处,为便于读者理解,本节以日常生活的中断实例为切入点,引入单片机中断系统相关的基本概念。

【例6.1】　假设某天你正独自一人在寝室看书,这时电话铃响了,于是你放下手中的书,并在最后看到的位置做好标记后,去接听电话。正当你和来电者交谈时,你听到了敲门声,因此,你告知来电者稍候,急忙将门打开,与来访者进行接洽,当结束与来访者的接洽后,你赶忙又拿起电话继续和来电者交谈,一段时间后,你结束了与来电者的交谈,于是你重新回到书桌旁,拿起书从你做的标记处继续阅读。

在例6.1中,涉及许多与中断相关的基本概念,其中主要包括以下几个。

(1) **中断源**:中断源就是能够迫使主体停止正在执行的任务的因素。对于人而言可以是电话铃、敲门声等事件。对单片机而言,中断源是一切对单片机能够发起中断请求的事件。中断请求可以由硬件发起,如键盘能够向CPU发起要求读入键盘输出字符的请求。另外,中断请求也可以由软件发起,在单片机中,单步调试指令、除法指令(除数为零)等软件指令也会引起中断请求。根据事件类型的不同,可将中断源分为硬件中断源和软件中断源;另外,根据中断源与单片机的位置关系,还可将中断源分为内部中断源和外部中断源,例如,键盘是一种外部中断源,单步调试指令是一种内部中断源。

(2) **断点**:断点是指中断源打断主体正在执行任务的时刻,可以用一组状态变量描述断点。例如,当你正看到书的256页时,电话铃响了,你决定去接电话,因此书的256页就是一个断点,并用"256页"描述这一断点。对单片机而言,中断源产生中断请求,单片机又将响应这一中断,则这一时刻单片机正在执行程序的位置称为断点。用程序计数器的值,相关寄存器的值,以及堆栈的栈顶值等状态描述程序的断点。

(3) **中断允许状态**:中断允许状态是控制主体是否响应中断源请求的开关。在例6.1中当电话铃响起,电话产生中断,你之所以放下手中的书去接听电话,是因为你允许接听电话打断你看书。换言之,你的中断允许开关是开的,你允许中断源打断看书的任务。反之,如果你深深地被书的内容吸引,就可能完全不理会电话对你的中断,甚至根本听不见铃声,这时你的中断允许开关是关闭的,你不接受中断源对看书任务的打断。在单片机中,有专门的中断允许控制位,实现单片机对是否响应中断的控制。

(4) **中断优先级**:中断优先级是当主体存在多个中断源时,响应中断源的先后顺序。在例6.1中当你正在处理电话中断时,敲门声又产生了中断,于是你停止处理电话的中断,转而处理敲门的中断。这说明在你的头脑里事先给中断源排了队,紧急的中断源在前,不重要的中断源在后,每个中断源都有优先级。当两个或多个中断源同时产生中断申请时,主体将先响应优先级高的中断;当处理低优先级中断时,高优先级中断源发起中断申请,主体将停止低优先级中断源的处理,转而处理高优先级中断源。单片机系统中每个中断源也有优先级别。单片机通过设定专用寄存器来指定中断源的优先级。

(5) **中断嵌套**:中断嵌套是指一个中断处理过程中,套接其他中断处理过程的处理模式。它应用于在低优先级中断源处理过程中,高优先级中断源提出中断请求的情形。例如,在例 6.1 中你处理两个中断的方式可以描述为:当电话产生中断时,你放下看书的任务去处理电话中断——接听电话,此时敲门声又产生了中断,因为敲门中断源的中断优先级比电话中断源高,所以你挂起电话去处理敲门中断——开门,当处理完敲门中断后,你又回到电话旁继续处理电话中断——继续接听电话,等电话中断处理完后,你退出电话中断处理——放下电话,回到看书的任务中。所以,主体处理两个中断的模式是中断处理嵌套。

(6) **保护现场**:现场是指断点信息。保护现场就是对断点信息的保存工作,以便被中断任务的继续进行。在例 6.1 中,当电话中断你的看书任务时,你会先对所看页面和所处行做好标记后,再去处理电话中断;同理,当敲门声中断接听电话任务时,你会先记忆你们谈话的断点,然后才去处理敲门中断。记忆这些任务的断点信息的目的是为了继续执行被打断的任务。对单片机而言,保护现场是指保存程序离开时的状态信息的过程,也称为断点保护。

(7) **恢复现场**:恢复现场是指当中断源任务执行完毕,恢复被中断任务的断点状态的过程。例 6.1 中当你处理完电话中断源后,你会先找到你在书中做的标记,利用该标记,确定看书过程的中断点,然后从断点开始继续看书任务。恢复现场的实质是通过保护现场过程中保存的信息,恢复主体在断点时的状态。对单片机而言,恢复现场就是恢复断点信息。其实质是利用断点,重新设置各种特殊功能寄存器的过程。

(8) **中断处理**:中断处理是指主体处理中断任务的过程。它包括保护现场、任务处理和恢复现场在内的所有过程。在例 6.1 中,你处理电话中断的中断处理过程为:记录书看到的页面和行数,接着接听电话,并与来电者交谈,然后挂断电话,最后找到所看书的页面和行数,继续看书的任务。对单片机而言,中断处理是指处理中断任务的程序。

从以上的概念可以看出,中断系统是一种比较复杂的系统,涉及很多的概念和部件。在此只罗列了其中的最基本的部分,其他的概念将在以后的对应小节中给出。虽然中断系统具有一定的复杂度,引入中断系统需要相应地增加软、硬件设计。但是,正是因为引入了中断技术,才使 CPU 的大量时间不再处于等待状态,大大提高了 CPU 的利用率。因此,总体而言,在单片机中加入中断系统是物有所值的。

6.2　STC15 单片机中断系统组成

STC15 系列单片机中断系统由最多 21 个中断源,以及和中断有关的若干特殊功能寄存器等组成。这些特殊功能寄存器包括:保存中断请求标志的寄存器(其中包括外中断 0,1中断触发方式的控制位);设置中断允许或屏蔽的寄存器;设置中断优先级的寄存器。

STC15 单片机的中断系统简单明了。众多中断源被分成高、低两个中断优先级。各中断源均可单独屏蔽。若某一中断源发生中断申请且满足响应条件,则会转向和此中断源相关的一个固定的中断服务程序入口,执行中断服务程序。以下将详细介绍 STC15 单片机中断系统的组成部件。

6.2.1　中断源

STC15 系列单片机中断系统最多定义 21 个中断源,其中包括 5 个外部中断源和 16 个内部中断源,具体中断源定义如下。

(1) 外部中断 0(INT0)

(2) 定时器 0 中断

(3) 外部中断 1(INT1)

(4) 定时器 1 中断

(5) 串口 1 中断

(6) A/D 转换中断

(7) 低电压检测中断(LVD)

(8) CCP/PWM/PCA 中断

(9) 串口 2 中断

(10) SPI 中断

(11) 外部中断 2($\overline{\text{INT2}}$)

(12) 外部中断 3($\overline{\text{INT3}}$)

(13) 定时器中断 2

(14) 外部中断 4($\overline{\text{INT4}}$)

(15) 串口 3 中断

(16) 串口 4 中断

(17) 定时器 3 中断

(18) 定时器 4 中断

(19) 比较器中断

(20) PWM 中断

(21) PWM 异常检测中断

注意,在 STC15 系列单片机中,有的产品并没有这全部的 21 个中断源,例如,STC15F100W 系列仅提供了 8 个中断源,STC15W1K16S 系列单片机则提供了 12 个中断源,等等。具体情况请见 STC15 系列用户手册。以下讨论按具有最多 21 个中断源的 STC15W4K32S4 系列单片机进行。对于较少中断源的系列,去掉相关中断源的描述即可。

6.2.2　中断请求标志

中断源向 CPU 申请中断后,会通过硬件电路改写对应的中断请求标志位。STC15 单片机在不同的特殊功能寄存器(SFR)中保存中断源的中断请求标志。CPU 通过读取这些中断请求位标志,判断中断源是否发出中断申请。单片机各中断源的中断请求标志分别由特殊功能寄存器 TCON、SCON、S2CON、S3CON、S4CON、PCON、ADC_CONTR、SPSTAT、CCON、CMPCR1、PWMIF、PWMFDCR 等 SFR 保存。

1. TCON 寄存器

TCON 为定时/计数器控制 SFR,除了和中断有关的标志位外,还用于控制单片机定时/计数器的工作状态。在本章中仅介绍该寄存器中与中断系统相关的位定义。TCON 寄存器既可以字节寻址,也可以位寻址。其字节地址为 88H。因此,对 TCON 寄存器的操作相对比较灵活,可以实现字节操作,同时也可以按位操作。具体的位定义及其地址见表 6.1。

表 6.1　TCON 的位定义

位	D7	D6	D5	D4	D3	D2	D1	D0	字节地址
位符号	TF1	TR1	TF0	TR0	IE1	IT1	IE0	IT0	88H
位地址	8FH	8EH	8DH	8CH	8BH	8AH	89H	88H	

下面给出 TCON 中与中断相关的位定义及其含义。

(1) IT0:设定外部中断源请求 INT0 触发方式的控制位。IT0=0,INT0/P3.2 引脚上的上升沿或下降沿均可触发外部中断 0;IT0=1,外部中断 0 为下降沿触发方式。确定一个边沿跳变需要两个系统时钟周期,前一个周期为高,后一个周期为低,确定下降沿跳变;反之,前一个周期为低,后一个周期为高,确定上升沿跳变。

(2) IE0:外部中断源 0 的中断请求标志位,IE0=1 表示外部中断 0 正在向 CPU 申请中断。当 IT0=1 时,仅 INT0 下降沿跳变可将 IE0 置"1";当 IT0=0 时,INT0 的上升沿跳变和下降沿跳变都将使 IE0 置 1,从而向 CPU 提出 INT0 中断申请。当 CPU 响应中断,转向中断服务程序时,由硬件自动对 IE0 清零。

(3) IT1:设定外部中断请求 INT1 触发方式的控制位,其定义与 IT0 相同。

(4) IE1:外部中断 1 的中断请求标志位,其定义与 IE0 相同。

(5) TF0:定时/计数器 T0 溢出中断请求标志。当启动 T0 计数后,定时/计数器 T0 从初值开始加 1 计数,当最高位产生溢出时,由硬件对 TF0 置 1,表示产生中断请求。CPU 响应 TF0 中断时,由硬件自动对 TF0 清 0。TF0 也可由软件清零。

(6) TF1:定时/计数器 T1 的溢出中断请求标志,其定义与 TF0 相同。

当 STC15 单片机复位后,TCON 寄存器以字节操作方式整体清零,即所有中断源都没有中断申请。另外,TCON 寄存器的 TR1、TR2 个位与中断无关,它们用于定时/计数器 T0 和 T1 的允许控制,有关详细内容将在第 7 章中介绍。

2. 其他中断请求标志位

以下简单介绍其他保存中断申请标志位的 SFR。

串行口控制器 SCON、S2CON、S3CON 和 S4CON 各自的 D1、D0 位:这 4 个 SFR 中的 D1 位为串行口发送中断申请标志位。当相应串口发送完一帧数据后,此位置 1,并向 CPU 提出中断申请;D0 位接收中断申请标志位。当相应串口接收到一帧数据后,此位置 1,并向 CPU 提出中断申请。此两个标志位实际上合用一个中断源——串口中断,4 个串口总共有 4 个中断源。这两标志应在响应中断后由软件清零。详见 8.2 节。

PCON 的 D5 位 LVDF,低压检测中断申请标志。当内部工作电压 V_{cc} 低于低压检测门槛电压,该位自动置 1。被置 1 后,必须用软件清零。详见 2.5 节。

SPSTAT 的 D7 位 SPIF：SPI 传输完成中断申请标志。当一次串行传输完成时，SPIF 置位。当 SPI 处于主模式且 SSIG＝0 时，如果 SS 为输入并被驱动为低电平，SPIF 也将置位，表示"模式改变"。SPIF 标志通过软件向其写入 1 清零。详见 10.3 节。

ADC_CONTR 的 D4 位 ADC_FLAG：模/数转换器转换结束中断申请标志位，当 A/D 转换完成后，ADC_FLAG ＝ 1。必须由软件清零。详见 11.3 节。

CMPCR1 的 D6 位 CMPIF：比较器中断标志位。当此位为 1 时，表示比较器输出发生跳变，比较器向 CPU 提出中断申请，用户必须用软件写"0"去清除它。详见 11.5 节。

CCON 的 D7 位 CF：PCA 计数溢出标志位。当 PCA 计数溢出时，由硬件将 CF 置 1 且在 PCA 计数器中断允许位 ECF＝1 时向中断控制器发送中断申请。只能由软件清零。详见 9.2 节。

CCON 的 D2/D1/D0 位 CCF2/CCF1/CCF0：三个 CCP 模块的匹配/捕获标志位，当出现比较匹配或脉冲捕获时，由硬件置 1，如果模块允许 CCP 中断（CCAPMn 的 ECCF 设置为 1），则同时向中断控制器发送 CCP 中断申请，同 CF 一样，只能用软件清零。注意，这三个标志和前面的 CF 标志，实际上是合用一个中断源。

PWMIF 的 D6 位 CBIF：PWM 计数器归零的中断申请标志。需用软件清零。

PWHFDCR 的 D0 位 FDIF：PWH 外部异常检测中断标志位。需用软件清零。

此外，STC15 单片机的外部中断 INT2、INT3、INT4 和定时/计数器 T2、T3、T4 这 6 个中断源的中断标志，对用户不可见，当这些中断源发生中断申请时，这些隐蔽的标志被置 1，当 CPU 响应了中断以后，这些中断标志被自动清零。外中断 INT2、INT3、INT4 只能是下降沿触发。

3. 中断请求的撤销

中断请求被 CPU 响应后，应该及时撤销中断请求，即清除中断标志位，对中断请求寄存器的相应位清零，否则将产生误操作，在没有中断源申请中断的情况下，执行中断服务。在 STC15 单片机中，不同的中断源中断请求撤销的方式有所不同，前面已经介绍了各中断源中断申请标志的清除方法，对于不能由硬件自动请零的中断申请标志，用户必须在该中断被响应后，在中断服务程序中，用指令将其清零。

6.2.3　中断允许和中断优先级寄存器

中断允许寄存器用于设置 CPU 是否响应中断源所提出的中断申请，STC15 单片机的 21 个中断源都可以用软件独立地设定为中断允许状态或中断屏蔽状态。中断优先级寄存器用于设置中断源的优先级，STC15 单片机的中断源，可以分别被设置为高级中断或低级中断。

1. 中断允许寄存器

STC15 单片机通过片内的中断允许寄存器 IE、IE2 和 INT_CLKO，控制中断源处于的中断允许状态或是中断屏蔽状态。IE 同样可以实现字节寻址和位寻址。其字节地址为 A8H，寄存器每一位的定义及其位地址见表 6.2。

表 6.2　IE 寄存器的位定义

位	D7	D6	D5	D4	D3	D2	D1	D0	字节地址
位符号	EA	ELVD	EADC	ES	ET1	EX1	ET0	EX0	A8H
位地址	AFH	AEH	ADH	ACH	ABH	AAH	A9H	A8H	

IE 寄存器中各位的功能及含义如下。

(1) EA：中断允许总体控制位。当 EA 清零时，单片机屏蔽所有中断源发出的中断请求(也称 CPU 关中断)，此时即便中断源发出了中断申请，即 TCON 的某一位或几位被置 1，CPU 都不会响应中断；当 EA 置 1 时，CPU 才有可能会响应中断源发起的中断申请(是否响应中断申请，还取决于中断源对应的中断允许控制位)。

(2) ELVD：低电平检测中断允许位。该位为 1 时，表示允许低电平检测产生中断事件；当该位为 0 时，表示禁止低电平检测产生中断事件。

(3) EADC：ADC 转换中断允许位。当该位为 1 时，表示允许 ADC 转换产生中断事件；当该位为 0 时，表示禁止 ADC 转换产生中断事件。

(4) ES：串行口 1 中断请求控制位。当 ES 清零时，CPU 将屏蔽串行口 1 中断请求；ES 置 1 时，允许串行口中断请求，能否响应串行口中断还取决于 EA 的值。

(5) ET1：定时/计数器 T1 的溢出中断请求控制位。当 ET1 清零时，CPU 屏蔽 T1 的中断请求；当 ET1 置 1 时，CPU 将可能响应 T1 的中断请求。

(6) EX1：外部中断源 1 中断请求控制位。当 EX1 清零时，屏蔽外部中断源 1 的中断请求；当 EX1 置 1 时，允许外部中断 1 中断请求，CPU 可能响应外部中断源 1 的中断申请。

(7) ET0：定时/计数器 T0 的溢出中断请求控制位。当 ET0 清零时，CPU 屏蔽 T0 中断请求；当 ET0 置 1 时，CPU 允许 T0 中断请求。

(8) EX0：外部中断源 0 中断请求控制位。当 EX0 清零时，CPU 屏蔽外部中断源 0 的中断请求；当 EX0 置 1 时，CPU 允许外部中断源 0 的中断请求。

中断允许寄存器 IE 可以对中断源实现两级开关管理。两级开关管理是指具体开关状态由两个控制位的与运算决定的管理方式。在 STC15 单片机的 IE 寄存器中，有一个总的开关中断控制位 EA(IE.7 位)，当 EA=0 时，所有的中断请求都屏蔽，单片机对任何中断请求都不响应；当 EA=1 时，单片机可以接收各种中断源的中断请求，但是中断源的中断请求是否响应，还要取决于 IE 中对具体中断源的控制位的状态。所以 STC15 单片机可以通过 IE 对中断源进行两级开关管理。

当单片机复位以后，IE 被自动清零。即复位后的单片机将屏蔽所有的中断请求。如果用户预使单片机允许中断请求，则必须通过单片机指令将 IE 相应的位置 1，实现 CPU 开中断。其中包括 EA 置 1 和相应的中断源控制位置 1。另外，因为 IE 支持位操作，所以如果想改变 IE 每位的值，也可通过指令实现。所以对 IE 寄存器值的更改既可以采用字节操作，也可以利用位操作实现。

【例 6.2】　允许单片机串行口输入/接收中断请求，而禁止其他中断源的中断申请。试根据该条件，用字节操作和位操作两种方法实现 IE 寄存器的初始化。

解：根据题设条件，可知 IE 控制字为 ♯90H，见表 6.3。

表 6.3　IE 寄存器的控制字

位	D7	D6	D5	D4	D3	D2	D1	D0
位符号	EA			ES	ET1	EX1	ET0	EX0
位值	1	0	0	1	0	0	0	0

（1）字节操作法：

```
MOV    IE,♯90H            ; 字节操作送控制字
```

（2）位操作法：

```
SETB   EA                 ; CPU 开中断
SETB   ES                 ; 禁止串行口中断
CLR    EX1                ; 禁止外部中断 1 中断
CLR    EX0                ; 禁止外部中断 0 中断
CLR    ET1                ; 允许定时/计数器 T1 中断
CLR    ET0                ; 允许定时/计数器 T0 中断
```

中断允许寄存器 IE2 地址为 AFH,其位功能定义见表 6.4。

表 6.4　IE2 寄存器的位定义

位	D7	D6	D5	D4	D3	D2	D1	D0	字节地址
定义	—	ET4	ET3	ES4	ES3	ET2	ESPI	ES2	AFH

注:—表示未定义。

IE2 寄存器中各位的功能及含义如下。

（1）ET4:定时器 4 中断允许位。当该位为 1 时,表示允许定时器 4 产生中断事件;当该位为 0 时,禁止定时器 4 产生中断。

（2）ET3:定时器 3 中断允许位。当该位为 1 时,表示允许定时器 3 产生中断事件;当该位为 0 时,禁止定时器 3 产生中断。

（3）ES4:串行口 4 允许中断位。当该位为 1 时,表示允许串行口 4 产生中断事件;当该位为 0 时,禁止串行口 4 产生中断。

（4）ES3:串行口 3 允许中断位。当该位为 1 时,表示允许串行口 3 产生中断事件;当该位为 0 时,禁止串行口 3 产生中断。

（5）ET2:定时器 2 中断允许位。当该位为 1 时,表示允许定时器 2 产生中断事件;当该位为 0 时,禁止定时器 2 产生中断。

（6）ESPI:SPI 中断允许位。当该位为 1 时,表示允许 SPI 产生中断事件;当该位为 0 时,禁止 SPI 产生中断。

（7）ES2:串行口 2 允许中断位。当该位为 1 时,表示允许串行口 2 产生中断事件;当该位为 0 时,禁止串行口 2 产生中断。

INT_CLKO 寄存器地址为 8FH,其中,与中断允许相关的位的功能及含义见表 6.5。

表 6.5　INT_CLKO 寄存器的位定义

位	D7	D6	D5	D4	D3	D2	D1	D0	字节地址
定义	—	EX4	EX3	EX2	*	*	*	*	8FH

注:—表示未定义,*表示其他功能位。下同。

（1）EX4：外部中断 4 允许中断位。当该位为 1 时，表示允许外部中断 4 产生中断事件；当该位为 0 时，禁止外部中断 4 产生中断。

（2）EX3：外部中断 3 允许中断位。当该位为 1 时，表示允许外部中断 3 产生中断事件；当该位为 0 时，禁止外部中断 3 产生中断。

（3）EX2：外部中断 2 允许中断位。当该位为 1 时，表示允许外部中断 2 产生中断事件；当该位为 0 时，禁止外部中断 2 产生中断。

注意：外部中断 2、3、4 都只能通过下跳沿触发产生。

2. 中断优先级控制寄存器 IP

STC15 单片机定义了两级中断优先级，通过设置中断优先级寄存器 IP 和 IP2 实现中断优先级管理。IP 寄存器可以实现两种操作方式——字节操作和位操作。IP 寄存器的字节地址为 B8H。位定义及位地址定义见表 6.6。

表 6.6　IP 寄存器的位定义

位	D7	D6	D5	D4	D3	D2	D1	D0	字节地址
位符号	PPCA	PLVD	PADC	PS	PT1	PX1	PT0	PX0	B8H
位地址	BFH	BEH	BDH	BCH	BBH	BAH	B9H	B8H	

中断优先级寄存器 IP 位功能及含义如下。

（1）PPCA：PCA 中断优先级控制位。当该位置 1 时，PCA 设定为高优先级中断；当 PCA 清零时，PCA 设定为低优先级中断。

（2）PLVD：LVD 中断优先级控制位。当该位置 1 时，LVD 设定为高优先级中断；当 LVD 清零时，LVD 设定为低优先级中断。

（3）PADC：ADC 中断优先级控制位。当该位置 1 时，ADC 设定为高优先级中断；当 ADC 清零时，ADC 设定为低优先级中断。

（4）PS：串行口中断优先级控制位。当 PS 置 1 时，串行口定义为高优先级中断；当 PS 清零时，串行口定义为低优先级中断。

（5）PT1：定时/计数器 T1 的中断优先级控制位。当 PT1 置 1 时，T1 定义为高优先级中断；当 PT1 清零时，T1 定义为低优先级中断。

（6）PX1：外部中断源 1 中断优先级控制位。当 PX1 置 1 时，外部中断源 1 定义为高优先级中断；PX1 清零时，外部中断 1 定义为低优先级中断。

（7）PT0：定时/计数器 T0 的中断优先级控制位。当 PT0 置 1 时，T0 定义为高优先级中断；当 PT0 清零时，定时器 T0 定义为低优先级中断。

（8）PX0：外部中断源 0 中断优先级控制位。当 PX0 置 1 时，外部中断 0 定义为高优先级中断；当 PX0 清零时，外部中断 0 定义为低优先级中断。

中断优先级寄存器 IP2 部分用于中断源的优先级设置，其地址为 B5H，该寄存器不支持位寻址。IP2 各位功能定义见表 6.7。

表 6.7　IP2 寄存器的位定义

位	D7	D6	D5	D4	D3	D2	D1	D0	字节地址
定义	—	—	—	PX4	PPWMFD	PPWM	PSPI	PS2	B5H

（1）PX4：外部中断源 4 中断优先级控制位。当 PX4 置 1 时，外部中断 4 定义为高优先级中断；当 PX4 清零时，外部中断 4 定义为低优先级中断。

（2）PPWMFD：PWM 异常检测中断优先级控制位。当该位置 1 时，PWM 异常监测中断设置为高优先级中断；当该位清零时，该中断设置为低优先级中断。

（3）PPWM：PWM 中断优先级控制位。当该位置 1 时，PWM 中断设置为高优先级中断；当该位清零时，该中断设置为低优先级中断。

（4）PSPI：SPI 异常检测中断优先级控制位。当该位置 1 时，SPI 异常监测中断设置为高优先级中断；当该位清零时，SPI 中断设置为低优先级中断。

（5）PS2：串口 2 中断优先级控制位。当该位置 1 时，串口 2 中断设置为高优先级中断；当该位清零时，串口 2 中断设置为低优先级中断。

其他中断源，包括外部中断 2（$\overline{\text{INT2}}$）、外部中断 3（$\overline{\text{INT3}}$）、定时器 2 中断、串口 3 中断、串口 4 中断、定时器 3 中断、定时器 4 中断及比较器中断，只能固定是最低优先级中断。

STC15 单片机定义了两种中断优先级别，并支持中断嵌套技术，因此在设计单片机中断服务程序时，可以采用两级嵌套模式。详细程序流程图如图 6.1 所示。

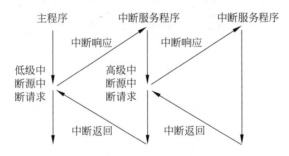

图 6.1　两级中断服务嵌套

由图 6.1 可知，一个正在执行的低优先级中断服务程序能够为高优先级的中断源所中断，但不能被另一个同级的中断源中断；正在执行的高优先级中断，则不能被任何中断源所中断，一直执行到结束，遇到中断返回指令 RETI，返回主程序后再执行一条指令，才能响应新的中断请求。

换言之，高优先级中断源可以打断低优先级中断源；低优先级中断源不能打断高优先级中断；同级中断源不能相互中断。

另外，在同时收到几个中断源的中断请求时，CPU 将首先响应高级中断；若这些中断是同一级（同属高级中断或低级中断），则 CPU 先响应谁，取决于单片机内部设定的中断源查询顺序。即在同级的中断源中，还有另一个辅助优先级结构，来决定它们同时产生中断申请时，CPU 的响应次序。这个查询顺序请见图 6.2。

当单片机复位以后，IP 和 IP2 寄存器将自动清零，各个中断源均为低优先级。如果想改变中断源的优先级，用户需通过编程设定。

【例 6.3】　设定单片机串行口 1，定时器 0、1，外部中断 0 和 1，5 个中断源中断优先级，要求将其中的两个定时器中断源 T0 和 T1 设置为高优先级，其他三个中断源设定为低优先级。试用两种方法实现中断系统的初始化。

解：根据题意，IP 寄存器的控制字为 #0AH。IE1 寄存器的控制字见表 6.8。

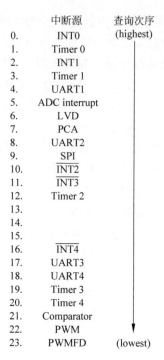

图 6.2   同级中断的查询次序

表 6.8   IE1 寄存器的控制字

位	D7	D6	D5	D4	D3	D2	D1	D0
位符号				PS	PT1	PX1	PT0	PX0
位值	0	0	0	0	1	0	1	0

（1）字节操作：

```
MOV    IP,#0AH        ;字节法输入控制字
```

（2）位操作：

```
SETB   PT0            ;两个定时/计数器为高优先级
SETB   PT1
CLR    PS             ;串行口、两个外部中断源为低优先级中断
CLR    PX0
CLR    PX1
```

6.2.4   中断系统结构

综上所述，STC15 单片机中断系统由中断源、中断请求标志寄存器、中断允许寄存器和中断优先级寄存器等组成，中断系统结构如图 6.3 所示。

由图 6.3 可知，STC15 单片机中，最左边的事件发生后，经合并汇集，形成 21 个中断源，这 21 个中断源，若要成功触发中断，首先需要经过 2 级的中断允许开关；其次，它们又被分为两级的中断优先级，最后被 CPU 响应。此图中列举的 21 个中断源，从上到下的顺

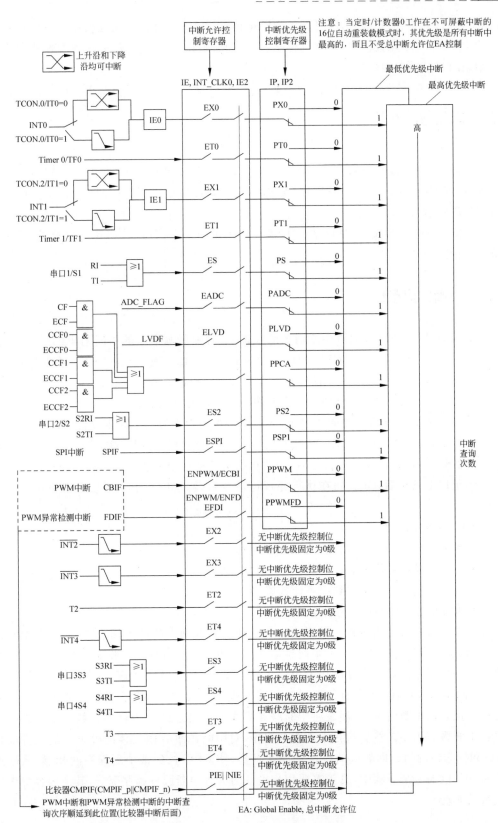

图 6.3　STC15 单片机中断结构图

序,也是它们在同级优先级时,同时产生中断申请以后,CPU 查询的优先次序。图中排列越靠上的中断源,将越先查询到,因此也越是会首先得到响应(除 PWM 中断和 PWM 异常检测中断是固定最后查询)。

6.3　中断处理过程

中断处理过程,指的是从中断源发出中断申请,到单片机 CPU 中断响应转到中断服务程序入口,到 CPU 执行中断服务程序(简称中服),到最后结束服务,返回原程序流程继续执行原代码的全过程。

6.2 节已讨论了 STC15 中断源,当中断源产生了中断申请后,如何转入中断服务,这是本节要讨论的问题。

6.3.1　中断响应条件

中断响应是指 CPU 在允许中断请求的状态下,对中断源提出的中断请求的反应,并转入中断服务程序入口的过程。CPU 响应中断源的中断请求具有一定的条件。主要包括:

(1) 中断源产生中断申请,并在现行指令执行完后申请信号仍存在;

(2) CPU 开中断,并且申请中断的中断源处于中断允许状态;

(3) CPU 不是正在执行相同优先级,或高优先级的中断源的中断服务程序;

(4) 正在执行的指令不是 RETI 或是访问 IE 或 IP 的指令,因为按 STC15 单片机中断系统特性的规定,在执行完这些指令后,需要再执行一条指令才能响应新的中断请求。

当满足以上条件后,CPU 将在执行完现行指令后,就响应本中断。接下来将执行如下操作。

(1) PC 值被压入堆栈;

(2) 现场保护,将 PSW 程序状态字压入堆栈;

(3) 阻止同级别其他中断;

(4) 将中断入口地址装载到程序计数器 PC;

(5) 执行相应的中断服务程序。

通常单片机在每条指令执行的最后一个时钟周期查询中断请求标志位,如果有中断请求,则在该条指令执行完毕的下一个时钟周期进入中断响应过程;如果没有中断请求,则继续执行下一条指令。进入中断响应的第一步是标志位(在此是指 PSW 寄存器)和程序计数器 PC 的内容进入堆栈,其目的是便于中断服务程序执行完后,CPU 能够继续执行被中断的程序。接着取中断向量,实质是将中断服务程序的入口地址赋予程序计数器 PC,进而开始执行中断服务程序。然后执行中断服务程序,对中断源事务做具体的处理。最后将堆栈中 PC 和标志位的值返回响应的特殊功能寄存器,使 CPU 找到被中断程序的断点,从断点继续执行。以上 4 个步骤中,真正需要用户设计的只有中断服务程序部分,其余内容都由单片机自动实现。

6.3.2　中断服务程序入口

STC15 单片机定义了 21 个中断源的中断向量,也就是中断服务程序入口在程序存储器的固定地址,如表 6.9 所示。当响应相应中断时,CPU 会按照如表 6.10 所示的对应关系,由硬件自动生成一条长调用指令 LCALL addr16(这里的 addr16 就是中断向量)自动转向此地址执行中断服务程序。例如,若发生外部中断 0,则 CPU 会自动执行 LCALL 0003H,转向程序存储器的 0003 号单元执行相关代码。显然,用户的其他代码应该避免占用这些单元。

表 6.9　STC15 系列单片机中断向量

中　断　源	中断向量(入口地址)	中　断　源	中断向量(入口地址)
外部中断 0	0003H	外部中断 3	005BH
定时/计数器 T0	000BH	定时/计数器 T2	0063H
外部中断 1	0013H	外部中断 4	0083H
定时/计数器 T1	001BH	串行口 3	008BH
串行口中断	0023H	串行口 4	0093H
ADC 中断	002BH	定时/计数器 T3	009BH
低电压检测中断	0033H	定时/计数器 T4	00A3H
可编程计数阵列中断	003BH	比较器中断	00ABH
串行口 2 中断	0043H	PWM 中断	00B3H
同步串口中断	004BH	PWM 异常检测中断	00BBH
外部中断 2	0053H		

6.3.3　中断服务程序

CPU 对于各中断源的服务,因实际情况的不同,而可能千差万别。例如,键盘中断源可能要求 CPU 读入键盘输入的数据;串行口中断源可能要求 CPU 发送装入发送缓冲器 SBUF 的数据等,因此,中断服务程序的代码也需要根据实际的任务处理要求相应地编写。

但有一些处理,可能是各中断服务程序都必须具备的。比如,在进入中断服务以后,首先,可能需要将中断服务中用到的一些寄存器推入到堆栈中保存起来,这叫保护现场,而在退出中断服务程序前,需要按照推入堆栈的相反次序,将这些寄存器内容恢复,称为恢复现场。另外,如果不允许中断嵌套,则需要在中断服务中关闭中断时允许总开关 EA,然后在中断返回之前,再打开中断总允许开关 EA,当然如果允许中断嵌套,则无需这个操作。最后,中断服务程序必须使用 RETI 指令,返回断点,继续执行原流程。

此外,从表 6.10 可知,程序存储区的低地址段用于存储中断向量表,且每两个中断向量之间只相隔 8B,一般情况很难存储一个完整的中断服务程序。因此,通常总是在这个中断入口地址处放置一条无条件转移指令,使程序执行转向在其他地址存放的真正的中断服务程序主体。例 6.4 给出了这种设计的实例。

【例 6.4】 已知外部中断 1 的中断服务程序地址为 2000H,请用图例表示外部中断 1 的中断服务程序的调用过程。

解:据单片机的中断向量表可知,外部中断 1 的中断向量为 0013H,又已知它的中断服务程序地址是 2000H,所以在从 0013H 开始的单元中放置指令:LJMP   2000H。而从程序存储器地址为 2000H 开始的单元放置中断服务程序。具体调用过程为:当外部中断 1 产生中断请求,如果单片机响应该请求,就会自动生成指令:LCALL 0013H,于是 PC 跳到程序存储器的 0013H 单元开始执行,因为在 0013H 单元存放了另一条跳转指令:LJMP 2000H,因此 PC 再次跳转到程序存储器的 2000H 单元,开始执行真正的中断服务程序。过程如图 6.4 所示。

整个中断服务程序的调用过程,与子程序的调用过程十分相似,只存在两点区别:其一,中断服务程序的调用指令是机器自动产生的,而子程序调用指令加在主程序之中;其二,中断服务程序的返回指令是 RETI,而子程序返回指令是 RET。

根据前述中断服务程序基本要求,可用流程图形式表示中断服务的基本流程,如图 6.5 所示。

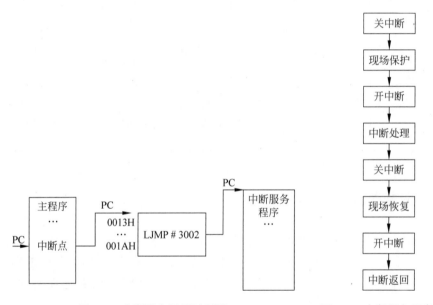

图 6.4　中断服务调用过程图   图 6.5　中断服务程序流程

针对该流程图,以下从中断服务程序初始化、开关中断的目的、中断返回的方法等几个方面做详细的阐述。

1. 中断服务程序初始化

为使单片机中断系统能正常工作,必须在主程序中如下初始化。

(1) 设置中断允许寄存器 IE,以允许 CPU 响应相应的中断源的中断申请;

(2) 设置中断优先级寄存器 IP,以确定中断源的优先级,解决多个中断源并发申请中断问题;

(3) 如果是外部中断 0 和 1,需要设置中断请求触发方式,以决定采用电平触发或是跳沿触发。

下面给出一个初始化中断系统的实例。

【例 6.5】　设单片机响应外部中断 1 的中断请求,并且中断级为低优先级,采用电平触发方式。试编写符合题意的初始化程序段。

解:根据题设条件有如下主程序段。

```
...
SETB    EA              ; CPU 开中断
SETB    EX1             ; 允许 CPU 响应外部中断源 1
CLR     PX1             ; 设置外部中断源 1 优先级为低级
CLR     IT1             ; 设置外部中断源 1 外电平触发方式
...
```

2. 现场保护和现场恢复

被中断的程序的断点信息十分丰富,但在中断响应的准备阶段,中断系统只自动保存了 PSW 标志信息和 PC 的值。此外,其他的寄存器(如 ACC,B 等)如在中断服务中也被使用,则也可能需要保存,这一工作将在中断服务程序的现场保护阶段完成。现场保护一定要位于现场中断处理程序的前面,否则将失去保护现场的意义。中断处理结束后,在返回主程序前,需要恢复被保护寄存器原有内容。将堆栈中的内容取出,还原寄存器的过程,称为现场恢复。现场恢复只有在中断处理之后才有意义。保护现场和恢复现场可以通过简单的堆栈操作实现。单片机的堆栈操作指令 PUSH direct 和 POP direct,分别用于现场保护和现场恢复。

3. 关中断和开中断

保护现场和恢复现场前可以先关中断,其目的是为了防止此时有高级的中断进入,将保护现场和恢复现场过程打乱。在保护现场和恢复现场之后做开中断处理,是为接收中断嵌套做准备。如果对于一个重要的中断源,要求在中断服务结束前,不允许被其他的中断源打扰。在此情况下,则可以在现场保护之前先关中断,彻底屏蔽其他中断请求,待中断处理完成后再开中断,恢复 CPU 对中断源的中断响应。单片机开中断和关中断可简单通过对 IE 寄存器的 EA 位置 1 或清零实现。

4. 中断处理

中断处理是对中断源请求的具体处理方式,设计者应根据具体的应用背景,编写特殊程序段,完成对中断源产生事务的处理。具体实例见例 6.5。

5. 中断返回

中断服务结束后,CPU 要返回被中断程序断点处继续执行原程序。中断服务程序通过指令 RETI 返回原程序。RETI 指令是中断服务程序结束的标志。CPU 执行完这条指令后,把响应中断时所置 1 的优先级状态触发器清零,然后从堆栈中弹出栈顶的两个字节的断点地址送到程序计数器 PC,弹出的第一个字节送入 PC 的高 8 位,弹出的第二个字节送入 PC 的低 8 位,CPU 从断点处继续执行被中断的程序。所有上述过程都由 CPU 自动完成,不需要用户编程实现。

【例 6.6】　已知键盘通过适当的接口电路和外部中断 0 相连。每次键盘提出中断申请时,要求 CPU 读入键盘输入的字符,并存储在片内 RAM20H 内存单元。假设硬件电路设计和主程序设计已经完成;并且中断服务程序中只保护寄存器 A,B 的值。请设计中断服务程序。

解：根据题设要求，在中断服务程序的保护现场部分将 A、B 寄存器压栈。在中断处理部分读入键盘输入字符，并存储在相应的内存单元。假设键盘输入接口电路的数据端口为3000H。按中断服务程序流程图，编写程序如下。

```
KEYBOARD: CLR    EA                  ; CPU 关中断
          PUSH   B                   ; 现场保护
          PUSH   ACC                 ;
          SETB   EA                  ; CPU 开中断
          MOV    DPTR,＃3000H        ; 中断处理.将端口地址写入 DPTR
          MOVX   A,@DPTR             ; 读入键盘输入字符
          MOV    20H,A               ; 将字符送内存单元＃2001H
          CLR    EA                  ; CPU 关中断
          POP    ACC                 ; 现场恢复
          POP    B
          SETB   EA                  ; CPU 开中断
          RETI                       ; 中断返回,恢复断点
```

【例 6.7】 设计利用外部中断 1 的信号采集系统,已知系统主程序存储于程序存储器从 0100H 开始的区域,外部中断 1 的服务程序存储在从 2000H 开始的区域,试设计主程序和中断服务程序。

解：因为主程序存储区为 0100H 开始的单元区,所以从 0000H 开始的单元放置跳转到0100H 单元的指令;外部中断 1 中断服务程序存储在 2000H 开始的区域,又外部中断 1 的中断向量为 0013H,所以从 0013H 开始的单元放置跳转到 2000H 单元的指令。具体程序段如下。

```
        ORG    0000H
        LJMP   start
        ORG    0013H
        LJMP   intexl
        ORG    0100H
start:  MOV    SP,＃55H      ; 主程序,主要做初始化工作
        ...
        SETB   EA            ; 中断服务程序,CPU 开中断
        SETB   EX1           ; 允许 CPU 响应外部中断源 1
        CLR    PX1           ; 设置外部中断源 1 优先级为低级
        SETB   IT1           ; 设置外部中断源 1 下降沿触发方式
        ...

        ORG    2000H
intexl: PUSH   ACC
        ...                  ; 相关中断处理过程代码
        POP    ACC
        RETI                 ; 中断返回
```

6.4 中断应用实例

以上主要叙述了 STC15 单片机的中断系统的硬件和软件结构,其中包括一些与中断相关的概念和实现技术,下面将针对所讲的内容,列举典型的两个实例,以加深对单片机中断

系统的理解。

6.4.1 单中断源实例

已知单片机有两个定时/计数器(有关定时/计数器的工作原理将在第 7 章介绍),当它们选择为计数器工作模式,T0 或 T1 引脚输入负跳变时,T0 或 T1 计数器加 1。利用这个特性,可以将定时/计数器作为外部中断使用。具体方法是把 T0、T1 引脚作为外部中断请求输入引脚,而定时/计数器的溢出中断 TF1 或 TF0 作为外部中断请求标志。

【**例 6.8**】 利用定时/计数器的计数方式,实现对彩灯的闪烁控制。假设单片机外部已经设计一个时钟发生电路(频率可调),要求每个时钟周期的下跳沿控制彩灯的亮和灭。彩灯功率很小,可以直接由单片机 I/O 口线驱动。请设计该控制系统的完整程序。

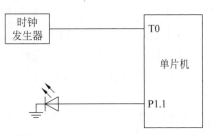

图 6.6 彩灯控制

解:根据题设要求,设计硬件连接图如图 6.6 所示。

控制系统的时钟发生器与单片机 T0 相连,控制彩灯的闪烁间隔。单片机 P1.1 用于驱动彩灯,控制彩灯的亮或灭。T0 设置为方式 2。因为要求在每个时钟发生器的时钟周期,彩灯状态发生一次变化,所以 TH0 初值设定为♯0FFH。具体程序如下。

```
        ORG     0000H
        LJMP    MAIN                ; 跳到主程序
        ORG     000BH
        LJMP    TIMER               ; 跳转到中断服务程序
MAIN:   MOV     SP,♯60H             ; 初始化堆栈指针
        MOV     TMOD,♯06H           ; 设置 T0 为工作模式 2
        MOV     TL0,♯0FFH           ; 给计数器设置初值
        MOV     TH0,♯0FFH
        SETB    TR0                 ; 启动 T0,开始计数
        SETB    ET0                 ; 允许 T0 中断
        SETB    EA                  ; CPU 开中断
IDLE:   NOP                         ; 等待
        AJMP    IDLE
TIMER:  CLR     EA                  ; CPU 关中断
        PUSH    B                   ; 现场保护
        PUSH    ACC                 ;
        SETB    EA                  ; CPU 开中断
        CPL     P1.1                ; P1.1 取反
        …                           ; 其他处理
        CLR     EA                  ; CPU 关中断
        POP     ACC                 ; 现场恢复
        POP     B                   ;
        SETB    EA                  ; CPU 开中断
        RETI                        ; 中断返回,恢复断点
```

在主程序中完成对 T0 工作模式、计数初值的初始化工作。当连接在 T0 的外部中断请

求输入线上的电平发生负跳变时，TL0 加 1，产生溢出，TF0 置 1，定时/计数器 T0 向 CPU 发出中断请求，同时 TH0 的内容 ♯0FFH 在此送 TL0，即 TL0 恢复初值 ♯0FFH。当 T0 端在此出现下跳沿时，又将引起中断申请。在中断服务程序中，利用 CPL 指令，实现 P1.1 在每次下跳沿到来时取反一次，控制彩灯的闪烁。

6.4.2　多中断源实例

当单片机系统需要更多的外中断源时，可采用查询法和优先编码法进行扩展。以下用一个具体实例说明这两种方法的使用。

若系统中有多个外部中断请求源，可以按它们的轻重缓急进行排队，把其中最高级别的中断源直接接到 STC15 单片机的一个外部中断源 INT0，其余的中断源用"线或"的办法连到另一个中断源输入端 INT1，同时将中断申请线连到 P1 口，利用软件查询的方法，实现中断源优先级排队。这种方法原则上可处理任意多个外部中断。详细软、硬件设计见例 6.9。

【例 6.9】　设单片机外接 5 个外部中断源，其优先级顺序依次为：IR0、IR1、…、IR4。利用软件查询法实现该中断系统的扩展，并满足优先级队列要求。

解：图 6.7 给出了该中断系统的硬件连接示意图。因为 IR0 中断优先级最高，所以以 IR0 中断申请直接与 INT0 引脚相连。其余 4 个中断源 IR1～IR4 的中断请求通过集电极开路的 OC 门构成"线或"关系，它们的中断请求输入均通过 INT1 传给 CPU。无论哪一个外设提出高电平有效的中断请求信号，都会使 INT1 引脚的电平变低。究竟是哪个外设提出的中断请求，可通过程序查询 P1.0～P1.3 的逻辑电平实现。因为 IR1 至 IR4 的中断优先级依次降低，因此，做的查询的顺序为 P1.0→P1.1→P1.2→P1.3。主程序和中断程序如下。

```
        ORG     0000H
        LJMP    MAIN                ; 跳到主程序
        ORG     0003H
        LJMP    INTR0               ; 跳转到外部中断源 0 的中断服务程序
        ORG     0013H
        LJMP    INTR1               ; 跳转到外部中断源 1 的中断服务程序
MAIN:   MOV     SP,♯60H             ; 初始化堆栈指针
        CLR     IT0                 ; 外部中断源 0 为电平触发
        SETB    EX0                 ; 允许外部中断源 0 中断申请响应
        CLR     IT1                 ; 外部中断源 1 为电平触发
        SETB    EX1                 ; 允许外部中断源 1 中断申请响应
        SETB    EA                  ; CPU 开中断
IDLE:   NOP                         ; 等待
        AJMP    IDLE
; ------------------------------------------------------------------------
INTR0:  CLR     EA                  ; CPU 关中断
        PUSH    B                   ; 现场保护
        PUSH    ACC                 ;
        SETB    EA                  ; CPU 开中断
        MOV     A,♯01H              ; 中断处理
        INC     A
        CLR     EA                  ; CPU 关中断
        POP     ACC                 ; 现场恢复
```

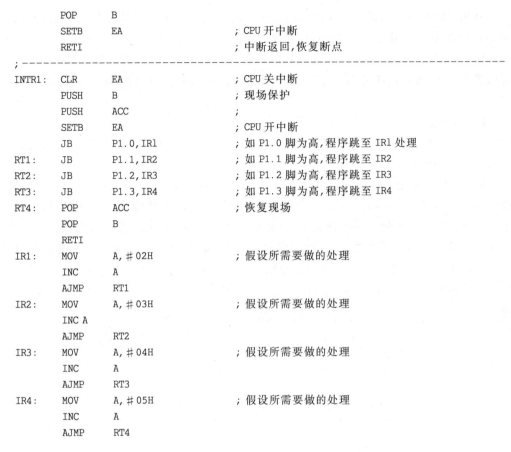

```
                POP     B
                SETB    EA              ; CPU 开中断
                RETI                    ; 中断返回,恢复断点
; ----------------------------------------------------------------------
INTR1:  CLR     EA              ; CPU 关中断
                PUSH    B               ; 现场保护
                PUSH    ACC             ;
                SETB    EA              ; CPU 开中断
                JB      P1.0,IRl        ; 如 P1.0 脚为高,程序跳至 IR1 处理
RT1:    JB      P1.1,IR2        ; 如 P1.1 脚为高,程序跳至 IR2
RT2:    JB      P1.2,IR3        ; 如 P1.2 脚为高,程序跳至 IR3
RT3:    JB      P1.3,IR4        ; 如 P1.3 脚为高,程序跳至 IR4
RT4:    POP     ACC             ; 恢复现场
                POP     B
                RETI
IR1:    MOV     A,#02H          ; 假设所需要做的处理
                INC     A
                AJMP    RT1
IR2:    MOV     A,#03H          ; 假设所需要做的处理
                INC A
                AJMP    RT2
IR3:    MOV     A,#04H          ; 假设所需要做的处理
                INC     A
                AJMP    RT3
IR4:    MOV     A,#05H          ; 假设所需要做的处理
                INC     A
                AJMP    RT4
```

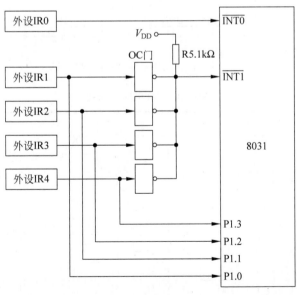

图 6.7　中断系统扩展

　　查询法扩展外部中断源比较简单,但是扩展的外部中断源个数较多时,查询时间稍长。
当所要处理的外部中断源的数目较多而其响应速度又要求很快时,采用软件查询的方法进行中断优先级排队常常满足不了时间的要求。由于这种方法是按照从优先级最高到优先级最低的顺序,由软件逐个进行查询,在外部中断源很多的情况下,响应优先级最高的中断和响应优先级最低的中断所需的时间可能相差很大。如果采用硬件对外部中断源进行排队就可以避免这个问题。这里将讨论有关采用优先权编码器扩展 STC 单片机外部中断源的问题。

【例 6.10】 已知有 8 个外部中断源 IR0～IR7。要求对于中断源的中断申请要求 CPU 能快速反应,并且 8 个中断源的优先级从高到低依次为:IR0,IR1,…,IR7。请用优先权编码器实现该中断系统的扩展。

解:74LS148 是一种优先权编码器,它具有 8 个输入端 0～7,可以用作 8 个外部中断源输入端,3 个编码输出端 A2～A0,1 个编码器输出端 GS,1 个使能端,详细引脚如图 6.8 所示。在使能端输入为低电平的情况下,只要其 8 个输入端中任意一个输入为低电平,就有一组相应的编码从 A2～A0 端输出,且编码器输出端 GS 为低电平。如果 8 个输入端同时有多个输入为低电平,则 A2～A0 端将输出输入编码最大所对应的编码。74LS148 的输入/输出对照见表 6.10。

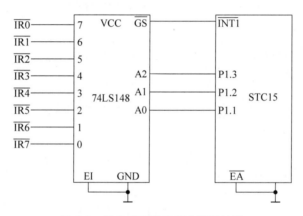

图 6.8　优先编码器实现中断源扩展

表 6.10　74LSl48 真值表

输　入									输　出			
EI	0	1	2	3	4	5	6	7	A2	A1	A0	GS
H	×	×	×	×	×	×	×	×	H	H	H	H
L	H	H	H	H	H	H	H	H	H	H	H	H
L	×	×	×	×	×	×	×	L	L	L	L	L
L	×	×	×	×	×	×	L	H	L	L	H	L
L	×	×	×	×	×	L	H	H	L	H	L	L
L	×	×	×	×	L	H	H	H	L	H	H	L
L	×	×	×	L	H	H	H	H	H	L	L	L
L	×	×	L	H	H	H	H	H	H	L	H	L
L	×	L	H	H	H	H	H	H	H	H	L	L
L	L	H	H	H	H	H	H	H	H	H	H	L

用 75LS148 扩展 STC15 外部中断源的基本硬件电路如图 6.8 所示。

　　图 6.8 中编码器输出端 A2～A0 连至 STC15 单片机 P1 口的 P1.1～P1.3。编码器输出端 GS 和单片机的外中断源 INT1 相连。当 8 个中断源 IR0～IR7 中有中断申请时,编码器输出端 GS 为低电平,通过 INT1 向 CPU 提出中断申请。具体是哪个中断源的申请,CPU 通过查询 P1 口的 P1.1～P1.3 线上的编码即可获知。以下给出系统的软件设计。

```
            ORG     0000H
            LJMP    MAIN                ; 跳到主程序
            ORG     0013H
            LJMP    INTR1               ; 跳转到外部中断源 1 的中断服务程序
    MAIN:   MOV     SP,#60H             ; 初始化堆栈指针
            CLR     IT1                 ; 外部中断源 1 为电平触发
            SETB    EX1                 ; 允许外部中断源 1 中断申请响应
            SETB    EA                  ; CPU 开中断
    IDLE:   NOP                         ; 等待
            AJMP    IDLE
    INTR1:  MOV     A,P1                ; P1 口内容送累加器
            ANL     A,#0EH              ; 屏蔽除 P1.1、P1.2、P1.3 以外的位
            MOV     DPL,#00H            ; 中断服务程序转移表首低 8 位地址送 DPL
            MOV     DPH.#20H            ; 中断服务程序转移表首址高 8 位地址送 DPH
            JMP     @A+DPTR             ; 跳转到中断服务程序转移表
            ORG     2000H               ; 转移表首地址
    SWITCH: AJMP    IR0                 ; 8 个中断服务子程序分支转移表
            AJMP    IR1
            AJMP    IR2
            AJMP    IR3
            AJMP    IR4
            AJMP    IR5
            AJMP    IR6
            AJMP    IR7
    IR0:    CLR     EA                  ; CPU 关中断
            PUSH    B                   ; 现场保护
            PUSH    ACC                 ;
            SETB    EA                  ; CPU 开中断
            MOV     A,#01H              ; 中断处理
            INC     A
            CLR     EA                  ; CPU 关中断
            POP     ACC                 ; 现场恢复
            POP     B                   ;
            SETB    EA                  ; CPU 开中断
            RETI                        ; 中断返回,恢复断点
    IR1:    ...
```

　　在此程序中,利用查表法实现不同中断程序的跳转。因为编码器的输出线 A0～A2 与单片机 P1.1～P1.3 相连,每个中断源在单片机中的编码相差 2,而 AJMP 指令恰好是两个字节,所以通过指令 AJMP @A+DPTR 即可实现每个中断服务程序的正确进入。另外,IR1～IR7 的中断服务程序与 IR1 类似,只是中断处理有所不同,在此省略。

　　以上两种方法各有优缺点,用户可根据实际情况选用。

小结

中断是日常生活中经常遇到的现象,在我们生活中可能不希望出现中断的问题,但是对于单片机而言,中断方式却是提高 CPU 利用率的重要举措之一。在没有引入中断方式之前,CPU 在处理与相对速度较慢的外设交互任务时,绝大多数时间处于等待状态,而不是计算状态。当引入中断方式后,CPU 在外设准备数据的同时,可以进行其他的计算任务,这样将极大提高 CPU 的利用率。

本章以 STC15 单片机为例,详细介绍了单片机中断系统的基本概念和软硬件组成。概念包括:中断源,中断请求,中断优先级,中断向量,中断响应和中断服务程序等。在中断系统的硬件结构部分,本章重点讲述中断请求寄存器、中断控制寄存器的作用、位定义及其操作方法。对于中断系统的软件结构,本章细致阐述了中断响应的一般过程,以及中断服务程序的通用流程。对中断服务程序的每一步骤做了仔细的说明。在章节的最后,采用两个具体的设计实例,给出利用单片机中断系统解决具体应用问题的设计范例。其中包括单片机内部中断源的使用方法和外部中断源扩展的方式,并对两种外部中断源的扩展方案做了比较。

习题

1. 什么是中断? 列举一个日常生活中中断的实例。

2. 单片机的中断系统是什么? 简述以下概念:中断源,中断优先级,中断嵌套,中断允许状态,中断响应。

3. 外部中断 0 的中断向量为(　　)H。

4. 中断查询确认后,在以下单片机的状态中,能够响应中断的是(　　)。

    A. 正在进行高优先级中断处理

    B. 执行指令: MOV A,R0

    C. 执行指令: RETI

    D. 执行指令: DIV AB,且处于取指周期

5. STC15 单片机中断响应条件是什么?

6. 单片机如何实现两级中断嵌套?

7. 简述 STC15 系列单片机的中断响应过程。

8. STC15 单片机各中断源中断申请标志都是如何清除的?

9. STC15 单片机中断优先级是如何划分的? 高低级中断的区别是什么?

10. STC15 单片机同级中断同时发生中断申请,则 CPU 将如何响应?

11. 利用外部中断,设计一个实现单步运行程序的方法,编写有关代码。

12. STC15 单片机允许中断、INT0 为双跳变触发,INT1 为下降沿触发,在 INT0 中断服务程序中,将片内 RAM20H 单元内容加 1;在 INT1 中断服务程序中,将片内 RAM21H

单元内容加 1。主程序循环不停地判断 20H 和 21H 单元的值,若 20H 单元值大,则输出 0FFH 至 P1 口,反之输出 0 至 P1 口,试编写相关程序。

13. 综合设计。

要求利用 STC15 单片机的 P1 口和 INT1,INT0,实现 16 个外部中断源的扩展,采用外部中断源扩展方法不限。请给出详细的中断系统设计,其中包括: 系统概要设计报告,硬件原理图,软件设计报告和系统测试报告。

第 7 章

STC15 单片机定时/计数器

【学习目标】

- 熟练掌握定时/计数器的相关概念,理解定时和计数的原理;
- 掌握 STC15 单片机定时/计数器的内部结构;
- 熟记 STC15 单片机定时/计数器工作方式,寄存器、控制寄存器的功能和设置方法;
- 掌握 STC15 单片机定时/计数器的 4 种工作方式,以及单片机定时/计数器初值的计算方法;
- 实现简单的单片机定时/计数器应用系统设计,独立完成系统的软硬件设计。

【学习指导】

本章是实践性较强的章节,虽然涉及的理论较简单,但一定要掌握单片机定时/计数器的工作原理;掌握单片机定时/计数器的工作方式,及其控制方式和设定方法。在此基础之上,应加强具体应用实例的设计,从实践中加深对单片机定时/计数器工作原理的认识,加强应用单片机定时/计数器解决实际问题的能力。

定时/计数器在工业控制和日常生活中都得到了十分广泛的应用。例如,日常生活中的闹钟就是一个定时器的最好实例。另外,在工业控制领域有时需要测量脉冲序列的频率,这就要在一定的时间间隔内,对脉冲序列进行计数。将定时/计数器电路集成于单片机中,极大地加强了单片机的功能。STC15 系列单片机片内最多有 5 个 16 位、可编程、增量型定时/计数器 T0~T4,它们都可以编程设定为两种工作模式:定时模式和计数模式。如果驱动定时/计数器的时钟是单片机自身的时钟发生器,则定时/计数器处于定时模式;如果定时/计数器为外部脉冲序列驱动,则它处于计数模式。本质上讲,定时也是通过计数实现的,只是此时已知驱动定时/计数器的时钟信号周期。显然,周期乘以计数值就等于计数所花费的时间。下面将详细介绍单片机片内定时/计数器工作原理,硬件结构,有关的特殊功能寄存器中的状态字、控制字的含义、工作模式和工作方式的选择;最后给出典型的定时/计数器的应用实例。

7.1　基本概念

在介绍 STC 单片机定时/计数器组成之前,首先引入两个基本概念:定时和计数。

1. 定时

定时指准确地决定时间间隔。例如,每隔一秒扫描一次所有单片机的内存单元。其中的每隔一秒就是一种定时。目前实现定时的方法主要有以下三种。

(1) 软件定时:通过编制一段程序实现定时。其工作原理是反复执行一段有确定执行时间的程序段以达到定时的目的。其优点是无须增加额外的硬件即可实现定时功能。但是由于定时期间 CPU 将反复执行定时程序,降低了 CPU 的利用率,所以对于长时间定时的场合不适用。

(2) 硬件定时:采用时基电路实现硬件定时。利用 555 电路可以方便地实现定时功能,并且可以实现长时间定时。但是,一旦 555 电路连接成型,定时的时间间隔就被固化,不能改变。

(3) 可编程定时:采用可编程芯片实现定时。可编程定时器克服了软件定时和硬件定时存在的问题。通过软件改变定时器的初值,能够方便地实现定时间隔的修改。另外,定时器可以独立运行,因此在定时期间,将不会占有 CPU 的任何资源,提高了 CPU 的利用率。

2. 计数

计数即统计某种事物的个数。在单片机系统中,计数通常是统计脉冲的个数。现在,计数的常用方法是可编程计数器法,即通过专用的芯片(如 8253),实现对脉冲的计数。通常计数器同时也是定时器,因为如前所述,定时本质上还是利用计数实现的。STC15 单片机芯片有计数脉冲信号输入引脚,但定时/计数器工作于计数方式时,每当外部输入的脉冲发生一次负跳变,计数器加 1。

7.2　STC15 单片机定时/计数器组成

STC15 单片机片内最多有 5 个定时/计数器 T0～T4,例如 STC15W4K32S4 系列产品,但有的产品只有两个定时/计数器,例如 STC15F100W 系列产品,具体情况请见 STC15 单片机用户手册。本章以最多具有 5 个定时/计数器的 STC15W4K32S4 系列产品为例介绍,对于没有相关定时/计数器的产品,去掉相关描述即可。

如图 7.1 所示为 STC15 单片机的定时/计数器基本结构,核心结构是一个加 1 计数器,其本质是对脉冲进行加 1 计数。只是计数脉冲来源不同:如果计数脉冲来自系统时钟,则为定时方式,此时定时/计数器每 12 个系统时钟或者每 1 个系统时钟,计数值加 1;如果计数脉冲来自单片机外部引脚(T0 为 P3.4,T1 为 P3.5,T2 为 P3.1,T3 为 P0.7,T4 为 P0.5),则为计数方式,每来一个脉冲加 1。当加 1 计数加到溢出时,将置位 $\text{TF}x(x=0,1)$,并向 CPU 提出中断申请。计数脉冲的来源选择、加 1 计数的启动、加 1 计数器的计数初值等,均可以通过相关的特殊功能寄存器 SFR 用程序控制。

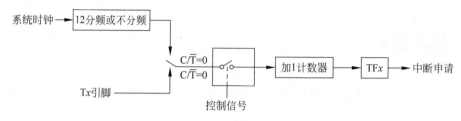

图 7.1　STC15 单片机的定时/计数器基本结构

注意,STC15 的 5 个定时/计数器的工作是不一样的。其中,T0、T1 和经典 51 单片机基本是兼容的(不是完全一样的),也具有 4 种工作方法(T1 是 3 种),并且具有加 1 计数的溢出标志 $TFx(x=0,1)$。但 T2/T3/T4 这三个定时/计数器只有一种 16 位定时计数自动重装初值的方式,且其溢出标志是用户不可见的,定时计数溢出,只能采用中断方式通知 CPU。

所有的定时/计数器都可以用程序控制是否输出一个时钟信号,输出的时钟引脚安排分别为:T0 在 P3.5,T1 在 P3.4,T2 在 P3.0,T3 在 P0.4,T4 在 P0.6,输出的时钟脉冲频率为相应的加 1 计数器的溢出率/2。例如,T0 加 1 计数器如果每秒钟溢出一万次,则 T0 控制的输出时钟脉冲为 5kHz。

以下介绍与定时/计数有关的 SFR。

7.2.1　与定时/计数器有关的特殊功能寄存器

1. 控制寄存器 TCON

在单片机中断系统章节介绍了 TCON 寄存器,其部分位用于存储中断源的中断标志位和设定外部中断源的触发方式,还有两位用于控制 T/C 的启动和停止。TCON 位定义见表 7.1。

表 7.1　TCON 的位定义

位	D7	D6	D5	D4	D3	D2	D1	D0	字节地址
位符号	TF1	TR1	TF0	TR0	IE1	IT1	IE0	IT0	88H
位地址	8FH	8EH	8DH	8CH	8BH	8AH	89H	88H	

因为有些位与 T/C 无关,不再介绍,详细内容见第 6 章。在此只列出与 T/C 相关的位定义及功能。

(1) TF0、TF1:T0、T1 计数溢出标志位。当计数器计数溢出时,该位置 1。使用查询方式时,此位作为状态位供 CPU 查询,但应注意在查询该位有效后,应该用软件方法对其清零。使用中断方式时,此位作为中断申请标志位,若 T0、T1 允许中断,将进入中断服务程序,进入中断服务程序后由硬件自动对该位清零。

(2) TR0、TR1:T0、T1 加 1 计数启动控制位。当 TR0、TR1 清零时,T0、T1 定时/计数器停止加 1 计数;置 1 时,与 GATE 位的状态一起,启动 T0、T1 的加 1 计数。

2. 工作方式寄存器 TMOD

STC 单片机内部 T0、T1 有两种工作模式——定时模式和计数模式,以及 4 种工作方式——方式 0～方式 3。T0、T1 工作模式和工作方式由 TMOD 寄存器设定。TMOD 的字节地址为 89H,不能进行位寻址。因此,改写 TMOD 内容只能通过字节操作,而不能进行位操作。TMOD 地址及位定义见表 7.2。

表 7.2　TMOD 的位定义

位	D7	D6	D5	D4	D3	D2	D1	D0	字节地址
位符号	GATE	C/$\overline{\text{T}}$	M1	M0	GATE	C/$\overline{\text{T}}$	M1	M0	89H

由表 7.2 可知,8 位 TMOD 寄存器实际被分为两组,高 4 位控制 T1,低 4 位控制 T0。高 4 位和低 4 位的位定义内容相同,只是控制对象不同。在此以高 4 位为例,介绍 TMOD 的位功能定义。

(1) GATE:门控制位。当 GATE 清零时,T1 的运行由控制位 TR1 决定。即:TR1=1 时,则启动 T1;当 GATE 置 1 时,由 TR1 和外中断引脚共同来启动定时/计数器运行。即:TR1=1 且 INT1=1 时,启动 T1;对于 T0,则是 TR0=1 且 INT0=1 时,启动 T0。

(2) M1、M0:工作方式选择位。M1、M0 共有 4 种编码,对应于 4 种工作方式,如表 7.3 所示。

表 7.3　工作方式对照表

M1	M0	工　作　方　式
0	0	方式 0,为 16 位自动重装定时器,当溢出时将 RL_TH1 和 RL_TL1 存放的值自动重装入 TH1 和 TL1 中
0	1	方式 1,16 位不可重装载模式,TL1、TH1 全用
1	0	方式 2,8 位初值自动重新装入的 8 位定时/计数器,当溢出时将 TH1 存放的值自动重装入 TL1
1	1	方式 3,对于 T0,为不可屏蔽中断的 16 位自动重装定时器,对于 T1,停止计数

注意,T2、T3、T4 这三个定时/计数器只有一种工作方式,即 16 位自动重载的定时或计数方式,而且,它们也没有溢出标志位,因此也不能采用查询方式工作。

(3) C/$\overline{\text{T}}$:工作模式选择位。当 C/$\overline{\text{T}}$=0 时,为定时器模式;当 C/$\overline{\text{T}}$ 置 1 时,为计数器模式。

3. 辅助寄存器 AUXR

AUXR 寄存器地址为 8EH,它用于控制定时/计数器的脉冲频率,以及定时/计数器 T2 的相关工作方式设定,寄存器中与定时/计数器相关的位定义见表 7.4。

表 7.4　AUXR 的位定义

位	D7	D6	D5	D4	D3	D2	D1	D0	字节地址
位定义	T0x12	T1x12	*	T2R	T2_C/$\overline{\text{T}}$	T2x12	*	*	8EH

其中:

(1) T0x12:T0 速度控制位。当该位为 0 时,T0 定时方式时的计数脉冲是单片机系统时钟的 12 分频;当该位为 1 时,T0 定时方式时的计数脉冲是单片机系统时钟。

(2) T1x12：T1 速度控制位。当该位为 0 时，T1 定时方式时的计数脉冲是单片机时钟的 12 分频；当该位为 1 时，T1 定时方式时的计数脉冲是单片机系统时钟。

(3) T2R：T2 允许控制位。当该位为 0 时，禁用 T2；当该位为 1 时，允许 T2 运行。

(4) T2_C/$\overline{\text{T}}$：T2 模式设置位。当该位为 0 时，运行在定时器模式；当该位为 1 时，运行在计数器模式。

(5) T2x12：T2 速度控制位。当该位为 0 时，T2 定时方式时的计数脉冲是单片机系统时钟的 12 分频；当该位为 1 时，T2 定时方式时的计数脉冲是单片机系统时钟。

4. 控制寄存器 T4T3M

寄存器 T4T3M 用于控制定时/计数器 T3、T4 的工作模式，该寄存器的地址为 D1H。与定时器相关的位定义见表 7.5。

表 7.5　T4T3M 的位定义

位	D7	D6	D5	D4	D3	D2	D1	D0	字节地址
位定义	T4R	T4_C/$\overline{\text{T}}$	T4x12	T4CLKO	T3R	T3_C/$\overline{\text{T}}$	T3x12	T3CLKO	8EH

其中：

(1) T4R：T4 允许控制位。该位为 0 时，禁用 T4；当该位为 1 时，允许 T4 运行。

(2) T4_C/$\overline{\text{T}}$：T4 模式设置位。当该位为 0 时，运行在定时器模式；当该位为 1 时，运行在计数器模式。

(3) T4x12：T4 速度控制位。当该位为 0 时，T4 定时方式时的计数脉冲是单片机系统时钟的 12 分频；当该位为 1 时，T4 定时方式时的计数脉冲是单片机系统时钟。

(4) T4CLKO：将 P0.6 引脚设置为 T4 的时钟输出允许控制位。当该位为 1 时，允许 P0.6 作为 T4 的时钟输出 T4CLKO，输出时钟频率为 T4 溢出率/2。当该位为 0 时，不允许 P0.6 作为 T4 的时钟输出。

(5) T3R：T3 允许控制位。当该位为 0 时，禁用 T3；当该位为 1 时，允许 T3 运行。

(6) T3_C/$\overline{\text{T}}$：T3 模式设置位。当该位为 0 时，运行在定时器模式；当该位为 1 时，运行在计数器模式。

(7) T3x12：T3 速度控制位。当该位为 0 时，T3 定时方式时的计数脉冲是单片机系统时钟的 12 分频；当该位为 1 时，T3 计数脉冲是单片机系统时钟。

(8) T3CLKO：将 P0.4 引脚设置为 T3 的时钟输出允许控制位。当该位为 1 时，允许 P0.4 作为 T3 的时钟输出 T3CLKO，输出时钟频率为 T3 溢出率/2。当该位为 0 时，不允许 P0.4 作为 T3 的时钟输出。

5. T0，T1 和 T2 的时钟输出寄存器和外部中断允许 INT_CLKO（AUXR2）

INT_CLKO（AUXR2）各位定义见表 7.6。

表 7.6　INT_CLKO（AUXR2）各位定义

位	D7	D6	D5	D4	D3	D2	D1	D0	字节地址
位定义	—	EX4	EX3	EX2	MCKO_S2	T2CLKO	T1CLKO	T0CLKO	8FH

（1）T0CLKO：是否允许将 P3.5/T1 脚配置为定时器 0（T0）的时钟输出 T0CLKO，为 1 允许 P3.5 脚时钟输出，输出时钟频率＝T0 溢出率/2；为 0 不允许时钟输出。

（2）T1CLKO：是否允许将 P3.4/T0 脚配置为定时器 1（T1）的时钟输出 T1CLKO，为 1 允许 P3.4 脚时钟输出，输出时钟频率＝T1 溢出率/2；为 0 不允许时钟输出。

（3）T20CLKO：是否允许将 P3.0 脚配置为定时器 2（T2）的时钟输出 T2CLKO，为 1 允许 P3.0 脚时钟输出，输出时钟频率＝T2 溢出率/2；为 0 不允许时钟输出。

其他位为中断有关的控制位，请见 6.2.3 节。

在需要 T0～T4 输出时钟时，为了得到频率稳定的输出时钟，应该将相应定时/计数器设置为自动重载的定时方式，为简单起见，也建议不要允许中断，以免相关定时/计数器反复进入不必要的中断。

此外，与定时/计数器 T0～T4 有关的特殊功能寄存器还有相关的中断允许和优先级寄存器：IE、IE2、IP，这些寄存器在 6.2.3 节中已有论述。加 1 计数器值的寄存器见 7.2.2 节。

7.2.2　加 1 计数值寄存器

STC15 系列单片机为 5 个定时/计数器设置了 5 组计数寄存器，保存当前的加 1 计数值。每组寄存器又由两个 8 位的寄存器组成，分别为 TH 和 TL。TH 代表计算值的高 8 位，TL 代表计算值的低 8 位。例如，对于 T0，其高 8 位和低 8 位分别记为 TH0、TL0，它们的字节地址分别为 8CH、8AH。加 1 计数寄存器用于存储计算初值和加 1 计数的当前值。这些寄存器字节地址对照见表 7.7。

表 7.7　计数值寄存器地址对照

寄存器符号	字 节 地 址	寄存器符号	字 节 地 址
TH0	8CH	T2L	D7H
TL0	8AH	T3H	D4H
TH1	8DH	T3L	D5H
TL1	8BH	T4H	D2H
T2H	D6H	T4L	D3H

此外，T1 和 T0 各有两个隐藏的寄存器 RL_THx 和 RL_TLx（$x=0,1$，代表两个定时/计数器，下同）。RL_THx 与 THx 共有同一个地址，RL_TLx 与 TLx 共有同一个地址。当 TR$x=0$ 即 Tx 未启动时，对 TLx 写入的内容会同时写入 RL_TLx，对 THx 写入的内容也会同时写入 RL_THx。当 TR$x=1$ 即 Tx 被允许工作时，对 TLx 写入内容，实际上不是写入当前寄存器 TLx 中，而是写入隐藏的寄存器 RL_TLx 中；对 THx 写入内容，实际上也不是写入当前寄存器 THx 中，而是写入隐藏的寄存器 RL_THx。这样可以巧妙地实现 16 位重装载定时器。当读 THx 和 TLx 的内容时，所读的内容就是 THx 和 TLx 的内容，而不是 RL_THx 和 RL_TLx 的内容。

对于 T2、T3、T4 这三个定时/计数器，它们也都具有隐藏的寄存器 RL_THx 和 RL_TLx（$x=2～4$），和 TxH 及 TxL 的对应关系也一样，对应的操作也一样。

7.3　定时/计数器工作方式

STC 单片机定时/计数器有两种工作模式——定时模式和计数模式。不同定时/计数器工作方式数量不同,T0 工作方式数量最多,有 4 种工作方式。T2、T3、T4 只有一种工作方式,即 16 位自动重载的定时方式与计数方式。另外,定时/计数器都是增量型计数器,即:当计数脉冲到达时,计数寄存器的数值将加 1。

7.3.1　T0、T1 的工作方式 0

TMOD 寄存器的 M1、M0 位为 00B 时,T0 或 T1 被设置为工作方式 0,以 T0 为例,方式 0 工作原理见图 7.2。

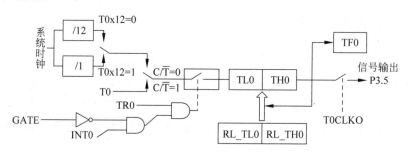

图 7.2　定时/计数器方式 0 逻辑电路

由图 7.2 可知,T0 工作在方式 0 时为 16 位的自动重载初值计数器,计数初值低 8 位保存在 RL_TL0 和 TL0,高 8 位保存在 RL_TH0 和 TH0;当前值在 TL0(低 8 位)、TH0(高 8 位)中,计数溢出值为 2^{16}。整个计数过程为:每一个计数脉冲都使加 1 计数器加 1,TL0 低 8 位加 1 溢出则向 TH0 进位,TH0 计数加 1 溢出则置位溢出标志位 TF0,同时计数初值从 RL_TL0 和 RL_TH0 重新载入 TL0 和 TH0。TF0 置 1 后,T0 将向 CPU 提出中断申请,若 T0 的中断是允许的,并满足响应条件,则系统执行流程会进入 T0 的中断服务程序。此时,TF0 会被硬件自动清零。软件也可以采用查询 TF0 状态的方式工作,此时,需要使用软件手工将 TF0 清零。

当 TMOD 寄存器 C/$\overline{\text{T}}$ 位清零时,T0 为定时器工作模式,加 1 计数脉冲来自于图中上方的系统时钟或系统时钟的 12 分频。当 AUXR 寄存器 T0x12 位为 0 时,以单片机系统时钟的 12 分频后的信号作为计数信号(简称 12T 模式);当 T0x12 位为 1 时,计数信号就是系统时钟(简称 1T 模式)。当 TMOD 寄存器 C/$\overline{\text{T}}$ 位置 1 时,T0 为计数器工作模式,计数脉冲为 T0 引脚上的外部输入脉冲,当引脚上发生负跳变时,计数器加 1。

TMOD 寄存器 GATE 位的状态决定 T0 运转控制方法。当 GATE 清零时,T0 启动与否完全由 TR0 决定。TR0=1 则启动 T0;当 GATE 置 1 时,T0 启动由 TR0 和 INT0 信号共同决定。只有当 TR0 和 INT0 同时为高电平时,T0 才能启动。

此外,T0 还可以作为信号源在引脚 P3.5 上输出脉冲信号。其输出脉冲频率为 T0 溢出率/2。

由此可得,T0 工作在 1T 模式(AUXR.7/T0x12＝1)和 12T(AUXR.7/T0x12＝0)时的溢出率(即每秒溢出次数)计算公式为:

$$1T 溢出率 ＝ (SYSclk)/(65\ 536 － [RL\_TH0, RL\_TL0])$$

$$12T 溢出率 ＝ (SYSclk)/12/(65\ 536 － [RL\_TH0, RL\_TL0])$$

其中,[RL_TH0,RL_TL0]为寄存器 RL_TH0 和 RL_TL0 构成的 16 位二进制数的数值。

定时/计数器的定时时间,即定时多长时间时加 1 计数器溢出,应该为溢出率的倒数。而 P3.5 输出的脉冲时钟频率,等于溢出率/2。

如果 $C/\overline{T}＝1$,定时/计数器 T0 是对外部脉冲输入(P3.4/T0)计数,则:

$$输出时钟频率 ＝ (T0\_Pin\_CLK)/(65\ 536 － [RL\_TH0, RL\_TL0])/2$$

其中,T0_Pin_CLK 为 T0 引脚上输入的计数脉冲频率。

由此计算得到的定时与计数初始值,又称为定时时间常数。根据定时时间长短或溢出率的要求,很容易从上面的式子中求出定时时间常数。

7.3.2　T0、T1 的工作方式 1

当 TMOD 寄存器的 M1、M0 位为 01B 时,T0、T1 定义位工作方式 1,即 16 位不可重载的定时/计数器。以 T0 为例工作方式 1 的工作原理如图 7.3 所示。

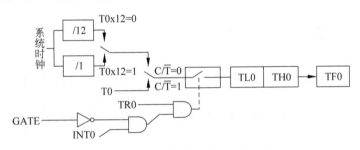

图 7.3　定时/计数器方式 1 逻辑电路

由图 7.3 可知,定时/计数器工作方式 1 的计数寄存器由高 8 位 TH0 和低 8 位 TL0 构成,共 16 位。工作方式 1 最大计数值为 2^{16}。在此工作方式下,除了计数溢出后,不会发生将 RL_TL0 和 RL_TH0 重新载入 TL0 和 TH0 的操作外,其他都与方式 0 相同(包括溢出率与定时时间常数的计算方法)。在方式 1 下,一旦计数器溢出,如果要继续工作需要软件重写计数初值,否则,计数器会从计数初值 0 开始进行加 1 计数。另外,方式 1 不能作为信号源输出脉冲信号。

7.3.3　T0、T1 的工作方式 2

当 TMOD 寄存器的 M1、M0 位为 10B 时,T0、T1 处于工作方式 2。方式 2 为 8 位自动重载计数初值的工作方式,其与方式 0 的区别,仅在于其为 8 位计数。以 T0 为例方式 2 工作原理如图 7.4 所示。

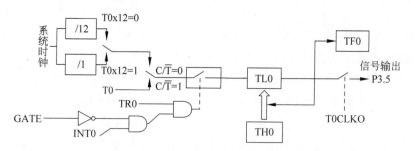

图 7.4　定时/计数器方式 2 逻辑电路

T0 的工作方式 2 是自动重载的 8 位计数器。其中，TH0 作为初值缓冲器，TL0 用于存储计数值。当 TL0 计数产生溢出时，单片机对溢出标志 TF0 置 1 的同时，还将实现 TH0 中的初值送至 TL0 的过程，使 TL0 恢复原始初值，重新开始计数。

同样，可以得到此种方式下的溢出率、定时时间、输出脉冲频率等计算公式如下。

$$1T\ 溢出率 = (SYSclk)/(256 - TH0)$$

$$12T\ 溢出率 = (SYSclk)/12/(256 - TH0)$$

定时/计数器的定时时间为溢出率的倒数。而 P3.5 输出的脉冲时钟频率，等于溢出率/2。

如果 $C/\overline{T} = 1$，定时/计数器 T0 是对外部脉冲输入(P3.4/T0)计数，则：

输出时钟频率 $= (T0\_Pin\_CLK)/(256 - TH0)/2$，其中，T0_Pin_CLK 为 T0 引脚上输入的计数脉冲频率。

7.3.4　T0 的工作方式 3

工作方式 3 只能对 T0 设置，对 T1，设在模式 3 时，它停止计数，效果与将 TR1 设置为 0 相同。

T0 工作方式 3 是不可屏蔽 16 位自动重载方式。方式 3 工作原理如图 7.5 所示。

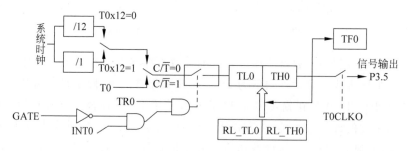

图 7.5　定时/计数器方式 3 逻辑电路

由图 7.5 可知，方式 3 和方式 0 结构相似，包括溢出率和定时时间常数计算均一样，区别在于 T0 工作于方式 3 时，只需允许 ET0/IE.1(定时/计数器 0 中断允许位)，不需要允许 EA/IE.7(总中断使能位)，就能打开定时/计数器 0 的中断，此模式下的定时/计数器 0 中断与总中断使能位 EA 无关；一旦工作在模式 3 下的 T0 中断被打开(ET0＝1)，那么该中断是不可屏蔽的，该中断的优先级是最高的，即该中断不能被任何中断所打断，而且该中断打开后既不受 EA/IE.7 控制也不再受 ET0 控制，当 EA＝0 或 ET0＝0 时都不能屏蔽此中断，故将此模式称为不可屏蔽中断的 16 位自动重装载模式。

STC 单片机其他定时/计数器工作方式比 T0 少,T1 具有工作方式 0、1、2,这些工作方式的工作原理和 T0 的对应方式相同,区别在于控制位和输出引脚不同。如 T1 控制对外部信号计数还是内部时钟计数的位是 TMOD 寄存器的 D6,而 T0 是 D2。

定时/计数器 T2、T3、T4 都只具备一种工作方式,即类似于方式 0 的自动重载定时与计数方式,只是它们没有溢出标志位可供查询使用,当加 1 计数溢出时,CPU 只能通过中断方式感知。此外,它们的加 1 计数,仅受 TxR 控制($x=2,3,4$),无所谓 GATE 控制。以 T2 为例,其工作原理如图 7.6 所示。

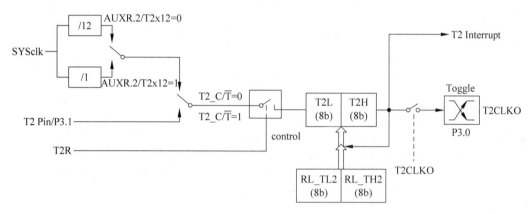

图 7.6　T2 的工作原理图

定时/计数器 T2、T3、T4 的溢出率和定时时间常数的计算均和 T0 方式 0 一致。

7.4　定时/计数器应用实例

定时/计数器是单片机重要的组成部分,有着广泛的应用。以下部分将结合具体的应用实例,详细讲述定时/计数器的使用方法,并给出相应的软硬件设计。

7.4.1　方式 0 应用

【例 7.1】　请利用定时器 T0 在 P1.0 上输出一个周期为 2ms 的方波,占空比为 1:1。

解: 利用 T0 每隔 1ms 产生一次中断。在中断服务程序中对 P1.0 取反即可实现题设要求。由于涉及定时器初值计算,以及主程序、中断程序的设计,因此分步完成。

(1) 计算初值。假设单片机系统时钟频率采用 6MHz 晶振。T0 工作于方式 0 的 12T 方式。计数脉冲周期=12/系统时钟频率=$12/(6\times10^6)=2\mu s$。

设:需要装入 T0 的初值为 X,则

$$(2^{16}-X)\times2\times10^{-6}=1\times10^{-3}$$

即

$$2^{16}-X=500$$

所以

$$X = 65\,036 \qquad X = \text{FE0CH}$$

将初值填入 TH0 和 TL0 中。所以：TH0＝♯0FEH   TL0＝♯0CH。

（2）初始化。初始化程序包括定时器初始化和中断系统初始化。主要是对 IP、IE、TCON、TMOD 的相应位进行正确的设置，并将计数初值送入定时器中。

（3）程序设计。中断服务程序完成产生方波任务，即将引脚 P1.0 的状态取反即可。注意，方式 0 是一种自动重载定时时间常数的方式，因此，在启动以后，不需要再设置 TH0 和 TL0，T0 会一直自动地按 1ms 一次产生中断申请。主程序可以完成任何其他工作，一般情况下常常是键盘程序和显示程序。在本例中，由于没有要求，用一条转至自身的短跳转指令来代替主程序。

按上述要求所设计的程序如下（假设相关寄存器名称及地址都已定义）。

```
        ORG    0000H
RESET:  AJMP   MAIN            ; 转主程序
        ORG    000BH           ; T0 的中断入口
        AJMP   TIMER0          ; 转 T0 中断处理程序 ITOP
        ORG    0100H
MAIN:   MOV    SP,♯60H         ; 设堆栈指针
        MOV    TMOD,♯0         ; T0 工作于方式 0 定时
        ANL    AUXR,♯7FH       ; 置 T0x12＝0,T0 定时脉冲源为 12T 系统时钟
        MOV    TL0,♯0CH        ; T0 初始化程序,T0 置初值
        MOV    TH0,♯0FEH
        SETB   TR0             ; 启动 T0
        SETB   ET0             ; 允许 T0 中断
        SETB   EA              ; CPU 开放中断
HERE:   AJMP   HERE            ; 自身跳转,模拟主程序
TIMER0: CPL    P1.0            ; P1.0 取反
        RETI
```

7.4.2　方式 2 应用

【例 7.2】　设计一个方波发生器，其周期为 1ms，且可以通过外部下跳沿信号控制该仪器的工作与停止，仪器输出波形如图 7.7 所示。

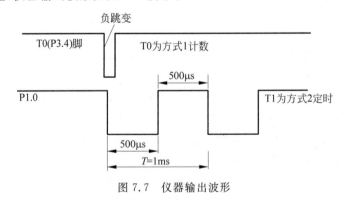

图 7.7　仪器输出波形

解：将 T0 作为波形发生器的输入控制信号。T1 用于产生周期性中断，在每次中断中通过对 P1.0 取反实现波形产生。T0 定义为方式 1 计数器模式，T0 初值为♯0FFFFH，即

外部计数输入端 T0 发生一次负跳变时,计数器 T0 加 1 且溢出标志 TF0 置 1,向 CPU 发出中断请求。T1 定义为方式 2 定时器模式。在 T0 引脚产生一次负跳变后,启动 T1 每 $500\mu s$ 产生一次中断,在中断服务程序中对 P1.0 求反,使 P1.0 产生周期 1ms 的方波。设计实现步骤如下。

(1) 计算 T1 的初值。假设晶振频率为 6MHz,同样工作于 12T 模式。加 1 计数脉冲周期为 $2\mu s$(见上例)。T0 工作于方式 1,T1 工作于方式 2。

因为 T0 在每次脉冲下跳沿产生中断,所以 T0 初值为:$X=\#0FFFFH$。

设 T1 的初值为 X,则

$$(2^8-X)\times 2\times 10^{-6}=5\times 10^{-4}$$
$$X=2^8-250=6$$

所以

$$X=06H$$

(2) 程序设计:

```
        ORG     0000H
RESET:  AJMP    MAIN            ; 复位入口转主程序
        ORG     000BH
        AJMP    TIMER0          ; 转 T0 中断服务程序
        ORG     001BH
        AJMP    TIMER1          ; 转 T1 中断服务程序
        ORG     0100H
MAIN:   MOV     SP,#60H         ; 主程序入口,设堆栈指针
        MOV     TMOD,#26H       ; 对 T1,T0 初始化,T1 为方式 2 定时模式,T0 为方式 1 计数
                                ; 模式
        ANL     AUXR,#3FH       ; 设置 T0x12、T1x12=00,采用 12T 模式
        MOV     TL0,#0FFH       ; T0 置初值
        MOV     TH0,#0FFH
        SETB    TR0             ; 启动 T0
        SETB    ET0             ; 允许 T0 中断
        MOV     TL1,#06H        ; T1 置初值
        MOV     TH1,#06H
        CLR     F0              ; 把 T0 已发生中断的标志 F0 清零
        SETB    EA              ; CPU 开放中断
LOOP:   JNB     F0,$            ; T0 产生过中断了吗?如果没有产生过中断,则等待 T0 中断
        SETB    TR1             ; 产生过 T0 中断,启动 T1
        SETB    ET1             ; 允许 T1 中断
        AJMP    HERE            ; 原地循环
TIMER0: CLR     TR0             ; T0 中断服务程序,停止 T0 计数
        SETB    F0              ; 建立 T0 产生中断标志,即 P1.1=1
        RETI
TIMER1: CPL     P1.0            ; T1 中断服务程序,P1.0 位取反
        RETI
```

【例 7.3】 设计一个简单的彩灯控制系统,要求利用外部的脉冲序列控制彩灯的闪烁。每 100 个脉冲实现一次彩灯的状态转换(即,当 100 个脉冲到达时,彩灯点亮,下 100 个脉冲到达时,彩灯熄灭)。

解: 设计思路为:外部脉冲信号由 T1(P3.5)引脚输入,每发生一次负跳变计数器加 1,每输入 100 个脉冲后,计数器产生溢出中断,在中断服务程序中将 P1.0 取反一次。利用

P1.0 驱动彩灯。将 T1 设置为工作在方式 2,计数模式。不使用 T0 时,TMOD 的低 4 位可任取,这里取全 0。

(1) 计算 T1 的初值:

$$X = 2^8 - 100 = 156 = \#9CH$$

所以

$$TL1 = TH1 = \#9CH$$

(2) 程序设计:

```
        ORG     0000H
        LJMP    MAIN
        ORG     001BH                ; T1 的中断入口
        LJMP    TIMER1
        ORG     0100H
MAIN:   MOV     TMOD,#60H            ; 设置 T1 为方式 2 计数
        MOV     TL1,#9CH             ; T0 置初值
        MOV     TH1,#9CH
        SETB    ET1                  ; 允许 T1 中断
        SETB    EA                   ; CPU 开放中断
        SETB    TR1                  ; 启动 T1 计数
HERE:   AJMP    HERE                 ; 原地跳转
TIMER1: CPL     P1.0                 ; P1.0 位取反
        RETI
```

7.4.3 GATE 位应用

【例 7.4】 设计能够精确测量脉冲系列周期的检测仪器。

解:设计思路:由 TMOD 寄存器的位定义可知,当 GATE 位置 1 时,定时/计数器 1 的启动控制是 TR1 与 INT1 的逻辑组合。所以,假设采用 T1,则可以将 GATE1 位置 1,脉冲信号由 INT1 输入,即可实现对脉冲序列周期的测量。所得结果为 12 倍系统时钟周期的次数,其方法如图 7.8 所示。

图 7.8 测量脉冲宽度原理

(1) 初始化。因为采用 T1,且 GATE 置 1,工作方式为 1,工作模式为定时模式。TH1 和 TL1 全部初始化为 0。T0 的相对位全部清零。所以,TMOD=#90H,TH1=TL1=#00H。

(2) 程序设计:

```
        ORG     0000H
        AJMP    MAIN                 ; 复位入口转主程序
        ORG     0400H
```

```
MAIN:     MOV     SP,#60H           ; 主程序入口,设堆栈指针
          MOV     TMOD,#90H         ; 设 T1 为方式 1,定时模式,GATE = 1
          MOV     TL1,#00H
          MOV     TH1,#00H
          ANL     AUXR,#0BFH        ; 置 T1x12 = 0,T0 定时脉冲源为 12T 系统时钟
          MOV     R0,#10H           ; 存放计时值的单元
LOOP:     JB      P3.3,LOOP         ; 等待 P3.3 为低
          SETB    TR1               ; 如果为低,启动 T1
LOOP1:    JNB     P3.3,LOOP1        ; 等待 P3.3 升高,如为高,则 T1 开始以系统时钟 12 分频
                                    ; 为单位计时
LOOP2:    JB      P3.3,LOOP2        ; 等待 P3.3 降低,如为低,则停止计时
          CLR     TR1               ; 停止 T1 计数
          MOV     @R0,TL1           ; 计数值保存
          INC     R0
          MOV     @R0,TH1
```

7.4.4　时钟设计

【例 7.5】　设系统时钟为 6MHz,设计一个日常生活中的电子表。

解:设计思路:若使用定时器的 16 位定时方式,当系统频率为 6MHz 且采用 12T 计数模式时,最大的定时时间约为 $65\,536 \times 2\mu s = 131ms$。为此,可把定时器的定时时间设为 100ms,则计数器溢出 10 次即得到时钟的最小计时单位——秒,而计数 10 次可用软件的方法实现。再通过秒与分的换算,分与小时的换算即可实现电子表的设计。

(1) 计数初值。假设使用定时器的方式 1 进行 100ms 的定时。如果单片机的晶振频率为 6MHz 且采用 12T 计数模式,为得到 100ms 的定时,设计数初值为 X,则:

$$(2^{16} - X) \times 2 \times 10^{-6} = 10^{-1}$$

所以:

$$X = 15\,536 = 3CB0H$$

(2) 秒、分、时计时的实现。秒计时是采用中断方式进行溢出次数的累计,计满 10 次,即得到秒计时,并设置 1s 到标志,这是在中断服务程序中实现的。从秒到分,分到小时是通过软件累加在主程序中实现的,具体维护方法是:每满 1s,则"秒"单元 12H 中的内容加 1;"秒"单元满 60,则"分"单元 11H 中的内容加 1;"分"单元满 60,则"时"单元 10H 中的内容加 1;"时"单元满 24,则将 12H、11H、10H 的内容全部清零。

(3) 程序设计。

① 主程序的设计。主程序的主要功能是进行定时器 T0 的初始化,并启动 T0。然后判断 1s 是否到来,到来后即进行日时钟的维护。主程序的流程如图 7.9 所示。

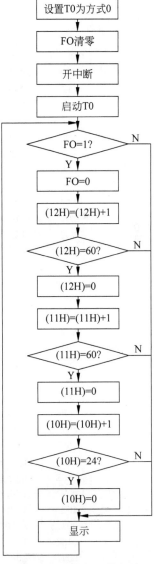

图 7.9　时钟主程序流程

② 中断服务程序的设计。中断服务程序的主要功能是实现秒、分、时的计时处理。中断服务程序的流程如图 7.10 所示。

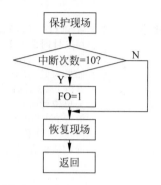

图 7.10 中断服务程序的流程

程序如下。

```
            ORG     0000H
            AJMP    MAIN              ; 上电,跳向主程序
            ORG     000BH             ; T0 的中断入口
            AJMP    TIMER0            ; 跳 T0 的中断服务入口
            ORG     0100H
MAIN:       MOV     TMOD,#0           ; 设 T0 为方式 0 定时
            ANL     AUXR,#7FH         ; 设置 T0x12 = 0,采用 12T 模式
            MOV     20H,#0AH          ; 中断次数计数为 20H 单元
            CLR     A                 ; A 清零
            MOV     10H,A             ; "时"单元清零
            MOV     11H,A             ; "分"单元清零
            MOV     12H,A             ; "秒"单元清零
            CLR     F0                ; "1s 到"标志清零
            SETB    ET0               ; 允许 T0 申请中断
            SETB    EA                ; CPU 开中断
            MOV     TH0,#3CH          ; 给 T0 装入计数初值
            MOV     TL0,#0B0H
            SETB    TR0               ; 启动 T0
HERE:       JNB     F0,G1             ; 1s 未到,转移
            CLR     F0
            INC     12H               ; "秒"单元增 1
            MOV     A,12H
            CJNE    A,#60,G1          ; 是否到 60s,未到则返回
            MOV     12H,#00H          ; 计满 60s,"秒"单元清零
            INC     11H               ; "分"单元增 1
            MOV     A,11H             ; "分"的 BCD 码存回"分"单元
            CJNE    A,#60,G1          ; 是否到 60min,未到则返回
            MOV     11H,#0            ; 计满 60min,"分"单元清零
            INC     10H               ; "时"单元增 1
            MOV     A,10H             ;
            CJNE    A,#24,G1          ; 是否到 24h,未到则返回
            MOV     10H,#00H          ; "时"单元清零
G1:         LCALL   DISPLAY           ; 显示时分秒
```

```
        SJMP    HERE                    ; 等待下一次中断
TIMER0: PUSH    PSW                     ; T0中断服务程序入口,保护现场
        DJNZ    20H,G2                  ; 1s未到,返回
        MOV     20H,#0AH                ; 1s时间到,重置中断次数
        SETB    F0                      ; 设置1s到的标志 F0
G2:     POP     PSW
        RETI                            ; 中断返回
        END
```

小结

在工业控制中,定时和计数都有着广泛的应用。现在,有许多种方法可以实现定时与计数功能。将定时与计数电路集成于单片机中,扩展了单片机的功能,拓宽了单片机应用范围,简化了系统设计方案。本质上讲,定时和计数有着相同的原理——计数,唯一的区别在于定时模式计数的脉冲已知其周期,通常来自单片机的内部时钟电路;而计数模式的脉冲不知其周期,通常来自于外部信号源。STC15 系列单片机内部最多有 5 个定时/计数器。它们都可以通过软件设定两种工作模式——定时模式和计数模式。学习者应该搞清各定时/计数器的工作方式,搞清定时时间常数的计算方法,会进行初始化编程,会采用中断或查询方法和定时/计数器工作。STC15 系列单片机的定时/计数器可以作为信号源,输出脉冲信号。另外,定时/计数器除了用于定时或计数外,对单片机而言,它们还用于串行口的波特率发生器。

习题

1. 简述定时器的工作原理。

2. 若采用 6MHz 的系统时钟,定时/计数器 T1 工作在 0、1、2 方式下,则它们最大的定时时间分别为多少?

3. 什么叫自动重载定时方式? 定时/计数器 T0 在方式 0、方式 2 下是如何实现将时间常数自动重载的?

4. 简述定时/计数器 T1 的定时和计数方式的区别与联系。

5. 如果 TMOD=A6H,则 T0 和 T1 分别处于何种工作方式?

6. 如何计算定时/计数器各工作方式下的溢出率、定时时间常数?

7. 因为一个定时器所能够设定的最大时间有限(有计算寄存器的位数决定),假设一个定时器最大的定时时间为: $T_{max}=n\mu s$。如何充分利用单片机的内部资源,以实现大于 $n\mu s$ 定时? 给出设计方案,并说明工作原理。

8. 编程实现从单片机 P1.0 输出 60Hz 的方波。其中,系统时钟频率为 6MHz,采用 T1 作为定时器(工作方式自选),T1 溢出时用中断方式处理。

9. 采用查询方式,在 P1.0 引脚上输出占空比为 1:2,频率为 1kHz 的方波。设系统时

钟频率为 12MHz。

10. 利用定时/计数器的脉冲输出功能,请在引脚 P3.5/T0CLKO 上输出 10kHz 脉冲信号。设系统时钟频率为 12MHz。

11. 利用单片机的定时/计数器,实现一个日历时钟,可计时 **** 年 ** 月 ** 日 ** 时 ** 分 ** 秒,请设计相关程序。

12. 综合设计。

要求利用 STC15 系列单片机控制航标灯闪烁,发布信号。具体实现如下功能。

(1) 夜间航道正常信号,航标灯亮 3s,灭 1s 闪烁;

(2) 夜间航道异常信号,航标灯亮 1s,灭 1s 闪烁。

根据功能要求,给出模拟系统的详细设计报告:系统概要设计报告,系统硬件原理图,软件设计和测试报告。

第 8 章

STC15 单片机串行口

【学习目标】

- 理解单片机串行口通信的相关概念,及理论基础知识;
- 熟悉 STC15 单片机串行口硬件结构;
- 掌握单片机串行口两个相关控制寄存器功能及设置方法;
- 掌握单片机串行口 4 种工作方式和 3 种通信模式;
- 设计简单的单片机串口通信应用系统,并独立完成系统的软硬件设计。

【学习指导】

本章是应用性很强的章节,理论部分涉及简单的通信理论知识,基于已有的通信系统的知识,理论部分比较容易掌握。因此本章学习的重点应放在串行口通信的应用设计上。在学习的过程中要注重对单片机串行口结构的理解,掌握单片机串行口的工作方式及设置方法,熟悉单片机串行口的通信模式,以此作为串行口通信应用设计的基础,实现单片机串行口通信的应用设计与开发。在本章的学习过程中应注重多动手,将理论应用于实践之中,在实践中加深对理论的理解。

在单片机的各种组成部件中,串行口扮演着重要的角色,正是因为引入了串行口,才使得单片机与外界的联系变得更为灵活而简单。串行口是单片机与外设通信的渠道之一,是相对于并行口而言的另一种通信方式。单片机通过串行口实现与外设的串行通信。串行通信是数据按顺序一位接一位传送的通信方式。相比并行通信,串行通信有其特有的优势。第一,实现串行通信的连接线少;第二,通过一定的辅助设备,串行通信很方便实现长距离通信。由于串行通信存在诸多优点,在数据通信中有广泛的应用。为扩展单片机的功能,STC15 系列单片机内部集成 4 个全双工、异步串行通信口。串行口有 4 种工作方式,3 种通信模式。具体工作方式和通信模式可以由串行口控制寄存器设定,操作方便,易于应用于需要进行串行数据传送的场合。

8.1　基础知识

在介绍单片机串行口具体内容之前,首先简要介绍有关数据通信的基本概念。其中主要包括:串行通信,并行通信和波特率。

1. 串行通信

在数据通信中,主要有两种通信方式——串行通信和并行通信。串行通信是指数据通过一根数据线一位一位传输的通信方式。并行通信是指数据通过多根数据线一次同时传输多位的通信方式。与并行通信相比,串行通信方式具有传输线少、传输距离长等优点,因此在数据通信领域得以广泛应用。例如,现在通过 Internet 从服务器端下载数据,绝大多数采用的是串行通信方式。

在串行通信方式中,根据通信双方同步方法的不同,又细分为两种通信方式——异步通信和同步通信。当采用异步通信方式时,数据以字符或字节数据为单位进行传输。一个字符或字节数据称为一帧,每帧数据由 4 部分组成:起始位、数据位、校验位和停止位,格式如下:

起始位	数据位 0	数据位 1	...	数据位 n	校验位	停止位

其中,起始位通常为逻辑 0,1 位。数据位个数不定,通常有 6、7 或 8 位,具体由几位构成,要看通信协议。通常低位在前,高位在后,装入帧中。校验位用于判断传送数据正确与否。最后,由 1 位或 1.5 位构成通信停止位。通常为逻辑 1。异步通信方式的特点是数据在传输线上传送不要求连续。每帧数据可以连续发送,也可以间隔发送,而且间隔时间可以不确定。间隔期间,通信线路上为停止位电平。这种方式是每一帧数据的传送,收发双方都通过起始位、停止位进行了同步。

异步通信由于每帧数据中都有起始位、检验位和停止位,所以每帧数据约有 20% 的附加信息,占有了传输时间,降低了传输效率。在同步通信方式中,将数据连成数据块,对所有数据块加同步字符和检验字符,格式如下:

同步字符	数据块 0	数据块 1	...	数据块 n	校验字符	同步字符

当通信双方采用同步通信方式时,一方先发送同步字符,另一方检测到同步字符时开始数据传输。一次通信将传输规定的 n 个数据块,每块数据可以规定为 5～8 位,当接收到检验字符并检验数据正确后,结束一次数据传输。每次数据传送时如有时间间隔,则在间隔时间内发送同步字符。显然,同步通信方式的帧比异步通信方式的帧长,附加信息相对比重小,因此传输效率提高。但是,在同步通信过程中,通信双方要保持完全的同步,要求有同一个时钟。对于近距离通信可以通过增加时钟线的方式实现。对于远距离通信,则要利用锁相技术实现。总之,这两种通信方式各有所长,异步通信方式实现技术简单,但传输效率较低;同步通信方式传输效率较高,但是实现技术相对较复杂。

2. 并行通信

并行通信是数据的各个位同时传送的通信方式。数据可以字或字节为单位并行传送。

并行通信的特点是传输速度快。然而并行通信需要多条通信线路,通信成本高,不适合远距离通信的场合。通常并行通信用于计算机或 PLC 的各种内部总线。此外,计算机与打印机也是通过并行通信方式传输数据。

3. 波特率

波特率是表征数据通信传输速率的一种方式,它可以视为单位时间内所传输的二进制数据位数,单位为 b/s。在数据通信中,传输速率是衡量通信系统能力的重要指标,表征了单位时间内传送的信息量。

单片机串行口以方式 1 或方式 3 工作时,波特率和定时/计数器 T1 的溢出率有关。对于定时/计数器的不同工作方式,得到的波特率的范围是不一样的,这是因为定时/计数器 T1 在不同工作方式下,计数的位数不同。在串行通信中,收发双方对发送或接收的波特率必须一致。通过软件对单片机串行口可设定 4 种工作方式。其中,方式 0 和方式 2 的波特率是固定的;方式 1 和方式 3 的波特率是可变的,由定时/计数器 T1 的溢出率来确定,其中,定时/计数器 T1 的溢出率是指 T1 每秒溢出的次数。

4. 串行通信的方向

串行通信时,数据在发送方和接收方之间传输,按照能进行传输方向的不同,串行通信又分为以下三种。

单工传输:数据只能从一个设备发送到另一个接收端,不能进行相反方向的传输。

半双工传输:数据能在两个设备间双向传输,但某一个时刻,数据只能从一个设备传向另一个设备。

全双工方式:数据可以同时在两个设备之间双向传输。

8.2　串行口硬件结构

STC15 系列单片机最多具有内置 4 个串行口,例如 STC15W4K32S4 系列产品。但也有产品仅具有一个或两个串行口,如 STC15W1K16S 等产品具有一个串行口。本章的介绍以具有 4 个串行口的产品 STC15W4K32S4 为例,对于不具备 4 个串口的产品,去掉相关描述即可。

单片机的每个串行口接口电路主要由移位寄存器、波特率发生器和若干控制它们工作的特殊功能寄存器组成。特殊功能寄存器主要包括串行口控制寄存器、数据缓冲器等寄存器。其中,串行口控制寄存器控制串行口的工作方式和通信模式;数据缓冲器是两个物理独立,地址相同的数据寄存器,用于缓存发送或接收的数据。此外,还有与波特率产生有关的、与串口 2、串口 3、串口 4 引脚配置有关的特殊功能寄存器等。

8.2.1　串行口 1 的控制寄存器

串口控制寄存器主要用于设定串行口的工作方式、接收/发送控制和存储串行口中断标志位。串口 1 控制寄存器为 SCON,它有两种操作方式:字节操作和位操作。其字节地址98H,具体的位定义及位地址见表 8.1。如果想改变 SCON 的值,既可以通过字节操作实现,也可以通过位操作实现。

表 8.1 SCON 的位定义

位	D7	D6	D5	D4	D3	D2	D1	D0	字节地址
位符号	SM0	SM1	SM2	REN	TB8	RB8	TI	RI	98H
位地址	9FH	9EH	9DH	9CH	9BH	9AH	99H	98H	

SCON 的位功能及用法如下。

(1) SM0/FE：当 PCON 寄存器中的 SMOD0/PCON.6 位为 1 时，该位为 FE，用于帧错误检测。当检测到一个无效停止位时，通过 UART 接收器设置该位。它必须由软件清零。当 PCON 寄存器中的 SMOD0/PCON.6 位为 0 时，该位为 SM0，和 SM1 一起指定串行通信的工作方式，如下所示。

(2) SM0、SM1：串行口 1 的 4 种工作方式的选择位。通过 SM0、SM1 两位编码的选择，可以控制串行口的工作方式，编码与工作方式的对应关系如表 8.2 所示。

表 8.2 串行口 1 的 4 种工作方式

SM0	SM1	方式	功 能 说 明	波特率
0	0	0	同步移位寄存器方式(用于扩展 I/O 口)	系统时钟的 12 分频或 2 分频
0	1	1	8 位异步通信：起始位＋8 位数据＋停止位	由定时器 T1 或 T2 的溢出率决定
1	0	2	9 位异步通信：起始位＋9 位数据＋停止位	系统时钟的 64 分频或 32 分频
1	1	3	9 位异步通信：起始位＋9 位数据＋停止位	由定时器 T1 或 T2 的溢出率决定

(3) SM2：多机通信控制位。多机通信是在方式 2 和方式 3 下进行。SM2 主要用于方式 2 或方式 3 中。当串行口以方式 2 或方式 3 接收时，如果 SM2 置 1，则只有当接收到的第 9 位数据(RB8)为 1 时，才将接收到的前 8 位数据送入 SBUF，并将 RI 置 1，产生中断请求；当接收到的第 9 位数据为 0 时，则串行口接收无效，也不置位 RI。而当 SM2 清零时，则不论第 9 位数据是 1 还是 0，都将前 8 位数据送入 SBUF 中，并将 RI 置 1，产生中断请求。在方式 1 时，如果 SM2 置 1，则只有收到有效的停止位时才对 RI 置 1，产生中断请求。另外，在方式 0 时，SM2 必须为 0。

(4) REN：串行接收允许位。由软件置 1 或清零。当 REN 置 1 时，允许串行接收；当 REN 清零时，禁止串行接收。

(5) TB8：发送的第 9 位数据。对于方式 2 和方式 3，TB8 是发送数据的第 9 位。其值由软件置 1 或清零。在双机通信时，TB8 一般作为奇偶校验位使用；而在多机通信中，该位用来表示主机发送的是地址帧还是数据帧。当 TB8 置 1，发送的是地址帧；当 TB8 清零为数据帧。

(6) RB8：接收的第 9 位数据。对于工作在方式 2 和方式 3，RB8 存放接收到数据的第 9 位。在方式 1 时，如果 SM2 清零，RB8 表示接收到数据的停止位。在方式 0，不使用该位。

(7) TI：发送中断标志位。串行口工作在方式 0 时，串行发送第 8 位数据结束时由硬件置 1。在其他工作方式，串行口发送停止位的开始时置 1。TI 置 1，表示一帧数据发送结束，TI 的状态可供软件查询，也可申请中断。CPU 响应中断后，向 SBUF 中写入要发送的下一帧数据。TI 必须由软件清零。

（8）RI：接收中断标志位。串行口工作在方式 0 时，接收完第 8 位数据时，RI 由硬件置 1。在其他工作方式中，串行接收到停止位时，该位置 1。RI 置 1，表示一帧数据接收完毕，并申请中断，要求 CPU 从接收 SBUF 取走数据。该位的状态也可供软件查询。RI 也必须由软件清零。

除 SCON 之外，AUXR 寄存器中也设置了与串口 1 相关的位，位功能定义见表 8.3。

表 8.3　AUXR 与串口相关位定义

位	D7	D6	D5	D4	D3	D2	D1	D0	字节地址
位定义	*	T1x12	UART_M0x6	*	*	*	*	S1ST2	8EH

其中：

（1）T1x12：定时/计数器 1 速度控制位。当该位为 0 时，定时/计数器 1 的加 1 计数脉冲为系统时钟 12 分频；当该位为 1 时，加 1 计数脉冲为系统时钟。如果串行口 1 用定时/计数器 1 作为波特率发生器，该位影响串行口 1 的波特率设定。

（2）UART_M0x6：串行口 1 工作方式 0 的通信速率设置位。当该位为 0 时，串行口 1 工作方式 0 的通信速率为系统时钟的 12 分频；当该位为 1 时，串行口 1 工作方式 0 的通信速率为系统时钟的 2 分频。

（3）S1ST2：串行口 1 选择定时/计数器 2 作为波特率发生器的控制位。当该位为 0 时，选择定时/计数器 1 作为串口 1 的波特率发生器；当该位为 1 时，选择定时/计数器 2 作为串口 1 的波特率发生器。

电源控制寄存器 PCON 大多数位用于管理电源，只有两位与串行口 1 通信有关。其字节地址为 87H。不支持位寻址功能。PCON 的格式如表 8.4 所示。

表 8.4　PCON 的位定义

位	D7	D6	D5	D4	D3	D2	D1	D0	字节地址
位符号	SMOD	SMOD0	—	—	GF1	GF0	PD	IDL	87H

PCON 中具体位功能定义如下。

（1）SMOD：波特率加倍位。当 SMOD 置 1，其他不变，计算所得的波特率为 SMOD＝0 计算所得波特率的二倍，具体参见波特率计算一节。

（2）SMOD0：帧错误检测有效控制位。当 SMOD0＝1，SCON 寄存器中的 SM0/FE 位用于 FE（帧错误检测）功能；当 SMOD0＝0，SCON 寄存器中的 SM0/FE 位用于 SM0 功能，和 SM1 一起指定串行口的工作方式。复位时 SMOD0＝0。

PCON 中的其他位都与串行口 1 无关，在此不做介绍。

寄存器 AUXR1(P_SW1)可以控制串口 1 的发送/接收信号线配置到芯片不同的引脚上，如表 8.5 所示。

表 8.5　AUXR1(P_SW1)的位定义

位	D7	D6	D5	D4	D3	D2	D1	D0	字节地址
位符号	S1_S1	S1_S0	*	*	*	*	*	*	A2H

其中,D6、D7位为配置位,具体设置作用见表8.6。

表8.6　串口1的引脚配置

S1_S1	S1_S0	串口1的信号线配置
0	0	P3.0/RxD,P3.1/TxD
0	1	P3.6/RxD_2,P3.7/TxD_2
1	0	P1.6/RxD_3,P1.7/TxD_3
1	1	无效

与串口1有关的中断允许位,中断优先级位的设置,请见6.2.3节。

8.2.2　串行口2~4的控制寄存器

STC15系列单片机为串口2配置了控制寄存器S2CON,该寄存器地址为9AH,其位功能定义见表8.7。

表8.7　S2CON

位	D7	D6	D5	D4	D3	D2	D1	D0	字节地址
位定义	S2SM0	—	S2SM2	S2REN	S2TB8	S2RB8	S2TI	S2RI	9AH

其中:

(1) S2SM0:串行口2工作方式设置位。该位为0时,串行口2设置为8位波特率可变的异步通信方式(1位起始位+8位数据+1位停止位);当该位为1时,为9位波特率可变的异步通信方式(1位起始位+9位数据+1位停止位)。串口2只能选定时/计数器2为波特率发生器,且串口2的波特率=定时器2溢出率/4。

(2) S2SM2:多机通信控制位。功能类似于串口1的SCON相应位SM2。如果该位为1则只有接收到的第9位数据S2RB8为1,此帧才被接收,S2RI被置1;若第9位数据S2RB8为0,此帧会被丢弃,S2RI不会被置1。若S2SM2=0,则无论接收到的第9位数据S2RB8为0还是1,此帧都会被接收,S2RI被置1。

(3) S2REN:允许串行口2控制位。当该位为0时,禁止串行口2接收数据;当该位为1时,允许串行口2接收数据。

(4) S2TB8:当串行口2工作在方式1时,该位为发送数据的第9位,由软件赋值。

(5) S2RB8:当串行口2工作在方式1时,该位为接收数据的第9位。

(6) S2TI:串行口2发送中断请求标志位。在停止位开始发送时,该位为1向CPU申请中断。当CPU响应中断后,由软件清零。

(7) S2RI:串行口2接收中断请求标志位。在接收到停止位时,该位为1向CPU申请中断。当CPU响应中断后,由软件清零。

单片机为串口3配置了控制寄存器S3CON,该寄存器地址为ACH,其位功能定义如表8.8所示。

表 8.8 S3CON 位定义

位	D7	D6	D5	D4	D3	D2	D1	D0	字节地址
位定义	S3SM0	S3ST3	S3SM2	S3REN	S3TB8	S3RB8	S3TI	S3RI	ACH

其中：

(1) S3SM0：串行口 3 工作方式设置位。该位为 0 时,串行口 3 设置为 8 位波特率可变的异步通信方式(1 位起始位＋8 位数据＋1 位停止位)；当该位为 1 时,为 9 位波特率可变的异步通信方式(1 位起始位＋9 位数据＋1 位停止位)。串口 3 可选定时/计数器 2 或 3 为波特率发生器,且串口 3 的波特率＝定时器 2 或 3 溢出率/4。

(2) S3ST3：串行口 3 选择定时器 2 或 3 为波特率发生器控制位。当该位为 0 时,选择定时器 2 为波特率发生器；当该位为 1 时,选择定时器 3 为波特率发生器。

(3) S3SM2：多机通信控制位。功能类似于串口 1 的 SCON 相应位 SM2。如果该位为 1 则只有接收到的第 9 位数据 S3RB8 为 1,此帧才被接收,S3RI 被置 1；若第 9 位数据 S3RB8 为 0,此帧会被丢弃,S3RI 不会被置 1。若 S3SM2＝0,则无论接收到的第 9 位数据 S3RB8 为 0 还是 1,此帧都会被接收,S3RI 被置 1。

(4) S3REN：允许串行口 3 控制位。当该位为 0 时,禁止串行口 3 接收数据；当该位为 1 时,允许串行口 3 接收数据。

(5) S3TB8：当串行口 3 工作在方式 1 时,该位为发送数据的第 9 位,由软件赋值。

(6) S3RB8：当串行口 3 工作在方式 1 时,该位为接收数据的第 9 位。

(7) S3TI：串行口 3 发送中断请求标志位。在停止位开始发送时,该位为 1 向 CPU 申请中断。当 CPU 响应中断后,由软件清零。

(8) S3RI：串行口 3 接收中断请求标志位。在接收到停止位时,该位为 1 向 CPU 申请中断。当 CPU 响应中断后,由软件清零。

STC15 系列单片机为串口 4 配置了控制寄存器 S4CON,该寄存器地址为 84H,其位功能定义见表 8.9。

表 8.9 S4CON 位定义

位	D7	D6	D5	D4	D3	D2	D1	D0	字节地址
位定义	S4SM0	S4ST4	S4SM2	S4REN	S4TB8	S4RB8	S4TI	S4RI	84H

其中：

(1) S4SM0：串行口 4 工作方式设置位。该位为 0 时,串行口 4 设置为 8 位波特率可变的异步通信方式(1 位起始位＋8 位数据＋1 位停止位)；当该位为 1 时,为 9 位波特率可变的异步通信方式(1 位起始位＋9 位数据＋1 位停止位)。串口 4 可选定时/计数器 2 或 4 为波特率发生器,且串口 4 的波特率＝定时器 4 或 2 溢出率/4。

(2) S4ST4：串行口 4 选择定时器 2 或 4 为波特率发生器控制位。当该位为 0 时,选择定时器 2 为波特率发生器；当该位为 1 时,选择定时器 4 为波特率发生器。

(3) S4SM2：多机通信控制位。功能类似于串口 1 的 SCON 相应位 SM2。如果该位为 1 则只有接收到的第 9 位数据 S4RB8 为 1,此帧才被接收,S4RI 被置 1；若第 9 位数据

S4RB8 为 0,此帧会被丢弃,S4RI 不会被置 1。若 S4SM2＝0,则无论接收到的第 9 位数据 S4RB8 为 0 还是 1,此帧都会被接收,S3RI 被置 1。

(4) S4REN:允许串行口 4 控制位。当该位为 0 时,禁止串行口 4 接收数据;当该位为 1 时,允许串行口 4 接收数据。

(5) S4TB8:当串行口 4 工作在方式 1 时,该位为发送数据的第 9 位,由软件赋值。

(6) S4RB8:当串行口 4 工作在方式 1 时,该位为接收数据的第 9 位。

(7) S4TI:串行口 4 发送中断请求标志位。在停止位开始发送时,该位为 1 向 CPU 申请中断。当 CPU 响应中断后,由软件清零。

(8) S4RI:串行口 4 接收中断请求标志位。在接收到停止位时,该位为 1 向 CPU 申请中断。当 CPU 响应中断后,由软件清零。

串行口 2 还有引脚位置控制寄存器 P_SW2,地址为 BAH,其位功能定义见表 8.10。

表 8.10　P_SW2 位定义

位	D7	D6	D5	D4	D3	D2	D1	D0	字节地址
位定义	*	—	—	—	—	S4_S	S3_S	S2_S	BAH

其中:

(1) S4_S:串行口 4 引脚位置选择位。当该位为 0 时,串行口 4 的引脚位置在 P0.2 (RxD)和 P0.3(TxD);当该位为 1 时,串行口 4 引脚位置在 P5.2(RxD)和 P5.3(TxD)。

(2) S3_S:串行口 4 引脚位置选择位。当该位为 0 时,串行口 3 的引脚位置在 P0.0 (RxD)和 P0.1(TxD);当该位为 1 时,串行口 3 引脚位置在 P5.0(RxD)和 P5.1(TxD)。

(3) S2_S:串行口 2 引脚位置选择位。当该位为 0 时,串行口 2 的引脚位置在 P1.0 (RxD)和 P1.1(TxD);当该位为 1 时,串行口 3 引脚位置在 P4.6(RxD)和 P4.7(TxD)。

此外,STC15 系列单片机 4 个串行口可以以中断的方式工作,实现中断方式的中断控制寄存器和优先级寄存器分别为 IE,IE2,IP 和 IP2,这些特殊功能寄存器与串行口相关的位定义详见第 6 章。

8.2.3　数据缓冲寄存器

在 STC15 内部的 4 个串口,每个串口均有两个 8 位的物理上独立、地址相同的发送和接收寄存器。这两个寄存器用于存储 CPU 发送的数据和接收的数据,可以实现全双工的数据通信。即,CPU 可以同时接收和发送数据。因为发送寄存器数据只能写入不能读出,而接收寄存器数据只能读出不能写入,因此,两个寄存器共用一个字节地址,而不会产生操作冲突。4 对数据存储区地址见表 8.11。

STC15 系列单片机在 8051 单片机基础上,新增了三个串行口,并为每个新增加的串行口配置了两个数据寄存器,分别称为发送缓冲寄存器和接收缓冲寄存器,每一对数据寄存器有相同的地址。每个寄存器与地址对应关系见表 8.11。

表 8.11　缓冲寄存器与地址关系

串口号	寄存器名	地址
1	SBUF(in)	99H
	SBUF(out)	99H
2	S2BUF(in)	9BH
	S2BUF(out)	9BH
3	S3BUF(in)	ADH
	S3BUF(out)	ADH
4	S4BUF(in)	85H
	S4BUF(out)	85H

8.2.4　串行口接口电路

以串口 1 为例,STC 单片机串行口接口电路原理如图 8.1 所示。

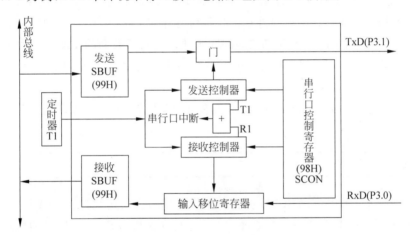

图 8.1　串行口接口电路

STC 单片机串行口的内部结构如图 8.1 所示。串行口主要由发送/接收缓冲器、输入/输出控制器、输出控制门、输入移位寄存器和 SCON 寄存器组成。其中,发送/接收缓冲器是两个地址统一、物理独立的寄存器,分别用于存储发送和输入的数据。由于发送寄存器只能写不能读,接收寄存器只能读不能写,因此虽然它们占有同一个地址,但不会产生操作冲突。发送控制器控制数据的串行输出,数据由 TxD 引脚输出。接收控制器控制数据串行的输入,并通过移位寄存器实现数据形式的串并行转换,将转换后的数据放入接收寄存器。数据通过 RxD 引脚输入。串行发送和接收数据的波特率由内部定时器 T1 或 T2 产生。负责控制串行口工作方式的特殊功能寄存器为 SCON。当完成一帧数据输出,或接收到一帧数据输入,串行口都会置 1 相关标志 TI 或 RI,产生串口 1 中断申请,CPU 通过检测 TI 和 RI 的状态判断是发送中断,还是接收中断。程序也可以采用查询方式,查询 TI 和 RI 状态,进行连续的串口接收或发送。

8.3　串行口 1 工作方式

STC 单片机串行口 1 共有 4 种工作方式——方式 0 至方式 3。单片机具体工作在何种方式由串口控制寄存器 SCON 中 SM0、SM1 的编码决定。以下将详细介绍每一种工作方式的特点。

8.3.1　工作方式 0

当 SM0、SM1 两位为 00B 时,串行口 1 工作在方式 0。该方式是同步移位串行输入/输出方式。STC15 系列单片机串行口 1 工作方式 0 波特率可以设置为两个,即:系统时钟 SYSclk 的 1/12 和 1/2。波特率选择通过 AUXR 寄存器的 UART_M0x6 位设置实现,当该位为 0 时,波特率为系统时钟的 1/12;当该位为 1 时,波特率为系统时钟的 1/2。方式 0 常用于 I/O 扩展场合。通过在串行口外接一片移位寄存器 74LS164 可以构成输出接口电路。另外,方式 0 还可以用于两个单片机之间的同步通信。对于典型的 12MHz 时钟,单片机间的通信速度可以达到 1MHz,与通常的 9600 波特相比,这种通信速度要快得多。此外,方式 0 也可以作为移位寄存器使用。

方式 0 以 8 位数据为一帧,不设起始位和停止位,先发送或接收最低位。方式 0 的帧格式如下。

…	D0	D1	D2	D3	D4	D5	D6	D7	…

方式 0 的发送过程中,首先 CPU 执行一条将数据写入发送缓冲器 SBUF 的指令,启动发送,串行口开始把 SBUF 中的 8 位数据,以固定波特率从 RxD 引脚串行输出,低位在前,高位在后。TxD 引脚输出同步移位脉冲,发送完 8 位数据置 1 中断标志位 TI。方式 0 的接收必须满足 REN 置 1 且 RI 清零两个条件。单片机以固定波特率从 RxD 引脚串行输入数据,低位在前,高位在后。TxD 引脚输出同步移位脉冲。接收的数据装入 SBUF,结束时 RI 自动置 1。

8.3.2　工作方式 1

当 SM0、SM1 两位为 01B 时,串行口 1 工作在方式 1,是波特率可变的 8 位异步通信接口。方式 1 用于数据的串行发送和接收的情形。TxD 脚和 RxD 脚分别用于发送和接收数据。方式 1 定义一帧数据为 10 位。1 个起始位,8 个数据位,1 个停止位,且低位在前,高位在后。方式 1 的帧格式如下。

起始位	D0	D1	D2	D3	D4	D5	D6	D7	停止位

STC15 系列单片机串行口 1 工作方式 1,波特率发生器可选择定时/计数器 T1 或 T2。波特率发生器选择通过设置 AUXR 的 S1ST2 位实现。当该位为 0 时,选择 T1 为波特率发生器;当该位为 1 时,选择 T2 为波特率发生器。

串行口 1 用 T1 作为其波特率发生器且 T1 工作于模式 0(16 位自动重装载模式)或串行口用 T2 作为其波特率发生器时,波特率=(T1 的溢出率或 T2 的溢出率)/4。注意:此时波特率与 SMOD 无关。

当串行口 1 用 T1 作为其波特率发生器且 T1 工作于模式 2(8 位自动重装模式)时,波特率=$(2^{SMOD}/32) \times$(T1 的溢出率)。

定时器的溢出率计算参见 7.3 节。

方式 1 发送数据时序如图 8.2 所示。串行口以方式 1 发送数据时,数据位从 TxD 引脚输出。当 CPU 执行一条写 SBUF 的指令,就启动发送。Tx 表示发送的波特率。发送开始时,内部发送控制信号置为有效。起始位从 TxD 输出。此后,每经过一个 Tx 时钟周期,便产生一个移位脉冲,并由 TxD 输出一个数据位。8 位数据位全部发送完毕后,将 TI 置 1。

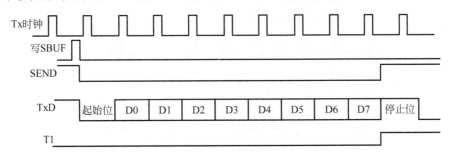

图 8.2　方式 1 发送数据时序

串行口以方式 1 接收数据时,必须满足 REN 置 1,SM0、SM1 编码为 01B,数据从 RxD 引脚输入。当检测到起始位的负跳变时,开始接收一帧信息。数据以设定的波特率的速率,从 RxD 端移入。接收每一位数据时,都进行三次连续采样(第 7、8、9 个脉冲时采样),接收的值是三次采样中至少重复两次的值,以保证接收到的数据位的准确性。方式 1 接收数据时序见图 8.3。

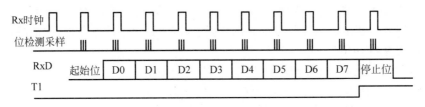

图 8.3　方式 1 接收数据时序

当一帧数据接收完毕以后,必须同时满足以下两个条件,这次接收才真正有效。

(1) RI 清零。因为上一帧数据接收完成时,RI 被置 1。RI 清零说明上次接收的数据已经由 CPU 读入。注意,RI 不能实现自动清零,必须要在中断服务程序中用软件实现。

(2) SM2=0,或 SM2=1 但收到的停止位为 1。

如果这两个条件不能同时满足,则该次接收无效。

8.3.3　工作方式 2

当 SM0、SM1 两位为 10B 时,串行口工作于方式 2。该方式定义为 9 位异步通信方式。一帧数据定义 11 位,其中 1 位起始位,8 位数据位,1 位可控数据位和 1 位停止位。方式 2 的帧格式如下。

起始位	D0	D1	D2	D3	D4	D5	D6	D7	D8	停止位

方式 2 的波特率计算公式为:波特率 $=2^{\text{SMOD}}/64\times$ 系统时钟频率。SMOD 为 PCON 寄存器的 D7 位。

方式 2 在发送数据前,先根据通信协议由软件设置 TB8——第 9 位数据。然后将要发送的 8 位数据写入 SBUF,CPU 发出写 SBUF 指令后,启动发送过程。串行口能自动把 TB8 取出,并装入到第 9 位数据的位置,串行发送出去。发送完毕后,TI 自动置 1,产生中断申请。方式 2 数据发送时序如图 8.4 所示。

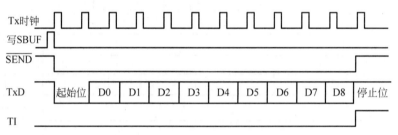

图 8.4　方式 2 发送数据的时序

方式 2 和方式 1 的区别有两点,第一,它们的波特率计算公式不同;第二,方式 1 定义 8 位数据位,而方式 2 定义 9 位数据位。通常情况下,第 9 位将作为奇偶校验位。

当 SM0、SM1 两位为 10B,且 REN 置 1 时,串行口以方式 2 接收数据。接收时数据由 RxD 端输入。定义一帧数据为 11 位。当位检测逻辑采样到 RxD 引脚从 1 到 0 的负跳变,并判断起始位有效后,便开始接收一帧信息。串行口方式 2 接收数据的时序与方式 1 相同,唯一区别在于方式 1 接收一帧数据为 10 位,而方式 2 接收一帧数据为 11 位。方式 2 的接收时序图如图 8.3 所示。当接收完第 9 位数据后,需满足以下两个条件,才能将接收到的数据送入接收寄存器 SBUF。

(1) RI 清零。此时,说明 SBUF 为空,可以写入数据。

(2) SM2＝0,或 SM2＝1 但接收到的第 9 位数据位为 1 时。

当满足以上两个条件时,接收到的数据送入接收缓存器 SBUF,第 9 位数据送入 RB8,并将 RI 置 1,产生中断申请。若不满足这两个条件,接收数据无效。

工作方式 2 定义了 8 位数据位,一般情况下,在双机通信时往往将第 9 位作为奇偶校验,以判断接收数据的正确性。

8.3.4　工作方式 3

当 SM0、SM1 两位为 11B 时,串行口设定为方式 3。方式 3 为波特率可变的 9 位异步通信方式。当串行口 1 工作在方式 3 时,波特率计算方法与方式 1 相同。除此之外,方式 3 和方式 2 相同。

STC15 单片机其他串行口工作方式与串行口 1 相似,但都没有 4 种工作方式。只有类似于串口 1 的方式 1 和方式 3 两种工作方式。串行口 2 波特率发生器为定时/计数器 T2。串行口 3 波特率发生器可以选择 T2 或 T3,通过 S3CON 的 S3ST2 设置实现。串行口 4 波特率发生器可以选择 T2 或 T4,通过 S4CON 的 S4ST4 位设置实现。

8.3.5　串行口 1 的中继广播方式

串口 1 还有一种中继广播工作方式。中继广播方式指的是单片机串行口的 TxD 引脚的输出,会实时地反映其 RxD 引脚的状态。中继广播方式可以通过设置时钟分频寄存器 CLK_DIV 来实现。CLK_DIV 寄存器的地址为 97H,各位定义见表 2.8。其中的 D4 位 Tx_Rx 用于中继广播方式的设置,此位=1,则串口 1 工作于中继广播方式;此位=0,则工作于普通的异步通信各方式。

串行口 1 的中继广播方式除可以在用户程序中设置 Tx_Rx/CLK_DIV.4 来选择外,还可以在 STC-ISP 下载编程软件中设置。

当单片机的工作电压低于上电复位门槛电压时,Tx_Rx 默认为 0,即串行口 1 默认为正常工作方式。当单片机的工作电压高于上电复位门槛电压时,单片机首先读取用户在 STC-ISP 下载编程软件中的设置,如果用户允许了“单片机 TxD 引脚的对外输出实时反映 RxD 端口输入的电平状态”,即中继广播方式,则上电复位后 P3.7/TxD_2 引脚的对外输出可以实时反映 P3.6/RxD_2 端口输入的电平状态,反之,则上电复位后串口 1 为正常工作方式,即 P3.7/TxD_2 引脚的对外输出不实时反映 P3.6/RxD_2 端口输入的电平状态。STC-ISP 下载编程软件的使用,请见 2.6 节的介绍。

串行口 1 的位置和中继广播方式除可以在 STC-ISP 下载编程软件中设置外,还可以在用户的用户程序中设置。在 STC-ISP 下载编程软件中的设置是在单片机上电复位后就可以执行的,如果用户在用户程序中的设置与 STC-ISP 下载编程软件中的设置不一致时,当执行到相应的用户程序时就会覆盖原来 STC-ISP 下载编程软件中的设置。

8.4　波特率设定

波特率是串行通信中的一个重要概念,它用于描述数据传输速率。单片机串行通信的波特率由内部定时器产生,因此波特率与定时器的溢出率相关。另外,由于串行口不同的工作方式,计算波特率的公式有所不同,所以波特率还与串行口工作方式有关。以下以串口 1 为代表,分三种情况讨论串行口的波特率计算,其他串口的波特率计算类似。

(1) 串行口工作在方式 0 时,波特率固定为系统时钟频率 SYSclk 的 1/12 或 1/2,由 AUXR 寄存器的 D5 位 AUXR.5/UART_M0x6 决定,且不受 SMOD 位的值影响。例如: SYSclk=12MHz,波特率为 1Mb/s(当 UART_M0x6=0 时)或 6Mb/s(当 UART_M0x6=1 时)。

(2) 串行口工作在方式 2 时,波特率与 SMOD 值有关。波特率计算公式为: $2^{\text{SMOD}}/64 \times$ 系统时钟频率。例如：SYSclk＝12MHz，当 SMOD＝0 波特率＝12/64＝187.5kb/s；当 SMOD＝1 波特率＝12/32＝375kb/s。

（3）串行口工作在方式 1 或方式 3 时，利用定时/计数器 T1 或 T2 作为波特率发生器。具体计算方法如下。

串行口 1 用定时器 1 作为其波特率发生器且定时器 1 工作于模式 0（16 位自动重装载模式）或串行口用定时器 2 作为其波特率发生器时：

$$波特率 = （定时器 1 的溢出率或定时器 T2 的溢出率）/4$$

注意：此时波特率与 SMOD 无关。

定时器的溢出率在 7.3 节有具体计算公式，列举如下。

波特率为 T1 在方式 0 或 T2 情况下：

工作在 1T 模式（AUXR.6/T1x12＝1）和 12T（AUXR.6/T1x12＝0）时的溢出率（即每秒溢出次数）计算公式：

$$1T 溢出率 = （SYSclk）/（65\,536 - [RL\_TH1, RL\_TL1]）$$

$$12T 溢出率 = （SYSclk）/12/（65\,536 - [RL\_TH1, RL\_TL1]）$$

当串行口 1 用定时器 1 作为其波特率发生器且定时器 1 工作于模式 2（8 位自动重装模式）时：

$$波特率 = （2^{SMOD}/32）\times（定时器 1 的溢出率）$$

定时器 1 的溢出率＝波特率为 T1 在方式 2 情况下：

$$1T 溢出率 = （SYSclk）/（256 - TH1）$$

$$12T 溢出率 = （SYSclk）/12/（256 - TH1）$$

其中，$[RL\_TH1, RL\_TL1]$ 为寄存器 RL_TH1 和 RL_TL1 构成的 16 位二进制数的数值。

表 8.12 为选择 T1 工作方式 2、12T 定时模式作为波特率发生器时，计算的定时初值（定时时间常数）与波特率的关系。

表 8.12　定时/计数器 T1 初值与常用波特率对应关系

波特率/kHz	SYSclk/MHz	SMOD 位	定时器 T1		
			C/$\overline{\text{T}}$	工作方式	初值
串行口方式 1 或 3：62.5	12	1	0	2	FFH
19.2	11.0592	1	0	2	FDH
9.6	11.0592	0	0	2	FDH
4.8	11.0592	0	0	2	FAH
2.4	11.0592	0	0	2	F4H
1.2	11.0592	0	0	2	F8H
137.5	11.0592	0	0	2	1DH
19.2	18.432	1	0	2	FBH
9.6	18.432	0	0	2	FBH
4.8	18.432	0	0	2	F6H
2.4	18.432	0	0	2	ECH
1.2	18.432	0	0	2	D8H

8.5 串行口通信模式

单片机串行口通信有很多的模式,在此将其归纳为三种模式,即:双机通信模式,多机通信模式和上下位机通信的模式。以下对这三种模式做简要的介绍。

8.5.1 双机通信模式

双机通信模式是指两个单片机,通过串行接口直接进行通信的方式,它是一种全双工的通信方式。通信原理如图 8.5 所示。

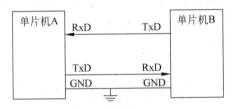

图 8.5 双机通信模式

由图 8.5 可知,双机通信模式实质是一种对等体通信,通信双方无主从之分,任何一方都有权发起和终止通信过程。双机通信模式结构相对简单,重点在于软件实现,主要是通信协议的定义和设置,如波特率、数据位、校验位等。具体双机通信的实例见 8.6 节。双机通信模式有其自身的优点,如硬件连接简单;串行口工作方式灵活,串行口的 4 种工作方式均可实现单片机间通信;直接采用 TTL 电平,不需要其他电平转换过程;易于配置,通信可靠性高等。但是双机通信也有缺点,其中最为突出的是,通信距离很短,如果想延伸通信距离,必须借助于中继器或驱动器。

8.5.2 多机通信模式

多机通信模式是指由多个单片机(大于两个),通过串行口直接通信的方式,它也是一种全双工的通信方式。通信原理如图 8.6 所示。

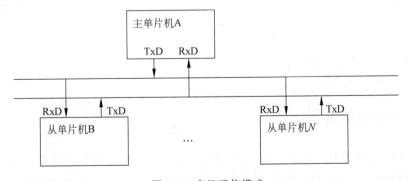

图 8.6 多机通信模式

由图 8.6 可知,多机通信模式实质是一种主、从结构的通信方式。在这种通信模式中,只有一台主机,但从机可以有多台,具体从机的个数由地址位数和主机的驱动能力共同决定。主机发送的数据可以传输到所有的从机,也可以发送到指定的从机,从机发送的数据只能给主机,各个从机间不能相互通信。

单片机用于多机通信时,串行口必须工作在方式 2 或方式 3 下,作为主机的单片机的 SM2 应清零,而作为从机的单片机的 SM2 应置 1。主机发送并为从机接收的信息帧有两类:地址帧(标明哪个从机将接收数据)和数据帧。当主机串行口输出数据第 9 位为 1 时,则表明该帧是地址帧;当第 9 位是 0 时,说明该帧是数据帧。由于所有从机的 SM2=1,所以每个从机总能收到主机发送的地址帧,并进入各自的中断服务程序。在中断服务程序中,每台从机把接收到的从机地址和自己的本机地址(由设计人员分配)进行比较,当地址相同时,由该从机的中断服务程序将 SM2 清零,为下一步接收数据帧做准备;如果地址不同,则所有地址不同的从机将从中断服务程序中退出。具体多机通信的实例见 8.6 节。

8.5.3 上下位机通信模式

上下位机通信模式是指单片机与其他控制器,通过串行口进行通信的模式,它仍然是一种全双工通信方式。这种模式主要应用于工业控制系统,其中,上位机,也就是整个工业控制系统中的主控单元,可以是工控机或可编程逻辑器件(PLC)。单片机作为下位机,嵌入工业现场的检测仪表中,将在现场采集的数据实时传送到上位机,以供上位机处理。通信原理如图 8.7 所示。

图 8.7　上位机通信模式

对于上下位机通信模式,既可以构造成对等体通信方式,也可以主、从方式连接。实际的连接方法,视具体情况而定,一般来讲以主、从连接方式居多。由图 8.7 可知,采用上位机通信模式时,除了应该考虑通信协议外,还要注意通信协议之间的转换。单片机串行口有波特率、数据位和校验位等的定义外,还应注意到它在连接线路中以 TTL 电平传送。然而一般的上位机(如工业控制机)的串口遵循 RS-232C 标准,该标准对传送电平有特殊的规定,因此存在电平转换的问题。能够实现这种转换的芯片很多,其中作为常用的是 MAX232。

8.6　串行口应用实例

8.6.1　双机通信应用

【例 8.1】 利用单片机的串行口 1,实现两个单片机通信。待发送数据在片内 RAM 地址 10H 开始的区域,共 10B。其中,通信协议采用异步通信方式,数据帧格式为:1 位起始位,8 位数据位,1 位校验位和 1 位停止位。采用偶校验,即数据帧中 1 的个数为偶数个(不算起始位和停止位)。设单片机系统时钟频率为 11.0592MHz。

解：两个单片机双机通过串口互相传递数据连接示意图如图 8.5 所示。现将两个单片机都设置为工作方式 3。通信波特率为 4800。查表 8.12 得 T1 定时计数初值在 12T 定时为 0FAH,系统的程序如下。

发送端程序：

```
           ORG    0000H
RESET:     AJMP   MAIN           ; 转主程序
           ORG    0023H          ; 串行口中断入口
           AJMP   SEND           ; 转到串行口中断服务程序
           ORG    0100H
MAIN:      MOV    SP, #60H        ; 设堆栈指针
           MOV    TMOD, #20H      ; T1 初始化,方式 2
           MOV    TL1, #0FAH
           MOV    TH1, #0FAH
           ANL    AUXR, #0BEH     ; 设为 12T 模式(AUXR.6/T1x12 = 0),T1 为波特率发生器
           ANL    PCON, #3FH      ; 波特率加倍位 SMOD = 0
           MOV    SCON, #0C0H     ; 初始化串口方式 3
           MOV    R0, #10H        ; R0 指向数据块
           MOV    R7, #9          ; 数据块长度为 10,减去一个
           SETB   TR1            ; 启动 T1
           CLR    ET1            ; T1 禁止中断
           SETB   ES             ; 允许串口 1 中断
           SETB   EA             ; CPU 开放中断
           MOV    A, @R0          ; 取数据
           INC    R0
           MOV    C, P            ; 校验位送 IB8,采用偶校验
           MOV    TB8, C          ; 偶校验,直接把 P 标志送第 9 位
           MOV    SBUF, A         ; 数据写入发送缓冲器,启动发送
HERE       AJMP HERE             ; 自身跳转,模拟主程序
SEND       PUSH PSW              ; 现场保护
           CLR    TI             ; 发送中断标志清零
           MOV    A, @R0          ; 取数据
           MOV    C, P            ; 校验位送 IB8,采用偶校验
           MOV    TB8, C
           MOV    SBUF, A         ; 数据写入发送缓冲器,启动发送
           INC    R0             ; 数据指针加 1
           DJNZ   R7, G1
           CLR    ES             ; 已传完所有数据,禁止串口中断
G1:        POP    PSW
           RETI                  ; 中断返回
```

接收端程序：

```
           ORG    0000H
RESET:     AJMP   MAIN           ; 转主程序
           ORG    0023H          ; 串行口中断入口
           AJMP   RECEIVE        ; 转到串行口中断服务程序
           ORG    0100H
```

```
MAIN:     MOV    SP,#60H         ; 设堆栈指针
          MOV    R0,#10H         ; 设置存储数据的指针
          MOV    TMOD,#20H       ; T1 初始化程序,T1 置初值
          MOV    TL1,#0FAH
          MOV    TH1,#0FAH
          ANL    AUXR,#0BEH      ; 设为 12T 模式(AUXR.6/T1x12 = 0),T1 为波特率发生器
          ANL    PCON,#3FH       ; 波特率加倍位 SMOD = 0
          MOV    SCON,#0C0H      ; 初始化串口
          SETB   REN             ; 允许接收
          SETB   TR1             ; 启动 T1
          CLR    ET1
          SETB   ES              ; 允许串口 1 中断
          SETB   EA              ; CPU 开放中断
HERE:     AJMP   HERE            ; 自身跳转,模拟主程序
RECIEVE:  PUSH   ACC
          PUSH   PSW
          CLR    RI
          MOV    A,SBUF          ; 将接收到的数据送到累加器 A
          MOV    C,P
          JNC    L1
          JNB    RB8,ERR
          SJMP   L2
L1:       JB     RB8,ERR
L2:       MOV    @R0,A
          INC    R0
          POP    PSW
          POP    ACC
          RETI
ERR:      .....                  ; 错误处理
```

在上例中,通信的双方都采用中断方式发送或接收数据。此外,利用 PSW 中的 P 标志总是反映 A 累加器中的 1 的个数,并将 1 个数补为偶数个这一特性,实现偶校验,校验位通过 TB8 发送,RB8 接收。

【例 8.2】 现有两个单片机 A,B 采用方式 1 进行双机串行通信,收发双方均采用 11.0592MHz 晶振,通信协议为:波特率为 2400,每一帧数据为 10 位,第 1 位为起始位,8 位为数据位,1 位为停止位。A 发送数据块的地址为 2000H～201FH。发送时先发送数据块地址,再发送数据帧;B 在接收时使用一个标志位来区分接收的数据是地址还是数据,然后将其分别存放到指定的单元中。

解:采用中断方式实现 A、B 间的串行通信。假设数据块地址存放在 75H～78H 的 4 个内存单元中。程序如下。

(1) A 机发送程序。中断方式的发送程序如下。

```
          ORG    0000H
          LJMP   MAIN
          ORG    0023H
          LJMP   SEND
          ORG    0100H
MAIN:     MOV    SP,#53H         ; 设置堆栈指针
```

```
            MOV     18H, #20H        ; 设置要发送的数据块的首、末地址
            MOV     17H, #00H
            MOV     16H, #20H
            MOV     15H, #40H
            MOV     TMOD, #20H       ; 初始化定时器
            MOV     TH1, #0F4H       ; 设置计数器初值
            MOV     TL1, #0F4H
            ANL     AUXR, #0BEH      ; 设为 12T 模式(AUXR.6/T1x12＝0),T1 为波特率发生器
            ANL     PCON, #3FH       ; 波特率加倍位清零
            SETB    TR1              ; 打开计数器
            MOV     SCON, #40H       ; 设置串行口工作方式 1
            CLR     ES               ; 先关闭中断,利用查询方式发送地址帧
            CLR     ET1
            CLR     FO               ; FO 为发送结束标志
            ACALL   TRANS            ; 调用发送子程序,发送地址
            SETB    ES               ; 打开中断允许寄存器,采用中断方式发送数据
            SETB    EA
            MOV     DPH,18H
            MOV     DPL,17H
            MOVX    A,@DPTR
            MOV     SBUF,A           ; 发送首个数据
ABB:        JNB     FO,ABB           ; 发送等待
            SJMP    $                ; 这里为发送完毕后的执行代码
; -------------------------------------------------------------------
TRANS:      MOV     SBUF,18H         ; 发送首地址高 8 位
ABB1:       JNB     TI,ABB1
            CLR     TI
            MOV     SBUF,17H         ; 发送首地址低 8 位
ABB2:       JNB     TI,ABB2
            CLR     TI
            MOV     SBUF,16H         ; 发送末地址高 8 位
ABB3:       JNB     TI,ABB3
            CLR     TI
            MOV     SBUF,15H         ; 发送末地址低 8 位
ABB4:       JNB     TI,ABB4
            CLR     TI
            RET
; -------------------------------------------------------------------
SEND:       CLR     TI               ; 清发送中断标志位 TI
            INC     DPTR             ; 数据指针加 1,准备发送下个数据
            MOV     A,DPH            ; 判断当前被发送的数据的地址是不是末地址
            CJNE    A,16H,END1       ; 不是末地址则跳转
            MOV     A,DPL
            CJNE    A,15H,END1
            SETB    FO               ; 数据发送完毕,置 1 标志位 FO
            CLR     ES               ; 关串行口中断
            RETI                     ; 中断返回
END1:       MOVX    A,@DPTR          ; 将要发送的数据送累加器,准备发送
            MOV     SBUF,A           ; 发送数据
            RETI                     ; 中断返回
            END
```

（2）B 机接收程序。中断方式的接收程序如下。

```
            ORG     0000H
            LJMP    MAIN
            ORG     0023H
            LJMP    RECIEVE
            ORG     0100H
MAIN:       MOV     SP, #53H         ; 设置堆栈指针
            MOV     TMOD, #20H       ; 初始化定时器
            MOV     TH1, #0F4H       ; 设置计数器初值
            MOV     TL1, #0F4H
            ANL     AUXR, #0BEH      ; 设为 12T 模式(AUXR.6/T1x12 = 0),T1 为波特率发生器
            ANL     PCON, #3FH       ; 波特率加倍位清零
            SETB    TR1              ; 启动计数器 T1
            MOV     R0, #18H
            CLR     F0               ; F0 是接收完地址的标志位
            CLR     7FH              ; 7FH 是接收完全部数据的标志位
            MOV     SCON, #50H       ; 设置串行口工作方式 1,允许接收
            SETB    ES               ; 打开中断允许寄存器
            SETB    EA
            CLR     ET1
ABB:        JNB     7F, ABB          ; 查询标志位等待接收
            ...                      ; 这里是接收完全部数据后的代码
;--------------------------------------------------------------------
RECIEVE:    PUSH    ACC
            CLR     RI               ; 清接收中断标志位
            JB      F0, DAT          ; 判断接收的是数据还是地址 F0 = 0 为地址
            MOV     A, SBUF          ; 接收数据
            MOV     @R0, A           ; 将地址帧送指定的寄存器
            DEC     R0
            CJNE    R0, #14H, RETN   ; 18~15 号单元保存地址
            SETB    F0               ; 置位标志位,地址接收完毕
            MOV     DPH, 18H         ; 数据地址送 DPTR 指针
            MOV     DPL, 17H
RETN:       POP     ACC              ; 出栈,恢复现场
            RETI                     ; 中断返回
DAT:        MOV     A, SBUF          ; 接收数据
            MOVX    @DPTR, A         ; 送指定的数据存储单元中
            INC     DPTR             ; 地址加 1
            MOV     A, 16H
            CJNE    A, DPH, RETN     ; 判断是否为最后一帧数据,不是则继续
            MOV     A, 15H
            CJNE    A, DPL, RETN     ; 是最后一帧数据则清各种标志位
            CLR     ES
            SETB    7FH              ; 数据接收完毕,设置标志
            SJMP    RETN             ; 跳入返回子程序区
            END
```

8.6.2　多机通信应用

【例 8.3】　现有单片机主机 A 和若干台从机 M1,M2,…,M$_n$,$n<250$,试设计通信软件实现它们之间的通信。其中,Mi 号从机的地址就是 i。A 机采用查询方式发送要通信的从机地址帧(即 Mi 从机的地址),随后采用中断发送数据;Mi 采用中断接收数据。发送和接收双方均采用 11.0592MHz 的晶振,波特率为 4800。

解：多机主从式通信的连接示意图如图 8.6 所示。假设发送方 A 待发送数据在片内 10H 单元开始的 10 个单元中。需要向 1 号机(M1 机)发送此数据块。A 工作于方式 3 的发送模式；Mi 工作于方式 3 的接收模式,且 SM2 置 1。

(1) A 机发送程序。中断方式的发送程序如下。

```
            ORG    0000H
            LJMP   MAIN
            ORG    0023H
            LJMP   SIOINT
            ORG    0100H
MAIN:       MOV    SP,＃53H          ; 设置堆栈指针
            MOV    TMOD,＃20H        ; 初始化定时器
            MOV    TH1,＃0FAH        ; 设置计数器初值
            MOV    TL1,＃0FAH
            ANL    AUXR,＃0BEH       ; 设为12T模式(AUXR.6/T1x12 = 0),T1 为波特率发生器
            ANL    PCON,＃3FH        ; 波特率加倍位清零
            SETB   TR1              ; 打开计数器
            MOV    R0,＃10H          ; 设置发送数据存储的单元首地址
            MOV    R7,＃10           ; 数据块大小
            MOV    SCON,＃0C0H       ; 设置串行口工作方式3,SM2 = 0
            CLR    ES               ; 先关闭中断,利用查询方式发送地址帧
            CLR    ET1
            SETB   TB8              ; 地址帧的第9位数据为1
            MOV    SBUF,＃1          ; 假设要与1号机通信
            JNB    TI,$             ; 等待发送完
            CLR    TI
            CLR    TB8              ; 数据帧第9位数据为0
            SETB   ES
            SETB   EA
            MOV    SBUF,@R0         ; 开始发送数据
            INC    R0
            DEC    R7
LP:         CJNE   R7,＃0,LP
G1:         CLR    ES               ; 发送完毕则关中断
            …….                    ; 这里是发送完毕后的代码
; ---------------------------------------------------------------
SIOINT:     JBC    TI,S1            ; 中断服务子程序段
            CLR    RI               ; 假设无接收任务
            RETI
S1:         MOV    SBUF,@R0         ; 发送数据
            INC    R0
```

```
        DEC    R7
        RETI                    ; 中断返回
        END
```

（2）Mi 机接收程序。接收方首先接收到的是从机地址，只有地址相符的从机才继续接收主机发过来的数据，从机用一个标志 FO＝1 来表示当前是在接收地址帧的阶段。设从机将接收到的数据也存放于片内 RAM10H 号单元开始的 10 个单元内。

接收程序：

```
        MYADDR EQU 1            ; 这里定义本机地址常量,各从机不同
        ORG    0000H
        LJMP   MAIN
        ORG    0023H
        LJMP   SIOINT
        ORG    0100H
MAIN:   MOV    SP, #53H         ; 设置堆栈指针
        MOV    TMOD, #20H       ; 初始化定时器
        MOV    TH1, #0FAH       ; 设置计数器初值
        MOV    TL1, #0FAH
        ANL    AUXR, #0BEH      ; 设为 12T 模式(AUXR.6/T1x12 = 0),T1 为波特率发生器
        ANL    PCON, #3FH       ; 波特率加倍位清零
        SETB   TR1              ; 打开计数器
        SETB   FO               ; 设置当前为接收地址帧的阶段
        MOV    SCON, #0E0H      ; 设置串行口工作方式 3,SM2 = 1
        SETB   REN
        SJMP   $
; --------------------------------------------------------------
SIONT:  JBC    RI,RE1           ; 串口中断
        CLR    TI               ; 假设无发送任务
        SJMP   RE5
RE1:    JNB    FO,RE2
        MOV    A,SBUF           ; 接收地址帧阶段
        CJNE   A, #MYADDR,RE5   ; 接收的是本机地址吗
        CLR    SM2              ; 是,清零 SM2
        CLR    FO
        MOV    R0, #10H         ; 设置发送数据存储的单元首地址
        MOV    R7, #10          ; 数据块大小
        SJMP   RE5
RE2:    MOV    @R0,SBUF
        INC    R0               ; 存放地址指针加 1
        DJNZ   R7,RE5           ; 是否接收完毕
        SETB   FO               ; 是,仍设置为接收地址帧状态
        SETB   SM2
RE5:    RETI                    ; 中断返回
        END
```

8.6.3　上下位机使用 RS-232C 接口的通信应用

【例 8.4】　设计通信软件，实现单片机与工业控制机之间的通信。

解：利用 RS-232C 标准可以实现上位机（工业控制机）和下位机（嵌入单片机的智能仪

表)的通信。RS-232C 标准是一种广泛使用的异步串行通信接口标准,在早期的商用 PC 及工业控制 PC 中广泛配置。其适用于通信距离不大于 15m,通信速率不大于 20kb/s 的场合。RS-232C 定义了 25 条信号线,其采用的是负逻辑,即:

逻辑 0 电平为＋5～＋15V;逻辑 1 电平为－5～－15V。

RS-232C 的 25 条信号线使用 25 脚的连接器的安排及定义见表 8.13。其中大部分信号是为了早期与调制解调器相连而定义的,目前已无意义,读者不必过于追究。重要的信号包括 2、3、4、5、6、7、20 等。

表 8.13　RS-232C 的信号线

引　脚　号	信号名称及功能说明	引　脚　号	信号名称及功能说明
1	保护地(PG)	14	辅助通道发送数据
2	发送数据(TxD)	15	发送时钟(TxC)
3	接收数据(RxD)	16	辅助通道接收数据
4	请求发送(RTS)	17	接收时钟(RxC)
5	清除发送(CTS)	18	未定义
6	数据通信设备准备就绪(DSR)	19	辅助通道请求发送
7	信号地(SG)	20	数据终端设备就绪(DTR)
8	数据载波检测(DCD)	21	信号质量检测
9	接收线路建立监测	22	振铃指示
10	线路建立监测	23	数据速率选择
11	未定义	24	发送时钟
12	辅助通信接收线路信号检测	25	未定义
13	辅助通道清除发送		

RS-232C 使用的连接器有 25 脚和 9 脚两种,25 脚的引脚安排如表 8.13 所示,9 脚的信号安排如图 8.8 所示。

其中:

引脚 1:载波检测(CD)。

引脚 2:接收数据(RxD)。

引脚 3:发送数据(TxD)。

引脚 4:数据终端准备就绪(DTR)。

引脚 5:地线(GND)。

引脚 6:数据准备就绪(DSR)。

引脚 7:请求发送(RTS)。

引脚 8:清除发送(CTS)。

引脚 9:振铃指示(RI)。

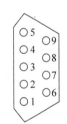

图 8.8　RS-232C DB$_9$ 外形图

单片机通过 RS-232C 接口与工控机或商用 PC 相连,首先需要解决的是单片机与 RS-232C 电平不一致的问题。可采用 TTL-RS232 电平转换芯片,例如 MAX232、MAX202 等芯片。其中,MAX232 芯片只需要外接 5 个电容,单一＋5V 电源,就能提供双路的输入/输出电平转换,使用简单方便。MAX232 的逻辑图及使用方法见图 8.9,图中 C1～C5 共 5 个电容可使用 1μF 的电解电容。单片机与 RS-232C 接口连接的示意图见图 8.10。

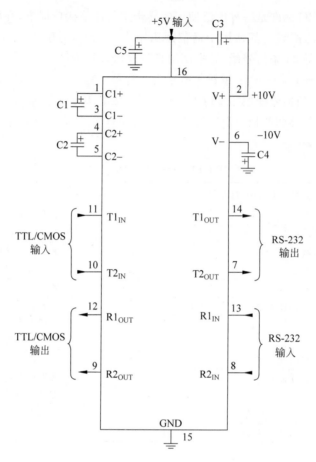

图 8.9   MAX232 使用方法示意图

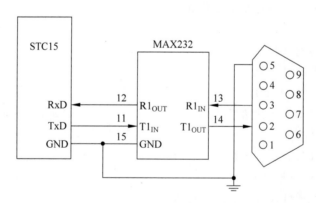

图 8.10   单片机与 PC 通过 MAX232 连接的硬件接线图

通过 RS-232C 接口传送数据时,可使用标准的异步串行通信帧格式。本例假设通信协议为:波特率=1200b/s,8 位数据位,1 位停止位,无奇偶校验,但采用一种简单有效的校验和方法,见下面的说明。上位机采用查询方式发送数据;下位机采用中断方式接收数据。

在开始传送真正的数据前,双方采用了一个简单的握手过程,方式是:发送方发送数据前先送一个 ASCII 码字符"H"作为联络信号,接收方接到"H"后,发送 ASCII 码"L"作为应答信号。随后发送方发送本次传输的数据块长度(长度包括最后一个校验和字节)。握手过程结束。

随后,上位机开始发送数据块,数据块的最后一个字节为校验和。整个数据块,包括校验和,全部累加起来的和的低 8 位若为 0,则认为校验正确,否则就是校验不正确。接收方进行校验和验证后,若正确则回送一个字母"T",表示传送正确并结束本次的通信过程;若不正确则回送一个"E",也结束本次通信。

单片机端的程序:

```
            ORG    0000H
            LJMP   MAIN
            ORG    0023H
            LJMP   SIOINT
            ORG    0100H
MAIN:       MOV    SP,#60H         ; 设置堆栈指针
            MOV    TMOD,#20H       ; 初始化定时器
            MOV    TH1,#0F8H       ; 设置计数器初值,1200 波特率
            MOV    TL1,#0F8H
            ANL    AUXR,#0BEH      ; 设为 12T 模式(AUXR.6/T1x12 = 0),T1 为波特率发生器
            ANL    PCON,#3FH       ; 波特率加倍位清零
            SETB   TR1             ; 打开计数器
            MOV    SCON,#50H       ; 串口初始化;允许接收
            SETB   EA
            SETB   ES
            CLR    ET1             ; 禁止 T1 中断
            SETB   F0              ; F0 = 1 表示当前为接收数据前的握手阶段
            SJMP   $               ; 等待接收文件
; --------------------------------------------------------------------
SIOINT:     CLR    RI
            JNB    F0,S10
            CLR    ES              ; 握手阶段禁止串口中断
            MOV    A,SBUF
            CJNE   A,#72,SEND1     ; 接收的不是'H',则退出
            MOV    A,#76
            MOV    SBUF,A          ; 发送应答信号'L'
            JNB    TI,$
            CLR    TI
            JNB    RI,$            ; 查询法接收上位机发过来的数据块长度
            CLR    RI
            MOV    R7,SBUF         ; 接收数据块长度,设数据块长度<256
            CLR    F0              ; 握手过程结束
            MOV    R6,#00H         ; 累加和的初值
            MOV    DPTR,#1000H     ; 数据存放区首址
            SJMP   SEND1
S10:        MOV    A,SBUF
            MOVX   @DPTR,A         ; 存接收到的数据
            ADD    A,R6            ; 计算累加和
            MOV    R6,A
            INC    DPTR
            DJNZ   R7,SEND         ; 是否最后一个数据,否,退出中服
```

```
        SETB    FO                  ; 是最后一个数据,FO 标志置 1,为下一次传送做好准备
        JNZ     S11                 ; 是最后一个数据,此时累加和 A 应该为零,否则就是数据传送
                                    ; 不正确
        CLR     ES
        MOV     A, #84
        MOV     SBUF,A              ; 校验和正确,回送'T'字符
        JNB     TI, $
        CLR     TI
        SJMP    SEND1
S11:    CLR     ES
        MOV     A, #69
        MOV     SBUF,A              ; 校验和不正确,回送'E'字符
        JNB     TI, $
        CLR     TI
SEND1:  SETB    ES
        SEND    RETI
```

小结

　　串行通信是数据通信中的一种重要方式,由于它传输线少、传输距离长的特点,得到了广泛的应用。STC15 系列单片机集成 4 个全双工、异步通信串行口,不仅扩展了单片机的应用范围,同时也使单片机与外设的交互方式更加灵活。串行口可以通过编程,设定为 4 种工作方式。STC15 系列单片机串行口 1 可以工作在 4 种方式,串行口 2、3、4 则都只有两种工作方式,即相当于串行口 1 的方式 1 和方式 3。

　　使用单片机串行口时涉及的特殊功能寄存器较多,包括确定正确的工作方式,以及依据波特率的规定,选取并设置相关定时/计数器的工作方式及时间常数等。除了掌握这些寄存器的设置方法以外,还需要为通信双方或多方设计一个合理的通信协议,包括通信数据帧格式、数据块的构成、校验和出错处理方法、通信控制流程等。从某种意义上讲,这才是实际应用中最重要的内容。

习题

　　1. 什么叫异步串行通信? 什么叫同步串行通信?

　　2. 异步通信的帧格式是怎么构成的?

　　3. STC15 单片机最多有几个串口? 各串口有哪几种工作方式?

　　4. 串口 1 的方式 1 下,如何计算其波特率?

　　5. 串口 3 的两种方式下,如何计算其波特率?

　　6. 定时/计数器 T1 用于串口的波特率发生器时可以工作在哪些方式下? 已知系统时钟频率为 6MHz,波特率为 1200,采用方式 3,则几种工作方式下的计数初值各为多少?

　　7. 若要使用奇偶校验,则应该采用什么工作方式?

8. 试说明 SCON 中 SM2 位的作用。

9. 单片机利用串行口通信时,通信双方的波特率(　　)。

　　A. 可以不相等　　　　B. 必须相等　　　　C. 不定

10. 简要叙述串行口 1 的方式 3 的接收和发送过程。

11. 试简述单片机主从式多机通信的原理及过程。

12. 设有两个单片机采用串行通信交换数据,采用奇校验,9600 波特率,11.0592M 的系统时钟,试编写程序将 A 机存放于片外 2000H 开始的 100 和数据传送到 B 机中,并存放于片内扩展 RAM 的 0000 开始的区域。

13. 设有 1 主带 10 从的单片机网络,通过串行口连接,主机会发送三种传输命令码:0 表示要传送某个数据块给特定从机;1 表示要传送数据块给所有从机;2 表示要某个从机传送指定数据给主机。每次通信,都是以主机发送命令码开始。数据块构成是:首字节为数据块长度、末字节为整个数据块的校验和,该校验和使得整个数据块加起来低 8 位为 0。设采用 9600 波特率,系统时钟为 11.0592M,试编写主机、从机的相关程序。

14. 单片机如何在硬件上实现与带 RS-232C 接口的 PC 通过串口相连。

15. 定时器 T1 采用 12T 定时和 1T 定时方式是什么意思? 若串口 1 采用方式 3,9600 波特率,系统时钟为 18.432M,试分别编写定时器 T1 采用 12T 定时和 1T 定时下的初始化程序。

16. 综合设计。

要求利用一台工业控制机和两个智能仪表(嵌入单片机),构成工业现场多机通信系统,工控机和单片机系统间需要双向通信传输数据,但每次数据通信都由工控机发起。工控机发起通信时,会标明将进行的通信类型(是工控机至单片机还是单片机至工控机等)以及传送的数据类型(例如:是某种控制命令还是某种参数值等)。请设计该系统的软硬件及通信规约。给出完整的设计报告。其中包括:软硬件设计文档,硬件原理图,上位机通信软件,下位机通信软件,系统测试报告等。

第 **9** 章

STC15 单片机的
CCP/PCA/PWM 模块

【学习目标】

- 理解 CCP/PCA/PWM 模块整体结构；
- 掌握软件捕获模式的基本结构和编程应用；
- 掌握软件定时器模式及其实现的高速脉冲输出的基本原理和编程应用；
- 掌握脉宽调制输出模式的基本结构、脉宽调制的计算方法和编程应用。

【学习指导】

　　CCP/PCA/PWM 模块中，基础的结构是一个 PCA16 位加 1 计数器，CCP/PCA/PWM 模块各项功能都是以这个 PCA16 位计数器的工作为基础的，首先理解这个基础部件，就掌握了理解全部功能的钥匙。捕获模式能检测到引脚上的脉冲波形的跳变边沿及其发生时间；这提供了一个类似外中断的功能，但比单纯的外中断功能更强。软件定时器模式能使得软件不依靠片内定时/计数器，就实现多个定时操作；脉宽调制输出模式可以通过特定寄存器的设置，实现输出的 PWM 波形的频率和脉冲宽度的调节。这两种操作，实质上就是将模块的捕获寄存器（CCAPnH/CCAPnL）与不断加 1 的 PCA 计数器（CH/CL）比较，相等以后执行特定操作的一种结构。

　　STC15 系列单片机的 CCP/PCA/PWM 模块，是相对于经典 51 单片机新增的功能模块，它能实现多路软件定时、外部脉冲信号的捕获、高速脉冲信号的输出，以及脉冲宽度调制输出，功能非常强大，本章分析该模块的结构和应用方法。

　　CCP（Capture Compare PWM），捕获、比较、脉宽调制；PCA（Programmable Counter Array），可编程的计数阵列。STC15 系列单片机最多提供了三路 CCP/PCA/PWM 模块（有的芯片只有两路该模块，有的芯片没有），这三路模块功能都是一样的，都可提供 4 种工作模式。

9.1　CCP/PCA/PWM 模块总体结构

　　如图 9.1 所示为三个模块的总体结构示意图。首先注意，这三个模块有一个公共的定时/计数器 PCA，该计数器也是整个模块实现相关功能的基础。因此，首先搞清楚 PCA 的结构和功能是必要的。其次,我们注意到,和 CCP 等功能有关的引脚是可以配置的,比如模块 0 的信号既可以在 P1.1,也可以在 P3.5,还可以在 P2.5 上。具体在哪个引脚上,可以通过软件设置 P_SW1 特殊功能寄存器(地址为 0A2H)的 CCP_S1 与 CCP_S0 两位来改变。

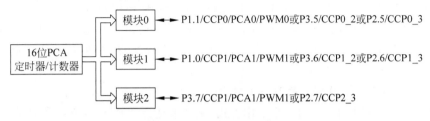

图 9.1　模块的总体结构图

16 位的 PCA 是一个 16 位的加 1 计数器,其当前计数值寄存器为 CH(高 8 位,地址0F9H)、CL(低 8 位,地址 0E9H)。其计数时钟源可以编程选择 8 个时钟源之一,这 8 个时钟源分别为系统时钟 fsys、1/2fsys、1/4fsys、1/6fsys、1/8fsys、1/12fsys、定时器 0 的溢出脉冲以及外部时钟输入 ECI。ECI 是一个外部引脚,可通过上述 P_SW1 特殊功能寄存器的CCP_S1 与 CCP_S0 位配置在 P1.2 或 P3.4 或 P2.4 引脚上。当 PCA 计算器加 1 计数到溢出时,会将内部标志位 CF 置 1,同时若相关中断允许的话,就触发 PCA 计数溢出中断。PCA 计数器结构如图 9.2 所示。

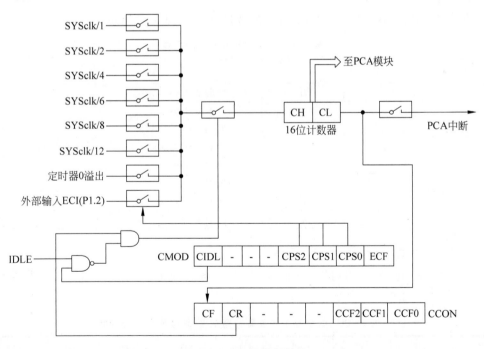

图 9.2　PCA 计数器结构

图 9.2 中涉及 PCA 工作的特殊功能寄存器有两个,即 CMOD 和 CCON,这两个 SFR的定义见 9.2 节。

9.2　CCP/PCA/PWM 模块的特殊功能寄存器

与 CCP/PCA/PWM 模块有关的 SFR 比较多,这些 SFR 控制着该模块的工作模式,保存着该模块的工作状态,要想了解模块的工作流程,首先就需了解这些 SFR 的定义。这些 SFR 中,首先就是 CH、CL,上面已交代,这两个 8 位寄存器存放 PCA 计数器的当前计数值。其他寄存器还有以下几个。

1. PCA 计数器的工作模式寄存器 CMOD

该寄存器用于选择 PCA 的一些工作方式,字节地址为 0D9H,各位定义如表 9.1 所示。

表 9.1　PCA 计数器的工作模式寄存器定义(复位值为 0xxx0000)

位	D7	D6	D5	D4	D3	D2	D1	D0
定义	CIDL	—	—	—	CPS2	CPS1	CPS0	ECF

CIDL:空闲模式下 PCA 是否停止计数工作控制位。为 1,空闲模式下停止工作;为 0,空闲模式下继续工作。

ECF:PCA 计数溢出中断允许位。为 1,PCA 计数溢出后,将向单片机中断控制机构提出 PCA 计数中断;为 0,将禁止 PCA 计数溢出中断。

CPS2、CPS1、CPS0:PCA 计数脉冲源的选择控制,如表 9.2 所示。

表 9.2　PCA 计数脉冲源的选择

CPS2	CPS1	CPS0	PCA 计数脉冲源
0	0	0	系统时钟 $f_{sys}/12$
0	0	1	系统时钟 $f_{sys}/2$
0	1	0	定时器 0 的溢出脉冲
0	1	1	ECI 引脚输入脉冲,最大频率为系统时钟 $f_{sys}/2$
1	0	0	系统时钟 f_{sys}
1	0	1	系统时钟 $f_{sys}/4$
1	1	0	系统时钟 $f_{sys}/6$
1	1	1	系统时钟 $f_{sys}/8$

2. PCA 计数器的控制寄存器 CCON

该寄存器控制 PCA 的启动,并保存 PCA 及各模块的中断申请标志。字节地址为 0D8H,各位定义如表 9.3 所示。

表 9.3　PCA 计数器的控制寄存器定义(复位值为 00xxx000)

位	D7	D6	D5	D4	D3	D2	D1	D0
定义	CF	CR	—	—	—	CCF2	CCF1	CCF0

CR:启动 PCA 的控制位。为 1,启动 PCA 计数操作;为 0,停止 PCA 计数操作。

CF:PCA 计数溢出标志位。当 PCA 计数溢出时,由硬件将 CF 置 1;如果 PCA 计数器中断允许位 ECF＝1,则 PCA 还会向中断控制器发送中断申请(是否真正中断还需要由 EA 位控制),CF＝1 作为中断申请标志位,只能由软件清零。

CF 触发的中断,中断服务程序的入口是程序存储器的 003BH,它与 CCP 模块的比较/捕获中断(见下面的 CCFn)入口相同,因此软件需要在中断服务程序中判断 CF、CCF2、CCF1、CCF0 标志的状态,以确定真正的中断源。

CCF2、CCF1、CCF0:三个 CCP 模块的匹配/捕获标志,当出现比较匹配或脉冲捕获时,由硬件置 1,如果模块允许 CCP 中断(CCAPMn 的 ECCF 设置为 1),则同时向中断控制器发送 CCP 中断申请(注意不是 PCA 计数溢出中断,同时是否真正中断也需要由 EA 位控制),同 CF 一样,只能用软件清零。这三个中断的中断服务入口与 CF 中断入口都一样,见上面的说明。

3. PCA 模块比较/捕获模式寄存器 CCAPMn

实际上这三个寄存器,名称中以及以下的说明中,$n＝0\sim2$,分别对应于控制三个 CCP 模块的比较和捕获操作,字节地址分别为 0DAH、0DBH、0DCH。各位定义如表 9.4 所示。

表 9.4 PCA 模块比较/捕获模式寄存器定义(复位值为 x0000000)

位	D7	D6	D5	D4	D3	D2	D1	D0
定义	—	ECOMn	CAPPn	CAPNn	MATn	TOGn	PWMn	ECCFn

ECOMn:比较器功能允许位。为 1,允许比较器工作;为 0,禁止比较器工作。

CAPPn:捕获上升沿的允许位。为 1,允许上升沿捕获;为 0,禁止上升沿捕获。

CAPNn:捕获下降沿的允许位。为 1,允许下降沿捕获;为 0,禁止下降沿捕获。

MATn:匹配控制位。为 1,则当 PCA 计数器的计数值与模块的比较/捕获寄存器 CCAPnH、CCAPnL 的值相等时,将置位 CCON 寄存器中的 CCFn 标志,表示发生了一次比较匹配操作。

TOGn:翻转控制位。为 1,则在模块高速输出模式下,当 PCA 计数器的当前值等于比较/捕获寄存器 CCAPnH、CCAPnL 的值时,CCPn 引脚状态翻转。

PWMn:脉宽调制模式控制位。为 1,控制 CCP 工作于脉宽调制工作模式,CCPn 引脚上将输出脉宽调制波形;为 0,其他工作模式。

ECCFn:CCP 功能中断允许位。为 1,允许比较/捕获中断(不是 PCA 计数溢出中断),当 CCFn 标志置 1 时,将向中断控制器发送 CCP 中断申请。

以上各位组合设置以后,可确定特定的工作方式,如表 9.5 所示。

表 9.5 CCP 工作模式

序号	ECOMn	CAPPn	CAPNn	MATn	TOGn	PWMn	ECCFn	工作模式
1	0	0	0	0	0	0	0	无操作
2	1	0	0	0	0	1	0	PWM 输出,不允许中断
3	1	1	0	0	0	1	1	PWM 输出,上升沿中断
4	1	0	1	0	0	1	1	PWM 输出,下降沿中断
5	1	1	1	0	0	1	1	PWM 输出,上升沿下降沿均中断

序号	ECOMn	CAPPn	CAPNn	MATn	TOGn	PWMn	ECCFn	工 作 模 式
6	x	1	0	0	0	0	x	16 位捕获模式,上升沿触发
7	x	0	1	0	0	0	x	16 位捕获模式,下降沿触发
8	x	1	1	0	0	0	x	16 位捕获模式,上升下降沿均触发
9	1	0	0	1	0	0	x	16 位软件定时器
10	1	0	0	1	1	0	x	16 位高速脉冲输出

4. PCA 模块捕获/比较寄存器 CCAPnH、CCAPnL

这三对寄存器($n=0\sim2$),分别为三个模块的捕获/比较寄存器的高 8 位(CCAPnH)和低 8 位(CCAPnL)。当模块工作于捕获模式时,它们用于保存捕获发生时的 PCA 计数值;当用于比较匹配时(软件定时器模式),用于保存比较的 PCA 目标计数值;当用于 PWM 方式时,它们用于控制 PWM 输出波形的占空比。

5. PCA 模块 PWM 寄存器 PCA_PWMn

这三个寄存器($n=0\sim2$),分别用来控制三个模块的 PWM 工作方式。定义如表 9.6 所示。

表 9.6　PCA 模块 PWM 寄存器定义(复位值为 00xxxx00)

位	D7	D6	D5	D4	D3	D2	D1	D0
定义	EBSn_1	EBSn_0	—	—	—	—	EPCnH	EPCnL

EBSn_1、EBSn_0:选择 PWM 的位数,如表 9.7 所示。
EPCnH:在 PWM 模式下,与 CCAPnH 组成 9 位数据。
EPCnL:在 PWM 模式下,与 CCAPnL 组成 9 位数据。

表 9.7　PWM 的位数选择

EBSn_1	EBSn_0	PWM 的位数
0	0	8
0	1	7
1	0	6
1	1	无效,仍为 8 位

6. CCP 模块引脚切换寄存器 P_SW1(又称 AUXR1)

该寄存器切换 CCP 模块及其他接口模块的引脚到不同的端口上,地址为 0A2H,定义如表 9.8 所示。

表 9.8　CCP 模块引脚切换寄存器定义(复位值为 00000000)

位	D7	D6	D5	D4	D3	D2	D1	D0
定义	S1_S1	S1_S1	CCP_S0	CCP_S1	SPI_S1	SPI_S0	0	DPS

其中,CCP_S1、CCP_S0 用于切换 CCP 模块的引脚 ECI、CCP0～CCP2,如表 9.9 所示。

表 9.9　CCP 模块引脚切换

CCP_S1	CCP_S0	ECI	CCP0	CCP1	CCP2
0	0	P1.2	P1.1	P1.0	P3.7
0	1	P3.4	P3.5	P3.6	P3.7
1	0	P2.4	P2.5	P2.6	P2.7
1	1	无　效			

9.3　CCP/PCA/PWM 的工作模式及应用举例

STC15 单片机的 CCP 模块具有 4 种工作模式：上升/下降沿捕获模式,软件定时器模式,高速脉冲输出模式,PWM 输出模式。

1. 捕获模式

捕获模式指的是单片机的 CCP 模块,能检测到引脚 CCPn 的一个跳变,从而设置相关标志并引发中断的一种工作模式。设置 SFR 寄存器 CCAPMn 如表 9.5 中序号 6、7、8 的配置,将使 CCP 模块工作于捕获模式。其中,CAPPn 和 CAPNn 的设置,将使模块检测到上升沿、下降沿或任意跳变引发捕获。

当 CCP 模块工作于捕获模式时,若 CCPn 引脚信号发生了一个规定的跳变,CCA 硬件将把 PCA 计数器的当前计数值 CH、CL 装载到捕获/比较寄存器 CCAPnH、CCAPnL 中,作为时刻记录,同时将 CCON 寄存器中的标志 CCFn 置 1。若 CCP 中断允许位 ECCFn=1,且中断总允许位 EA=1,则将向 CPU 提出 CCPn 的中断,程序转到中断服务程序入口 003BH 以后,可通过对相关标志 CF、CCFn 的判断,确认是哪一种中断,判断后需要用指令将 CCFn 标志清零。捕获模式的结构图如图 9.3 所示。

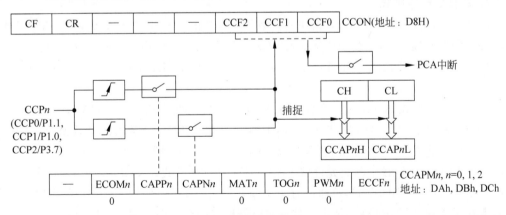

图 9.3　捕获模式的结构图

【例 9.1】　设某应用系统需要检测一个脉冲信号的任意跳变,若发生跳变就调用显示程序显示跳变时刻信息。试采用 CCP 模块的捕获模式完成这一任务,编写相关程序。

CCP 应用,首先应对相关模块进行正确初始化;其次需要编写 CCP 的中断服务程序。以下程序假设将待检测脉冲信号接至 P1.1/CCP0 引脚,使用 CCP 模块 0 来实现相关需求。

另假设显示程序已编写好为 DISP,可显示 B(高 8 位)、A(低 8 位)寄存器中的 16 位二进制数,程序中将跳变时刻捕获的 PCA 计数器的计数值作为跳变时刻信息,在实际应用中当然需要做一个时钟同步和刻度变换的操作。

```
            ORG     003BH               ; 转至 CCP 中断服务程序入口地址
            LJMP    CCP_INT
            ORG     0100H
CCPINIT:    MOV     A,P_SW1
            ANL     A,#0CFH
            MOV     P_SW1,A             ; 设置 CCP0 在 P1.1 引脚上
            MOV     CMOD,#84H           ; 设置 PCA 计数时钟为 fsys,禁止 PCA 计数溢出中断
            MOV     CCON,#00H           ; 禁止 PCA 计数,清零 CF、CCFn 标志
            MOV     CL,#00H
            MOV     CH,#00H             ; 计数初值为 0
            MOV     CCAPM0,#31H         ; CCP0 双跳变捕获,允许捕获中断
            SETB    EA
            SETB    CR                  ; 启动 PCA 计数
            SJMP    $
------------------------------------------------------------------
CCP_INT:    PUSH    ACC
            PUSH    B
            JNB     CCF0,CCPEND         ; 非 CCP0 跳变引起的中断,结束
            CLR     CCF0                ; CCP0 中断标志清零
            MOV     A,CCAP0L            ; 获得捕获时的 PCA 计数值
            MOV     B,CCAP0H
            LCALL   DISP                ; 显示捕获时的 PCA 计数器
CCPEND:     POP     B
            POP     ACC
            RETI
```

2. 软件定时器模式

软件定时器模式是利用 CCP 模块的计数与比较功能,设置在特定时刻产生 CCP 中断,完成特定操作的模式。设置 SFR 寄存器 CCAPMn 如表 9.5 中序号 9 的配置,将使 CCP 模块工作于软件定时器模式。此时,ECOMn=1 允许比较;MATn=1,则比较匹配即触发 CCFn=1。

在软件定时器模式下,将一个代表定时时刻值写入两个寄存器 CCAPnL(低 8 位)、CCAPnH(高 8 位)中,在高 8 位装入后,CCP 模块开始将 PCA 计数器的计数值 CL、CH 与这两个寄存器的值比较,若相等,则硬件将 CCON 寄存器中的标志 CCFn 置 1。若 CCP 中断允许位 ECCFn=1,且中断总允许位 EA=1,则将向 CPU 提出 CCPn 的中断,程序转到中断服务程序入口 003BH 以后,可通过对相关标志 CF、CCFn 的判断,确认是哪一种中断,判断后需要用指令将 CCFn 标志清零。软件定时器模式的结构图如图 9.4 所示。

显然,在这种工作方式下,软件在运行过程中,可以通过修改 CCAPnL(低 8 位)、CCAPnH 寄存器(高 8 位)的值反复设置多个定时器。定时值由 PCA 计数脉冲的频率以及 CCAPnL、CCAPnH 寄存器的值决定,具体计算公式为:定时时间值=PCA 计数脉冲周期× [CCAPnH CCAPnL]。

例如,设系统时钟频率 fsys=18.432MHz,PCA 计数选择的时钟源为 fsys/12,则 PCA

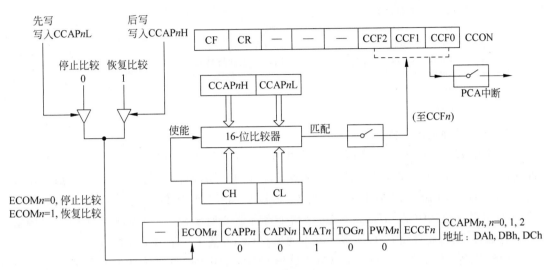

图 9.4　软件定时器模式的结构图

计数脉冲周期为 12/fsys,若要定时 5ms,则 CCAPnL、CCAPnH 应该装入的值为:5ms×fsys/×12=7680(十进制数)=1E00H(十六进制数)

【例 9.2】　试利用软件定时器的功能,定时每隔 20ms 执行一次键盘扫描程序和键盘处理程序。键盘扫描程序在第 13 章有介绍,这里假设已编好,子程序名为 scankey,键盘处理子程序为 keypros。

分析:定时 20ms,首先求对应的比较寄存器的值为多少。设系统时钟频率 fsys=18.432MHz,PCA 计数选择的时钟源为 fsys/12,使用 CCP 模块 0,则 CCAP0L、CCAP0H 应该装入的值为:20ms×fsys/×12=30 720(十进制数)=7800H(十六进制数)。在发生一次定时中断以后,将 CCAP0L、CCAP0H 继续加上 7800H,则下一次定时中断将同样在20ms 以后发生。程序如下。

```
            ORG     003BH           ; 转至 CCP 中断服务程序入口地址
            LJMP    CCP_INT
            ORG     0100H
CCPINIT:    MOV     CMOD, #80H      ; 设置 PCA 计数时钟为 fsys/12,禁止 PCA 计数溢出中断
            MOV     CCON, #00H      ; 禁止 PCA 计数,清零 CF、CCFn 标志
            MOV     CL, #00H
            MOV     CH, #00H        ; 计数初值为 0
            MOV     CCAP0L, #0      ; 设置定时值
            MOV     CCAP0H, #78H
            MOV     CCAPM0, #49H    ; CCP0 软件定时器模式,允许中断
            SETB    EA
            SETB    CR              ; 启动 PCA 计数
            SJMP    $
--------------------------------------------------------
CCP_INT:    PUSH    ACC
            PUSH    PSW
            JNB     CCF0,CCPEND     ; 非 CCP0 跳变引起的中断,结束
            CLR     CCF0            ; CCP0 中断标志清零
            MOV     A, #78H         ; 调整下一周期的定时比较值
```

```
        ADD   A,CCAP0H
        MOV   CCAP0H,A
        LCALL scankey              ; 执行键盘扫描任务
        LCALL keypros              ; 执行键盘处理任务
CCPEND: POP   PSW
        POP   ACC
        RETI
```

3. 高速脉冲输出模式

设置 SFR 寄存器 CCAPMn 如表 9.5 中序号 10 的配置,将使 CCP 模块工作于高速脉冲输出模式。与软件定时器模式比较,仅多置位 TOGn(高速输出翻转控制位)。那么这种模式和软件定时器模式基本一致,当 CCP 模块将 PCA 计数器的计数值 CL、CH 与 CCAPnL(低 8 位)、CCAPnH(高 8 位)这两个寄存器的值比较,若相等,则将 CCPn 引脚信号状态翻转,同时硬件将 CCON 寄存器中的标志 CCFn 置 1。若 CCP 中断允许位 ECCFn=1,且中断总允许位 EA=1,则将向 CPU 提出 CCPn 的中断,程序转到中断服务程序入口 003BH 以后,可通过对相关标志 CF、CCFn 的判断,确认是哪一种中断,判断后需要用指令将 CCFn 标志清零。高速脉冲输出模式的结构图如图 9.5 所示。

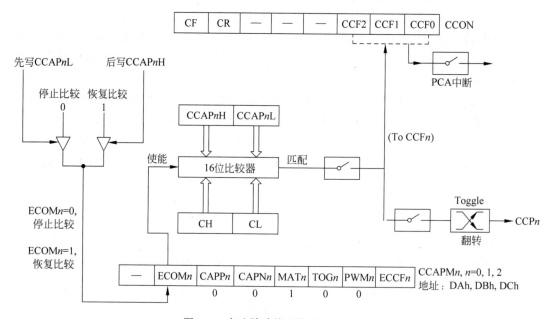

图 9.5　高速脉冲输出模式的结构图

【例 9.3】　试利用高速脉冲输出模式,输出 50Hz 占空比 1:1 的方波。

分析：设利用 CCP 模块 0 实现方波输出,输出信号从引脚 P1.1/CCP0 输出。50Hz 的方波,意味着每隔 10ms 即需要将 P1.1/CCP0 引脚上的信号反相一次,为此,设置软件定时器的定时时间为 10ms,设系统时钟频率 $f_{sys}=18.432$MHz,PCA 计数选择的时钟源为 $f_{sys}/12$,使用 CCP 模块 0,则 CCAP0L、CCAP0H 应该装入的值为：10ms×$f_{sys}/$×12 = 15 360(十进制数)= 3C00H(十六进制数)。在发生一次定时中断以后,将 CCAP0L、CCAP0H 继续加上 3C00H,则下一次定时中断将同样在 10ms 以后发生。程序如下。

```
            ORG     003BH                ; 转至 CCP 中断服务程序入口地址
            LJMP    CCP_INT
            ORG     0100H
CCPINIT:    MOV     CMOD, #80H           ; 设置 PCA 计数时钟为 fsys/12,禁止 PCA 计数溢出中断
            MOV     CCON, #00H           ; 禁止 PCA 计数,清零 CF、CCFn 标志
            MOV     CL, #00H
            MOV     CH, #00H             ; 计数初值为 0
            MOV     CCAP0L, #0           ; 设置定时值
            MOV     CCAP0H, #3CH
            MOV     CCAPM0, #4DH         ; CCP0 高速脉冲输出模式,允许中断
            SETB    EA
            SETB    CR                   ; 启动 PCA 计数
            SJMP    $
-----------------------------------------------------------------
CCP_INT:    JNB     CCF0,CCPEND          ; 非 CCP0 跳变引起的中断,结束
            CLR     CCF0                 ; CCP0 中断标志清零
            MOV     A, #3CH              ; 调整下一周期的定时比较值
            ADD     A,CCAP0H
            MOV     CCAP0H,A
CCPEND:     RETI
```

4. PWM 输出模式

PWM 波形是一种占空比可调的脉冲波形,如图 9.6 所示,在一个周期 T 内,调节脉冲的占空时间 t,占空比为 t/T。实际上是调节平均电压的值,此即所谓脉冲宽度调制 PWM。PWM 技术在开关电源、电机调速等方面有广泛的应用。

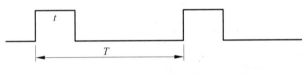

图 9.6　PWM 波形示意

CCP 各模块可以实现 PWM 脉冲调制输出。此时需要设置 SFR 寄存器 CCAPMn 如表 9.5 中序号 2、3、4、5 的配置。在 PWM 输出模式下,由 PCA 的加 1 计数器低 8 位 CL(此处以 8 位的 PWM 模式为例)来定时脉冲的周期 T,由 CCAPnL 来定时脉冲宽度 t。我们可以设置一个数值存于 CCAPnL 中,当 PCA 加 1 计数器低 8 位 CL 小于 CCAPnL 值时,CCPn 引脚上输出低电平;当 CL 加 1 计数值大于或等于 CCAPnL 值时,CCPn 引脚上输出翻转为高电平;当 CL 计数溢出从 0FFH 至 0 后,重新开始新的周期 T,这种比较、相等翻转的操作继续自动进行。这就是 CCP 模块的 PWM 工作模式的基本过程。

PWM 输出模式可设置为 8 位 PWM、7 位 PWM、6 位 PWM。8 位 PWM,指的是定时脉冲周期 T 的定时/计数器为 CL 的 8 位;定时脉冲宽度 t 的定时时间为 CCAPnL 的 8 位,再加上一个附加的第 9 位,即 PCA_PWMn 寄存器中的 EPCnL 位;7 位 PWM,指的是定时脉冲周期 T 的定时/计数器为 CL 的低 7 位(D6~D0);定时脉冲宽度 t 的定时时间为 CCAPnL 的低 7 位,再加上一个附加的 EPCnL 位;6 位 PWM,指的是定时脉冲周期 T 的定时/计数器为 CL 的低 6 位(D5~D0);定时脉冲宽度 t 的定时时间为 CCAPnL 的低 6 位,再加上一个附加的 EPCnL 位。如图 9.7 所示为 8 位 PWM 输出模式的结构图。

从图 9.7 可知,在 PWM 输出模式下,PCA 计数器正常加 1 计数。加 1 计数过程中,计数器的低 8 位 CL,加上最高位一个 0,共 9 位数据的值,一直在和 CCAPnL 的 8 位加上 EPCnL 位的 9 位数据进行比较。若 CL 的 9 位数据值小于 CCAPnL 等 9 位数据值,则 CCPn 引脚上输出低电平;反之,当 CL 的 9 位数据值大于 CCAPnL 等 9 位数据值时,CCPn 引脚上立即翻转为高电平。当 CL 加 1 计数从 0FFH 加到溢出时,CCPn 又翻转为低电平,同时 CCAPnH 的 8 位和 EPCnH 的 1 位共 9 位数据,又装载到 CCAPnL 和 EPCnL 中。在新的周期 T 内,模块继续前述的比较操作。这样就能连续输出 PWM 波形。

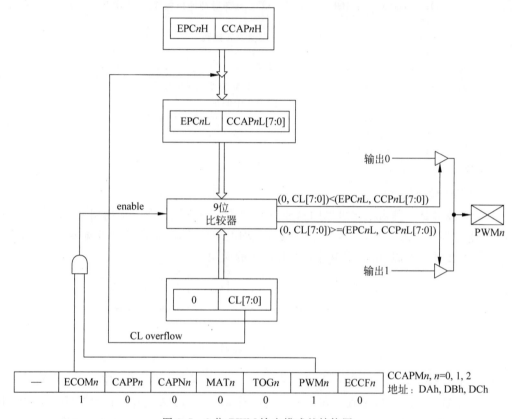

图 9.7　8 位 PWM 输出模式的结构图

这种装载操作很重要,它使得程序在不需要中断或其他干预的情况下,可以在新的周期内使用新的比较目标值,从而实现脉冲宽度的改变(脉宽调制)。

由此可知,每 CL 溢出一次,即完成一个 PWM 周期 T,在一个 T 中,首先计数 CCAPnL 值的低电平,才翻转为高电平输出,因此可以得出在 8 位 PWM 模式下,计算 PWM 波的周期和脉宽、占空比的公式为:

$$PWM \text{ 波的周期 } T = 256 \times PCA \text{ 计数时钟源的周期}$$

$$PWM \text{ 波的脉宽 } t = (256 - CCAP n L \text{ 值}) \times PCA \text{ 计数时钟源周期}$$

$$\text{占空比} = t/T = (256 - CCAP n L \text{ 值})/256$$

关于 PWM 波周期的调整,从上述可知,我们可以改变 PCA 的计数时钟源的频率,来调节 PWM 波形的周期 T(或频率)。实际上,可设置 PCA 加 1 计数时钟源为定时器 0 的溢出脉冲或来自引脚 ECI 的时钟信号。这样,对于时钟源为定时器 0 的溢出脉冲的,可通过调节定时器 T0 的定时时间常数,来调节它的溢出周期;对于时钟源为 ECI 引脚信号的,调节 ECI 信号频率。两者都可以更加灵活地调节输出 PWM 波的频率。

当单片机某个 I/O 口用作 PWM 输出模式时,该端口状态见表 9.10。

表 9.10　I/O 口用作 PWM 输出时端口状态

用作 PWM 前的状态	用作 PWM 输出口时的状态
弱上拉/准双向口	强推挽输出/强上拉输出,要加输出限流电阻 1～10kΩ
强推挽输出/强上拉输出	强推挽输出/强上拉输出,要加输出限流电阻 1～10kΩ
仅为输入/高阻	PWM 输出无效
开漏	开漏

【例 9.4】　利用 CCP 模块的 PWM 输出模式,输出一个频率为 36kHz,占空比为 75% 的 PWM 波形。设系统时钟为 18.432MHz。

这是一个典型的 PWM 输出问题。设使用片内 CCP 模块 0 实现本要求,PWM 信号将从引脚 P1.1/CCP0/PCA0/PWM0 上输出。

设使用 8 位 PWM 输出方式,则依据 $T=256\times$PCA 计数时钟源周期,可以计算得到当 PCA 计数时钟源频率(周期的倒数)$=9.216$MHz 时,可实现频率 36kHz 的 PWM 波,而这正好是系统时钟 fsys 的 1/2,所以可设置 PCA 加 1 计数时钟源为 fsys/2。

依据占空比的公式,可得 CCAP0L 值$=64=40$H。

```
            ORG     0100H
CCPINIT:    MOV     CMOD, #82H      ; 设置 PCA 计数时钟为 fsys/2,禁止 PCA 计数溢出中断
            MOV     CCON, #00H      ; 禁止 PCA 计数,清零 CF、CCFn 标志
            MOV     CL, #00H
            MOV     CH, #00H        ; 计数初值为 0
            MOV     CCAP0L, #40H    ; 设置占空比调节定时值
            MOV     CCAP0H, #40H
            MOV     CCAPM0, #42H    ; CCP0 为 PWM 输出模式,禁止中断
            MOV     PCA_PWM0, #0    ; 设置 8 位 PWM 模式
            SETB    CR              ; 启动 PCA 计数
            SJMP    $
```

利用 PWM 输出模式还可以实现将数字量转化为模拟量输出,即 D/A 转换。依据理论计算,PWM 信号的平均电压与占空比基本上成正比的关系,如果将 PWM 波用低通滤波电路进行平滑,就可以得到平滑的输出电压,只要该滤波电路的时间常数远远大于 PWM 波的周期 T 就行。该平滑的输出电压就是平均电压,也与占空比基本成正比关系,所以也与设置在 CCAPnL 中的数字量成正比的关系,这就是 D/A 转换要求的。相关输出滤波电路可参考图 9.8。

STC15 系列单片机还有 7 位 PWM、6 位 PWM 的模式,这两种模式和 8 位 PWM 模式相比,除了确定 PWM 波形周期 T 的 PCA 计数器位数,以及确定 PWM 脉宽的比较目标寄存器的位数不一样外,其他都是一样的。读者可根据 8 位 PWM 模式的工作过程和参数计算方法,很容易理解和确定 7 位 PWM、6 位 PWM 的工作过程及参数计算方法。

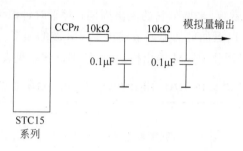

图 9.8　PWM 作为 D/A 输出电路

小结

本章介绍了 STC15 系列单片机的 CCP/PCA/PWM 模块的内部结构、工作模式、编程应用。软件定时器模式提供了在设定时间执行某一个操作的功能；高速输出模式提供了一个在设定时间对模块引脚信号状态翻转的功能；PWM 模式提供了输出 PWM 波形的功能。在编程时，理解模式寄存器 CCAPM0 的功能很重要，表 9.2 提供了配置方法，在各种模式中，理解 CCAPnL 和 CCAPnH 这两个寄存器的作用是另一个关键，它们是控制软件定时器定时时间、获取捕获时间、高速输出时间及 PWM 波的脉宽值的主要手段。

习题

1. 何谓 PCA/CCP/PWM？
2. 与 PCA/CCP/PWM 关联的引脚有哪些？如何将它们配置到不同 I/O 口上？
3. PCA 计数脉冲源可以有哪些？最大的计数脉冲频率为多少？
4. 如何实现 PCA 计数脉冲频率为系统时钟频率的 24 分频、30 分频？
5. 何谓捕获模式？如何实现仅捕获上升沿或上升下降沿均捕获？
6. 何谓软件定时器模式？利用此模式编程实现定时 100ms 的规律产生中断的程序。
7. 何谓高速脉冲输出模式？试利用此模式编程实现输出 100Hz 占空比 1∶1 的方波。
8. 何谓 PWM 输出模式？如何实现 PWM 波的脉冲宽度和周期的调整？
9. PWM 输出模式中，8 位、7 位、6 位 PWM 方式的区别是什么？
10. 设系统时钟为 18.432MHz，编程实现频率为 100kHz、占空比为 1/3 的 PWM 波。
11. 试计算 STC15 单片机（设其系统频率 fsys 已知）的 PCA/CCP/PWM 模块，其 PWM 波的频率最大可为多少。
12. 如何利用 PWM 输出实现数/模转换 DAC？能否估算这种 DAC 方式的大致分辨率？
13. 综合设计。
利用 PWM 输出模式，设计一个脉宽调制输出系统，该系统 PWM 波的频率（为 kHz 数量级）为可调，通过设置 PCA 计数时钟源为 T0 溢出率来实现；脉宽也可调，系统控制算法每隔 100ms 调节一次脉宽，每隔 1min 调节一次 PWM 频率。试编写有关程序。

第 **10** 章

STC15 单片机的 SPI 接口

【学习目标】

- 理解 SPI 总线在多种模式下的数据传输过程和工作时序；
- 掌握 SPI 总线接口编程方法，包括初始化编程、中断模式或查询模式下的数据传输；
- 掌握使用 SPI 总线在不同功能模块间传输数据的软件编程方法。

【学习指导】

SPI 总线是一种通用的串行总线，因此首先阅读 SPI 总线的一般技术特性、数据传输过程和工作时序，对于理解 STC15 单片机的 SPI 接口很有帮助；其次，重点掌握 STC15 单片机的 SPI 接口编程；最后，通过查阅具有 SPI 接口器件的技术文档，学习它们的使用方法，尝试将它们和 STC15 单片机连接起来并编写程序，可以进一步深化对 SPI 接口的理解，掌握它们的应用方法。

SPI(Serial Peripheral Interface)是 Motorola 公司推出的串行接口标准总线，允许微控制器与不同厂家生产的标准外围设备直接连接，以串行方式交换信息。通过 SPI 可方便地和各种外围接口器件，如 EEPROM、A/D、日历时钟及显示驱动等。

SPI 采用主从式方式传送数据，主机控制传输的启动。SPI 使用三条信号线：串行时钟 SCLK，主机输入/从机输出数据线 MISO(简称 SO)，主机输出/从机输入数据线 MOSI(简称 SI)，另有一条选择通信从机的选择线 $\overline{SS}$，传输数据在时钟 SCLK 同步之下，在两根信号线上传输，$\overline{SS}$ 则是主机发出的选择进行数据传输的从机控制线，低电平有效，只有被主机发送的 $\overline{SS}$ 选中的从机，才可能和主机交换数据。SPI 主要支持一主多从机的连接方式。

STC15 系列单片机片内集成了 SPI 总线的接口，可以方便地实现和 SPI 设备的串行数据通信。

10.1 STC15 单片机 SPI 接口的结构

STC15 单片机的结构如图 10.1 所示，其内部核心是一个 8 位移位寄存器和数据缓冲器，移位寄存器负责将并行数据转换成串行数据，然后在时钟同步之下发送出去；或者在时钟同步之下,将接收到的串行数据转换成并行数据,供指令读取。数据缓冲器用于保存读取的或写出的数据,需要发送的数据只需写到数据缓冲寄存器即可,接收的数据也从这个寄存器中读取。SPI 接口可实现同时发送和接收。其他部件包括控制 SPI 接口工作方式的特殊功能寄存器和保存 SPI 状态的特殊功能寄存器,以及配置 SPI 信号线在不同引脚上的引脚控制逻辑。

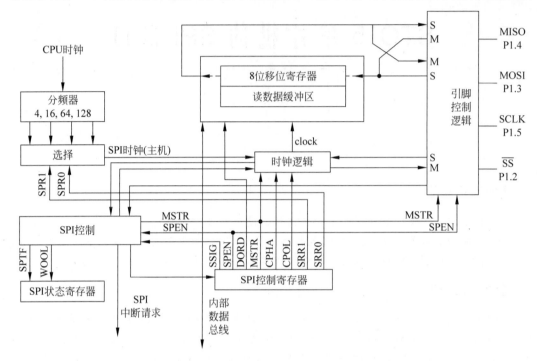

图 10.1   STC15 单片机 SPI 接口结构图

10.2   SPI 接口的信号及通信方式

像 STC15 单片机其他接口部件一样,SPI 接口的 4 种信号 MISO、MOSI、SCLK、$\overline{SS}$ 都可以配置到不同的引脚上,这个切换通过设置 P_SW1(又称 AUXR1,地址为 0A2H)这个特殊功能寄存器的 SPI_S1、SPI_S0 两位来实现。P_SW1 的定义及具体设置方法如表 10.1 和表 10.2 所示。

表 10.1   P_SW1 各位定义(复位值为 00000000)

位	D7	D6	D5	D4	D3	D2	D1	D0
定义	S1_S1	S1_S1	CCP_S1	CCP_S1	SPI_S1	SPI_S0	0	DPS

表 10.2   SPI 引脚的切换

SPI_S1	SPI_S0	$\overline{SS}$	MOSI	MISO	SCLK
0	0	P1.2	P1.3	P1.4	P1.5
0	1	P2.4	P2.3	P2.2	P2.1
1	0	P5.4	P4.0	P4.1	P4.3
1	1	无	效		

各信号的功能如下。

MOSI(Master Out Slave In,主出从入):主机的输出和从机的输入,用于串行数据从主机到从机的传输。当 SPI 接口作为主机时,该信号是输出;当 SPI 接口为从器件时,该信号是输入。根据 SPI 规范,多个从机可以挂在这一信号线上面,共享一根 MOSI 信号线。

MISO(Master In Slave Out,主入从出):从机的输出和主机的输入,用于实现从机到主机的数据传输。当 SPI 接口为主机时,该信号是输入;当 SPI 接口为从机时,该信号是输出。同样在 SPI 规范中,多个从机共享一根 MISO 信号线。当主机与一个从机通信时,其他从机应将其 MISO 引脚驱动置为高阻状态。

SCLK(SPI Clock,串行时钟信号):该信号是由主机输出至从机的,用于同步主机和从机之间在 MOSI 和 MISO 线上的串行数据传输。当主机启动一次数据传输时,自动产生 SCLK 时钟信号给从机,在 SCLK 的每个跳变处(上升沿或下降沿)移出一位数据,以此同步数据的发送和接收。所以,SCLK 信号的频率决定了 SPI 数据传送的速率。

$\overline{SS}$(Slave Select,从机选择信号):对于从机来说,这是一个输入信号。由主机输出来选择处于从模式 SPI 模块的,低电平有效。对于主机来说,其$\overline{SS}$引脚可通过 10kΩ 的电阻上拉高电平(对于 STC15 单片机,此时需要编程选择忽略$\overline{SS}$信号)。每一个从机的$\overline{SS}$,可接到主机的 I/O 口,由主机控制电平高低,以便主机选择从机。对于从机,只有在$\overline{SS}$信号有效的情况下,才能进行发送或者接收。SPI 主机可以使用本信号选择一个 SPI 器件作为当前的从机。

应用 STC15 系列单片机的 SPI 接口,可组成如下几种数据通信方式:单主机-单从机方式,双器件方式(器件可互为主机和从机)和单主机-多从机方式。

1. 单主机-单从机方式

本方式的连接示意图如图 10.2 所示。

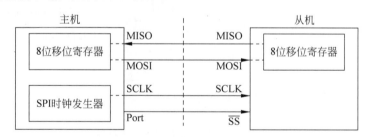

图 10.2　单主机-单从机方式连接图

这是一种最简单的方式,主机使用一根输出口线用于选择从机。当主机程序向 SPI 接口的数据缓冲器(SPDAT 寄存器)写入一个字节时,立即启动一个连续的 8 位移位通信过程:主机的 SCLK 引脚向从机的 SCLK 引脚发出一串脉冲,在这串脉冲的驱动下,主机 SPI 的 8 位移位寄存器中的数据移动到了从机 SPI 的 8 位移位寄存器中,与此同时,从机 SPI 的 8 位移位寄存器中的数据移动到了主机 SPI 的 8 位移位寄存器中。由此,主机既可向从机发送数据,又可读从机中的数据。

2. 双器件方式(器件可互为主机和从机)

本方式的连接示意图如图 10.3 所示。

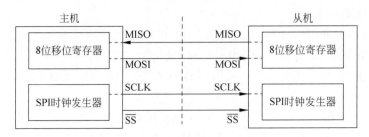

图 10.3　双器件方式的连接图

如图 10.3 所示的两个器件可互为主从。当没有发生 SPI 操作时,两个器件都可配置为主机(MSTR=1),此时将 SSIG 位清零(不忽略$\overline{SS}$信号)并将 P1.2($\overline{SS}$)配置为准双向方式。当其中一个器件想成为主机而启动传输时,它可将 P1.2($\overline{SS}$)配置为输出并驱动为低电平,根据 SPI 接口内部原理,另一个器件就被强制变为从机。

也可以将两个器件初始化为从机,SSIG 为 1(忽略$\overline{SS}$信号)。当一方要发送数据时,先检测其 P1.2($\overline{SS}$)信号,若为高,则可将自己设置为忽略$\overline{SS}$信号的主模式,并将对方器件的$\overline{SS}$信号拉低,就可以启动数据发送了。

3. 单主机-多从机方式

单主机-多从机方式的连接图如图 10.4 所示。

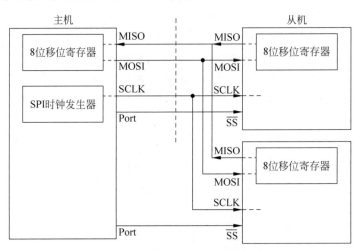

图 10.4　单主机-多从机方式连接图

在图 10.4 中,将各从机的 SSIG 设置为 0(即不忽略$\overline{SS}$信号),这样主机可以通过对应的$\overline{SS}$信号选中各从机。显然,有多少 SPI 从机,就需要 SPI 主机使用多少个输出口线来驱动$\overline{SS}$脚。

10.3　SPI 接口的特殊功能寄存器

STC15 单片机和 SPI 通信有关的 SFR 包括 SPCTL、SPSTAT、SPDAT 等,它们的定义如下。

1. SPI 控制寄存器 SPCTL

SPCTL 的地址为 0CEH,如表 10.3 所示。

表 10.3　SPI 控制寄存器的定义(复位值为 00000000)

位	D7	D6	D5	D4	D3	D2	D1	D0
定义	SSIG	SPEN	DORD	MSTR	CPOL	CPHA	SPR1	SPR0

SSIG: $\overline{SS}$ 引脚忽略控制位。为 1,忽略 $\overline{SS}$ 引脚,由 MSTR 确定是主机还是从机;为 0,由 $\overline{SS}$ 引脚信号确定器件是主机还是从机。

SPEN: SPI 使能位。为 1,允许 SPI 通信;为 0,禁止 SPI 通信,所有 SPI 引脚可作为 I/O 口线使用。

DORD: 设置 SPI 数据传输的次序。为 1,先低位(LSB)后高位(MSB);为 0,先高位后低位。

MSTR: SPI 主机/从机模式选择位。为 1 选择主机模式,为 0 选择从机模式。与其他位及信号配合,可得 SPI 接口如表 10.4 所示的工作模式。

表 10.4　SPI 接口的工作模式

SPEN	SSIG	$\overline{SS}$/P1.2	MSTR	SPI 模式	MISO	MOSI	SCLK	功能说明
0	X	P1.2	X	禁止	P1.4	P1.3	P1.5	禁止 SPI,引脚作普通 I/O
1	0	0	0	从机	输出	输入	输入	选择作为从机
1	0	1	0	从机未选中	高阻	输入	输入	从机,但未被选中,MISO 高阻态以免冲突
1	0	0	1→0	从机	输出	输入	输入	$\overline{SS}$ 为输入且 SSIG=0 时,当 $\overline{SS}$ 为 0 时,则选择作为从机。此时 MSTR 将自动清零
1	0	1	1	主机(空闲)	输入	高阻	高阻	主机空闲时,MOSI 和 SCLK 为高阻态以避免总线冲突。用户必须将 SCLK 上拉或下拉(根据 CPOL 的取值)以避免 SCLK 出现悬浮状态
1	0	1	1	主机(激活)	输入	输出	输出	作为主机激活时,MOSI 和 SCLK 为推挽输出
1	1	P1.2	0	从机	输出	输入	输入	
1	1	P1.2	1	主机	输入	输出	输出	

CPOL: SPI 时钟极性控制。为 1,SCLK 空闲时为高电平,所以 SCLK 的前时钟沿为从高到低的下降沿,后沿为从低到高的上升沿;为 0,SCLK 空闲时为低电平,SCLK 的前时钟沿为上升沿而后沿为下降沿。

CPHA: SPI 时钟相位选择。为 1,数据在 SCLK 的前沿驱动(即输出),并在后沿采样;为 0,则在 SCLK 的后沿输出,并在前沿采样,注意此时数据传输要求在 $\overline{SS}$ 为低且 SSIG=0(即不能忽略 $\overline{SS}$)时进行,而在 SSIG = 1 时的操作未定义。

SPR1、SPR0: SPI 时钟频率选择控制位。STC15W 系列与 STC15F/L 系列具有不同的 SPI 时钟频率,其中,STC15W 系列单片机的 SPI 时钟频率选择如表 10.5 所示。

表 10.5　SPI 时钟选择

SPR1	SPR0	SPI 时钟 SCLK(STC15W 系列)	SPI 时钟 SCLK(STC15F/L 系列)
0	0	fsys/4	fsys/4
0	1	fsys/8	fsys/16
1	0	fsys/16	fsys/64
1	1	fsys/32	fsys/128

2. SPI 状态寄存器 SPSTAT

SPSTAT 的地址为 0CDH,如表 10.6 所示。

表 10.6　SPI 状态寄存器定义(复位值为 00xxxxxx)

位	D7	D6	D5	D4	D3	D2	D1	D0
定义	SPIF	WCOL	—	—	—	—	—	—

SPIF:SPI 传输完成标志。当一次串行传输完成时,SPIF 置位。此时,如果 SPI 中断允许(即 IE2 寄存器的 ESPI 位和 IE 寄存器的 EA 位都置位),则产生中断。当 SPI 处于主模式且 SSIG=0 时,如果 $\overline{SS}$ 为输入并被驱动为低电平,SPIF 也将置位,表示"模式改变"。SPIF 标志通过软件向其写入 1 清零。

SPI 写冲突标志。在数据传输的过程中如果对 SPI 数据寄存器 SPDAT 执行写操作,WCOL 将置位。WCOL 标志通过软件向其写入 1 清零。

3. SPI 数据寄存器 SPDAT(地址 0CFH)

该寄存器是 SPI 接口保存收/发数据的寄存器。

10.4　SPI 数据传输过程及接口时序

1. 数据传输过程

当 SPI 接口作为从机时,若 CPHA=0,则 SSIG 必须为 0(也就是不能忽略 $\overline{SS}$ 引脚信号),$\overline{SS}$ 脚必须置低并且在每个连续的串行字节发送完后须重新设置为高电平。如果 SPDAT 寄存器在 $\overline{SS}$ 有效(低电平)时执行写操作,那么将导致一个写冲突错误。CPHA=0 且 SSIG=1 时的操作未定义。

当 CPHA=1 时,SSIG 可以置 1(即可以忽略 $\overline{SS}$ 引脚)。如果 SSIG=0,$\overline{SS}$ 脚可在连续传输之间保持低有效(即一直固定为低电平)。

显然,通信的双方应将 CPHA、CPOL 设置一致。

当 SPI 接口作为主机时,传输由它启动。主机对 SPI 数据寄存器的写操作将启动 SPI 时钟发生器和数据的传输。在数据写入 SPDAT 之后的半个到一个 SPI 位时间后,数据将出现在 MOSI 脚。

在一个字节的传输周期里,写入主机 SPDAT 寄存器的数据从 MOSI 脚移出,发送到从机的 MOSI 脚；同时从机 SPDAT 寄存器的数据从 MISO 脚移出，发送到主机的 MISO 脚，同时完成"主发从收"和"从发主收"的传输，所以，在一个传输周期中，主机和从机的一个字节数据会相互交换。传输完一个字节后，SPI 时钟发生器停止，传输完成标志(SPIF 位)置位，如果 SPI 中断允许的话，会产生一个中断申请。

如果 SPEN=1，SSIG=0(不忽略$\overline{\text{SS}}$引脚)且 MSTR=1，SPI 接口被设置为主机模式。此时可将 SS 脚配置为输入或准双向模式，在这种情况下，系统中另外一个主机可将该$\overline{\text{SS}}$脚拉成低电平，这将使本接口的 MSTR 清零，将其强制改变为 SPI 从机，并向其发送数据。此时，MOSI 和 SCLK 强制变为输入，而 MISO 则变为输出，且 SPSTAT 的 SPIF 标志位会被置位，如果 SPI 中断已被允许，则会提出 SPI 中断申请。本 SPI 接口若想继续保持为主机，可重新将 MSTR 置 1。

SPI 在发送时为单缓冲，在接收时为双缓冲。这样在前一次发送尚未完成之前，不能将新的数据写入移位寄存器。当发送过程中对数据寄存器进行写操作时，WCOL 位(SPSTAT.6 位)将置位，以指示数据冲突。在这种情况下，当前发送的数据继续发送，而新写入的数据将丢失。接收数据时，接收到的数据传送到一个并行读数据缓冲区，这样将释放移位寄存器以进行下一个数据的接收。但必须在下个字符完全移入之前从数据寄存器中读出接收到的数据，否则，前一个接收数据将丢失。

2. 数据传输时序

如图 10.5～图 10.8 所示为 SPI 数据传输的时序图。我们注意到，数据传输由 SCLK 时钟同步，但时钟同步的作用由极性控制位 CPOL 和相位控制位 CPHA 决定。当 CPOL=1 时，SCLK 的高电平为空闲 IDLE 状态，低电平为激活 ACTIVE 状态，前沿是下降沿，后沿是上升沿；CPOL=0 时正好相反；当 CPHA=0 时，SPI 接口对数据的操作是：前沿采样，后沿输出；当 CPHA=1 时正好相反：后沿采样，前沿输出。

当然，应用程序实际上不需要管这些，只需要将各 SPI 接口的 CPOL 及 CPHA 设置一致就行了。

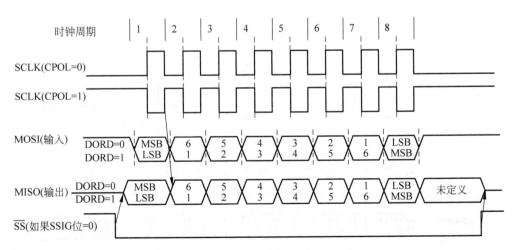

图 10.5　SPI 从机传输格式(CPHA=0)

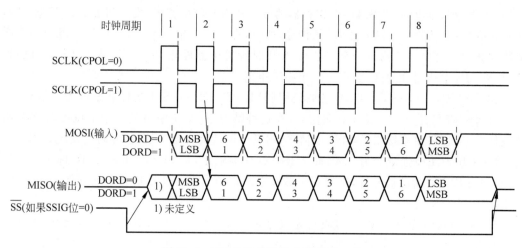

图 10.6　SPI 从机传输格式(CPHA＝1)

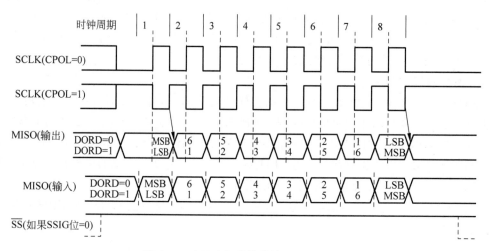

图 10.7　SPI 主机传输格式(CPHA＝0)

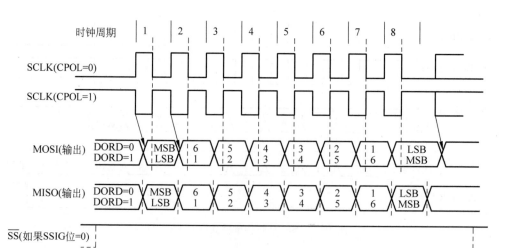

图 10.8　SPI 主机传输格式(CPHA＝1)

10.5　SPI 通信应用举例

【例 10.1】　两个 STC15 单片机，使用 SPI 进行通信，其中一个单片机（甲机）为主机，另一个单片机（乙机）为从机，现编程将甲机片内 RAM 的 30H 单元开始的 16 个字节数据传送到乙机中。乙机接收主机的数据后，存放于 30H 开始的片内 RAM。乙机送过来的数据丢失。

这是一个典型的单主机-单从机的 SPI 数据传送任务，设主机采用中断方式，从机采用查询方式，两设备的连接示意图如图 10.9 所示。主机和从机的程序分别编写。

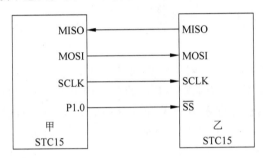

图 10.9　SPI 主-从机连接图

主机端的程序：

```
SPISS    EQU     P1.0
         ORG     004BH                ; SPI 中断入口
         LJMP    SPIINT               ; 转向真正的中断服务程序
         ORG     0100H
         MOV     SPSTAT,#0C0H         ; 将 SPIF 及 WCOL 清零
         MOV     SPCTRL,#0D2H         ; 启动 SPI、设置为主机、忽略SS、SCLK 时钟为 fsys/16
         MOV     R0,#30H              ; 设置传送的数据指针
         MOV     R7,#16               ; 设置传送的数据个数
         ORL     IE2,#02              ; 允许 SPI 中断
         SETB    EA                   ; 开总中断
         CLR     SPISS                ; 将从机SS拉低电平
         MOV     A,@R0
         MOV     SPDAT,A              ; 发送第一个字节
         SJMP    $                    ; 等待
SPIINT:  MOV     SPSTAT,#0C0H         ; 将 SPIF 及 WCOL 清零
         SETB    SPISS                ; 将从机SS拉高
         INC     R0                   ; 修改数据指针
         DJNZ    R7,SPI1              ; 传送完否
         ANL     IE2,#0FDH            ; 禁止 SPI 中断
         SJMP    SPIEND
SPI1:    CLR     SPISS                ; 将从机SS拉低电平
         MOV     A,@R0
         MOV     SPDAT,A              ; 传送下一个数据
SPIEND:  RETI                         ; 中断返回
```

从机端程序：

```
            ORG     0100H
            MOV     SPSTAT, #0C0H      ; 将 SPIF 及 WCOL 清零
            MOV     SPCTRL, #42H       ; 启动 SPI、设置为从机、SCLK 时钟为 fsys/16
            MOV     R0, #30H           ; 设置存放接收数据的指针
            MOV     R7, #16            ; 设置接收数据个数
            ANL     IE2, #0FDH         ; 禁止 SPI 中断
SPI1:       MOV     A, SPSTAT
            JNB     ACC.7, SPI1
            MOV     SPSTAT, #0C0H      ; 将 SPIF 及 WCOL 清零
            MOV     A, SPDAT
            MOV     @R0, A             ; 发送第一个字节
            INC     R0                 ; 修改数据指针
            DJNZ    R7, SPI1           ; 传送完否，未完继续
            SJMP    $
```

【例 10.2】 设两台 STC15 系列单片机通过 SPI 总线相连，假设每个单片机都外接了一个按钮 K，当用户按下 K 时，就启动本单片机将片内 RAM 的 30H 单片开始的 16 个字节内容传送到另一个单片机，并存入 40H 号单元开始的 RAM 区。试编写两边的相关程序。

这是一个典型的可互为主从的 SPI 数据通信任务。设两边均采用中断方式传输，在平时无数据传输任务时，两边均设置为从机方式，当一方检测到按钮 K 按下时(这里不考虑按钮的去抖操作以及等待键释放等问题)，则检测本机的 $\overline{SS}$ 引脚，若 $\overline{SS}$ 引脚电平为高，则自身设为主机，并启动数据通信。一次 16 字节的数据通信完毕后，再将自身设置为从机，等待下一次的通信任务。硬件连接示意图如图 10.10 所示。

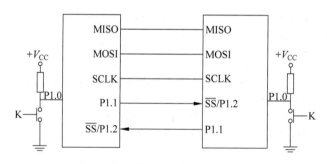

图 10.10　互为主从的 SPI 设备连接

两边的共同程序如下。

```
            ISMASTR EQU     0          ; 位标志,表明本机是否为主机,1 为主机
            ORG     004BH              ; SPI 中断入口
            LJMP    SPIINT             ; 转向真正的中断服务程序
            ORG     0100H
SPI1:       MOV     SPSTAT, #0C0H      ; 将 SPIF 及 WCOL 清零
            MOV     SPCTRL, #40H       ; 启动 SPI、设置为从机、不忽略 SS
            MOV     R0, #30H           ; 设置发送的数据指针
            MOV     R1, #40H           ; 设置接收的数据指针
            MOV     R7, #16            ; 设置传送的数据个数
            SETB    P1.1               ; 将对方的 SS 信号拉高
```

```
        ORL     IE2,#02         ; 允许 SPI 中断
        SETB    EA              ; 开总中断
        CLR     ISMASTER        ; 清除"本机为主机"标志
        JB      P1.0,$          ; 等待按键
        SETB    ISMASTER        ; 有键按下,设置本机为主机
        MOV     SPCTRL,#50H     ; 启动 SPI、设置为主机
        CLR     P1.1            ; 将对方的SS信号拉低
        MOV     A,@R0           ; 发送第一个字节
        MOV     SPDAT,A
        JB      ISMASTER,$      ; 仍是主机,等待继续发送
        SJMP    SPI1            ; 本机作为主机,已发送16字节完毕
; --------------------------------------------------------------
SPIINT: MOV     SPSTAT,#0C0H    ; 将 SPIF 及 WCOL 清零
        JNB     ISMASTER,SPI1   ; 从机接收,转
        INC     R0
        DJNZ    R7,SPI2
        CLR     ISMASTER        ; 已发送16字节,清除本机为主机标志
        SJMP    SPIEND
SPI2:   MOV     A,@R0
        MOV     SPDAT,A         ; 发送下一个数据
        SJMP    SPIEND
SPI1:   MOV     A,SPDAT         ; 接收一个字节
        MOV     @R1,A           ; 存入 RAM
        INC     R1
        DJNZ    R7,SPIEND       ; 16 字节为接收完,转
        MOV     R1,#40H         ; 16 字节接收完,重新设置指针
        MOV     R7,#16
SPIEND: RETI                    ; 中断返回
```

小结

　　SPI 总线是一种采用三种信号加选择信号的串行数据传输标准,具有速度快、简单易用的特点。STC15 系列单片机片内集成了一个标准的 SPI 接口,该接口可通过查询和中断方式工作。读者应重点掌握在单主机-单从机、单主机-多从机、双主从模式下数据的传输过程,理解 SPI 接口的控制寄存器各位的作用,能进行接口初始化和中断与查询数据传送的程序设计。

习题

　　1. SPI 总线采用几根信号线传输数据? 各信号线的功能是怎样的?
　　2. 简述 SPI 总线在单主单从式、互为主从式、一主多从式等模式下数据传输的基本过程。
　　3. 在哪几种情况之下,SPIF 会置 1?

4. 设系统频率为 24MHz,则 STC15 单片机 SPI 的时钟频率范围是怎样的?

5. 说明 CPOL 和 CPHA 两个控制位的作用。

6. SPI 完成一个字节数据传送后,怎样清除其 SPIF 标志位?

7. 如何配置 SPI 的引脚到不同的端口上?

8. 对表 10.2 各行所对应的工作模式进行解释和说明。

9. 设两个 STC15 单片机通过 SPI 总线连接,它们随时都可能以查询方式向对方发送数据,启动发送根据片内的 SFR 寄存器 PSW 的 FO 标志状态进行,FO=1 则启动将片内 10H 开始的 10 个字节数据发送给对方;FO=0 则等待。接收的数据则存放在 20H 开始的 10 个单元内。试编写双方的发送接收程序。

10. 综合设计。

在一个 STC15 单片机应用系统中,设计使用 SPI 总线连接多个功能模块的硬件连接和数据传输软件。功能模块包括 SPI 接口的 A/D 转换器、D/A 转换器、EEPROM、日历时钟、显示驱动等,请自行查找相关芯片。

第 **11** 章

STC15 单片机的 A/D 模块

【学习目标】

- 理解 A/D 转换的主要性能指标含义；
- 理解 STC15 单片机的 ADC 工作原理，掌握其编程应用方法；
- 掌握 STC15 单片机片内模拟比较器的应用方法。

【学习指导】

学习及应用 A/D 转换器，首先需要理解 A/D 转换器的性能指标；其次需理解器件不同的转换原理，对性能的影响。这两点是选择合适的 A/D 转换器的关键。对于 STC15 单片机片内的 A/D 转换器，主要是掌握其初始化编程、中断或查询法读取结果的方法。

模拟量转换为数字量，即所谓 A/D 转换，是智能仪器仪表、工业电气化控制等领域最常见的操作之一，也是单片机应用系统中最常见的功能之一，它将物理模拟量（如温度、速度等）对应的电压量（模拟量）转换为数字量，供软件处理和显示。STC15 单片机片内集成了一个 8 通道 10 位的逐次逼近型的 A/D 转换器（ADC），为这一类系统的开发，提供了极大的便利。

11.1 A/D 转换原理与性能指标

A/D 转换的主要原理方法有双积分型、逐次逼近型、并联比较型。其中，双积分型是通过对模拟电压对电容充放电的积分时间的计数，得到输入模拟量在转换期间的平均值的数字量。这种方法具有转换分辨率和精度较高、抗干扰力强、价格便宜等优点，但其转换的速度较慢，通常为数十到数百毫秒转换一次。逐次逼近型的 ADC 在片内将模拟量和由一个数字量对应的模拟量进行比较，根据比较结果，逐位调整原数字量，最终确定一个最接近原模拟量的数字量作为结果。其优缺点介于双积分型和并联比较型之间，即速度较快（转换时间为微秒级）、分辨率中等、价格中等。并联比较型 ADC 在片内使用多个比较器，仅做一次比较就确定最接近原模拟量的数字量，因此转换速率极高（转换时间为纳秒级），又称为 Flash（闪速）型。其分辨率较低，集成度较高，价格也较高，只适用于视频 AD 转换等速度特别高的领域。

A/D 转换器的主要指标如下。

(1) 分辨率：指数字量变化一个最小量时对应的模拟信号的变化量,例如数字量从 10H 变化到 11H 时,对应的模拟信号变化的范围。它代表了 A/D 转换器对模拟输入量微小变化的分辨能力。显然,位数为 n 位的转换器,其分辨率为 $1/2^n$,将这个值也表示为 1LSB(最低有效位)的模拟量,也方便化地称位数为 n 的 A/D 转换器分辨率为 n。显然,对于分辨率为 n 的 A/D 转换器,其转换的数字量计算所得模拟量 $\pm\frac{1}{2}$LSB 范围内的模拟值,对应的都是这同一个数字量。这个 $\pm\frac{1}{2}$LSB 的模拟量就是量化误差,它是因为分辨率有限而造成的,是不可能消除的。

位数越高,分辨率也越高,量化误差也越小。

(2) 转换时间：指 A/D 转换器完成一次 A/D 转换所需要的时间。

(3) 精度：指的是 A/D 转换器转换的数字量理论上对应的模拟量,与实际输入模拟量的差别。精度代表的差别应该是排除了有限分辨率带来的量化误差而剩下的误差值,它反映的是实际器件与理想器件的差别。常用该 A/D 转换器的最小数字量(LSB)对应的理论值来表示,比如 $\pm$1LSB,$\pm$2LSB 等。1LSB 的精度为满量程电压 $\times 1/2^n$,$\pm$1LSB 对应的精度是此值的二倍。精度可以用绝对精度和相对精度来表示。

其他指标还有线性误差、偏移误差、满刻度误差、量程、电源灵敏度等,各厂商的产品,使用的术语可能不完全一致,所以在选用时,应注意该厂商的指标定义。

11.2   STC15 单片机的 A/D 转换器结构

STC15 系列单片机 ADC 是逐次比较型 ADC,它由多路选择开关、比较器、逐次比较寄存器、10 位 DAC、转换结果寄存器(ADC_RES 和 ADC_RESL)以及 ADC_CONTR 构成,如图 11.1 所示。

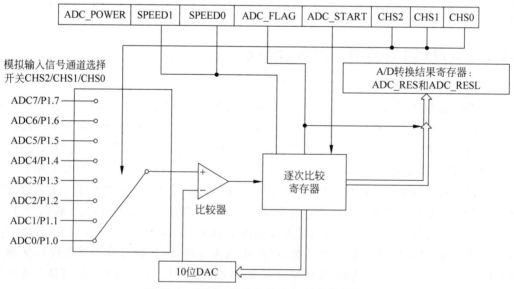

图 11.1   STC15 单片机的 A/D 转换器结构

从图中可以看出,8 路模拟量 ADC0～ADC7 之一,通过模拟多路开关,被输入至比较器。用数/模转换器(DAC)转换的模拟量与输入的模拟量通过比较器进行比较,将比较结果保存到逐次比较寄存器,并通过逐次比较寄存器输出转换结果。

A/D 转换结束后,最终的转换结果保存到 ADC 转换结果寄存器 ADC_RES 和 ADC_RESL,同时,置位 ADC 控制寄存器 ADC_CONTR 中的 A/D 转换结束标志位 ADC_FLAG,以供程序查询或发出中断申请。模拟通道的选择控制由 ADC 控制寄存器 ADC_CONTR 中的 CHS2～CHS0 确定。ADC 的转换速度由 ADC 控制寄存器中的 SPEED1 和 SPEED0 确定。

在使用 ADC 之前,应先给 ADC 上电,也就是置位 ADC 控制寄存器中的 ADC_POWER 位。

11.3　与 A/D 转换器相关的特殊功能寄存器

1. P1 口模拟功能设置寄存器 P1ASF

P1ASF 的地址为 9DH,如表 11.1 所示。

表 11.1　P1 口模拟功能设置寄存器定义(复位值为 00000000)

位	D7	D6	D5	D4	D3	D2	D1	D0
定义	P17ASF	P16ASF	P15ASF	P14ASF	P13ASF	P12ASF	P11ASF	P10ASF

本寄存器中,若设置 P1nASF=1,则选择 P1 口的口线 P1.n 为 ADC 的模拟量输入线;若设置 P1nASF=0,则选择 P1 口的口线 P1.n 为非 ADC 的模拟输入功能。

2. ADC 转换控制寄存器 ADC_CONTR

ADC_CONTR 的地址为 0BCH,如表 11.2 所示。

表 11.2　ADC 转换控制寄存器定义(复位值为 00000000)

位	D7	D6	D5	D4	D3	D2	D1	D0
定义	ADC_POWER	SPEED1	SPEED0	ADC_FLAG	ADC_START	CHS2	CHS1	CHS0

(1) ADC_POWER:ADC 电源控制位。1:打开 A/D 转换器电源;0:关闭 ADC 电源;启动 A/D 转换前一定要确认 A/D 电源已打开,A/D 转换结束后关闭 A/D 电源可降低功耗,初次打开内部 A/D 转换模拟电源,需适当延时,等内部模拟电源稳定后,再启动 A/D 转换口。

建议启动 A/D 转换后,在 A/D 转换结束之前,不改变任何 I/O 口的状态,有利于高精度 A/D 转换,如能将定时/串行口/中断系统关闭更好。

(2) ADC_START:模/数转换器(ADC)转换启动控制位,设置为 1 时,开始转换,转换结束后硬件将其清零。

(3) ADC_FLAG:模/数转换器转换结束标志位,当 A/D 转换完成后,ADC_FLAG=1,如果 ADC 中断是允许的(即 IE 寄存器的 EADC 位和 EA 位均为 1),则 ADC 将向中断控制模块提出中断申请,ADC 的中断入口为 002BH。此外,此位也可以用作 ADC 转换的查询。必须由软件清零。

（4）SPEED1，SPEED0：模/数转换器转换速度控制位，如表 11.3 所示。

表 11.3 模/数转换器转换速度控制

SPEED1	SPEED0	A/D 转换所需时间
1	1	90 个时钟周期转换一次，CPU 工作频率为 27MHz 时，A/D 转换速度约 300kHz，即约 3.3μs 转换一次
1	0	180 个时钟周期转换一次
0	1	360 个时钟周期转换一次
0	0	540 个时钟周期转换一次

（5）CHS2/CHS1/CHS0：模拟输入通道选择，如表 11.4 所示。

表 11.4 模拟输入通道选择

CHS2	CHS1	CHS0	模拟输入通道选择
0	0	0	选择 P1.0 作为 A/D 输入来用
0	0	1	选择 P1.1 作为 A/D 输入来用
0	1	0	选择 P1.2 作为 A/D 输入来用
0	1	1	选择 P1.3 作为 A/D 输入来用
1	0	0	选择 P1.4 作为 A/D 输入来用
1	0	1	选择 P1.5 作为 A/D 输入来用
1	1	0	选择 P1.6 作为 A/D 输入来用
1	1	1	选择 P1.7 作为 A/D 输入来用

3. A/D 转换结果寄存器 ADC_RES、ADC_RESL

特殊功能寄存器 ADC_RES 和 ADC_RESL 寄存器用于保存 A/D 转换结果的 10 位数字量。具体存放格式，还由 CLK_DIV 寄存器（见 2.4.1 节）的 ADRJ 位控制。若 ADRJ＝0，则 10 位转换结果，高 8 位在 ADC_RES 中，低 2 位在 ADC_RESL 的低 2 位；若 ADRJ＝1，则 10 位转换结果，高 2 位在 ADC_RES 中的低 2 位，低 8 位在 ADC_RESL 中。

A/D 转换得到的模拟输入值＝Vref×ADC10 位数字量结果/1023，其中，Vref 为 ADC 的参考电压，对于 STC15 就是 V_{CC}。

与 ADC 中断有关的设置，请见第 6 章。

11.4 STC15 单片机的 A/D 转换器应用

STC15 系列单片机片内 ADC 的应用，可按如下步骤进行。

（1）设置 CLK_DIV 寄存器中的 ADRJ 位，确定 ADC 结果存放格式；设置 P1ASF 寄存器，确定模拟量输入口线。

（2）打开 ADC 的工作电源；通过将 ADC_POWER 位置 1 实现；初次打开电源，应延时 1ms 左右，等待 ADC 工作电源稳定。

（3）设置 SPEED1、SPEED0，确定转换速度。选择转换的通道，通过设置 CHS2～CHS0 位实现；启动 ADC，将 ADC_START 置 1。

（4）ADC 结束，ADC_FLAG 置 1，可选择查询或者中断方式读取结果；读取了结果以后将 ADC_FLAG 清零。

（5）结果数据处理，包括结果调整、标度变换等。

最后一步的数据处理，是将 ADC 的结果（一个数字量），转换成真正的测量值，所经过的变换。

根据公式：Vref×ADC10 位数字量结果/1023，可以得到采样的模拟值。从此公式可知，参考电压 Vref 任何的误差，将 100% 地反映到结果上。由于 STC15 单片机进行 A/D 转换所使用的参考电压就是芯片数字部分的电压 V_{CC}，而一般数字逻辑的电源电压容许有一定量的变化（最大可达±5%），因此直接使用本结果，可能会有较大的误差。解决办法就是通过在片外接一个高精度的电压基准，在测量真正的物理量之前，先测量这个高精度的基准，再反推 STC15 单片机的 Vref（也就是其 V_{CC}），再根据这个推算到的 Vref，来计算以后测量得到的物理量。见下面的例 11.1。

其次，在实际应用中，往往从真实物理量（例如温度），经过传感器变为微弱的电压量，再经过放大，最后接至 A/D 转换器进行 ADC，得到数字量。这个数字量和原来的物理量往往成正比的关系，这个系数称为标度系数，由传感器的特性、放大电路的放大倍数等决定。因此，为了显示等的需要，ADC 最后的数字量需要乘以这个系数，得到检测的物理量真实大小。这个处理称为标度变换。

在实际系统中，基准量的调整和标度变化，可以统一考虑，求得最后一个统一的比例系数。

【例 11.1】　利用中断方式，读取片外接至 P1.7/ADC7 的模拟量。

```
ADCHPD    EQU    0                          ; 这是一个位标志,表示 ADC 已发生了
          ORG    002BH                      ; ADC 中断服务程序入口
          LJMP   ADCINT                     ; 转向真正的 ADC 中断服务程序
          ORG    0100H
          ORL    CLK_DIV, #20H              ; ADRJ = 1,确定结果存放方式
          MOV    P1ASF, #80H                ; 选择 P1.7 为 ADC7
          MOV    ADC_CONTR, #0E7H           ; ADC 上电、选 ADC 速度、选择通道 7
          CLR    ADCHPD                     ; 清除 ADC 已发生标志
          LCALL  DLY1MS                     ; 调延时程序,延时 1ms
          SETB   EA                         ; 开放总中断
          SETB   EADC                       ; 允许 ADC 中断
          MOV    ADC_RES, #0                ; ADC 结果寄存器清零
          MOV    ADC_RESL, #0
          MOV    ADC_CONTR, #0EFH           ; 启动 ADC
          SJMP   $                          ; 等待中断
;----------------------------------------------------------------------
ADCINT:   ANL    ADC_CONTR, #0EFH           ; 清 ADC_FLAG 标志
          MOV    A, ADC_RESL                ; 读低 8 位结果
          MOV    B, ADC_RES                 ; 读高 2 位结果
          SETB   ADCHPD                     ; 设置 ADC 已发生的位标志
          RETI                              ; 中断返回
```

例 11.1 中，ADC 结果在 B 寄存器和 A 累加器之中，B 中仅低 2 位有效，高 6 位为 0。主程序可通过检查 ADCHPD 标志的状态，来确定是否有 ADC 结果。

【**例 11.2**】 通过对外部高精度基准电压的检测,确定对 STC15 的 ADC 转换结果的调整系数。

设外接基准电压源 TD431 接在 STC15 的 ADC0,按如图接法,基准电压输出为 Vr＝2.5V,程序采用查询方式,检测此基准电压对应的数字量,再来求 Vref 的实际值,从而求得一般 ADC 转换结果的调整方法。电路图如图 11.2 所示。

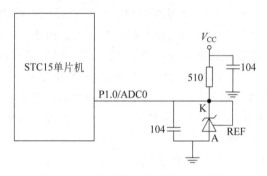

图 11.2　ADC 外接基准 TL431 电路

程序如下。

```
            ORG     0100H
            ORL     CLK_DIV, ＃20H       ; ADRJ = 1,确定结果存放方式
            MOV     P1ASF, ＃1           ; 选择 P1.0 为 ADC0
            MOV     ADC_CONTR, ＃0E0H    ; ADC 上电、选 ADC 速度、选择通道 0
            LCALL   DLY1MS              ; 调延时程序,延时 1ms
            MOV     ADC_RES, ＃0         ; ADC 结果寄存器清零
            MOV     ADC_RESL, ＃0
            MOV     ADC_CONTR, ＃0E8H    ; 启动 ADC
            NOP                         ; 等待 4 个 NOP
            NOP
            NOP
            NOP
WAIT:       MOV     A, ADC_CONTR         ; 等待 ADC 转换完成
            JNB     ACC.4, WAIT          ; 检测 ADC_FLAG 标志
            ANL     ADC_CONTR, ＃0EFH    ; 清 ADC 标志
            MOV     A, ADC_RESL          ; 读低 8 位结果
            MOV     B, ADC_RES           ; 读高 2 位结果
            RET
```

程序读到的结果在(B,A)之中,设这个数字量为 Nr,那么依据 Vr＝Vref×Nr/1023,得到 Vref＝Vr×1023/Nr,对于一般的 ADC 转换结果,设采样得到的数字码为 Nx,则真实模拟量为 Vx＝V_{CC}×Nx/1023＝Vr×Nx/Nr＝2.5×Nx/Nr。在这个公式中,已看不到 Vref 了,所以 Vref 的误差不会影响转换结果精度,当然这是理想情况。这就是一般结果的调整方法。

11.5　STC15W 系列单片机片内模拟比较器

STC15Wxx 系列单片机片内(如 STC15W401AS 系列、STC15W201S 系列、STC15W404S 系列、STC15W1K16S 系列及 STC15W4K32S4 系列)集成了一个模拟比较器,该比较器给

某些低压检测等应用提供了方便。本节介绍该模拟比较器的使用。

11.5.1 模拟比较器结构

STC15 单片机不同系列产品片内比较器略有不同,主要是比较器的正输入端来源不完全一致。有 ADC 的产品 STC15W401AS 系列及 STC15W4K32S4 系列的比较器内部结构图如图 11.3 所示。无 ADC 的芯片比较器正输入端显然不可能来自 ADC 输入,其他方面相同。

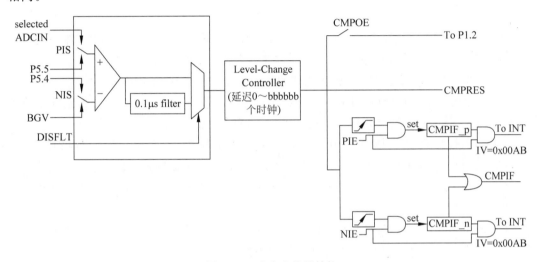

图 11.3 片内比较器结构

图 11.3 中,靠左的比较器有两个输入,其中,正端 CMP+ 来自于引脚 P5.5 或选择的 A/D 转换器输入;负端来自于片内 BandGap(带隙)基准电压 BGV(1.27V)或引脚 P5.4。当正端输入电压>负端输入电压时,比较器输出 1;当正端输入电压<负端输入电压时,比较器输出 0。比较器输出经过了一个 Level-Change Control 作用,实际上是一个滤波,滤掉由于比较器输入电压短暂的干扰波动带来的比较器输出翻转。滤波后的电平可输出至引脚 P1.2,其跳变还可引起 CPU 中断。这些操作由片内两个特殊功能寄存器控制。

11.5.2 模拟比较器的控制寄存器

模拟比较器的操作受两个特殊功能寄存器 CMPCR1、CMPCR2 控制,这两个特殊功能寄存器的定义如下。

1. 控制寄存器 1 CMPCR1

CMPCR1 的地址为 0E6H,如表 11.5 所示。

表 11.5 CMP 控制寄存器 1 定义(复位值为 00000000)

位	D7	D6	D5	D4	D3	D2	D1	D0
定义	CMPEN	CMPIF	PIE	NIE	PIS	NIS	CMPOE	CMPRES

CMPEN：比较器模块使能位，CMPEN＝1，使能比较器模块；CMPEN＝0，禁用比较器模块。

CMPIF：比较器中断标志位。当此位为 1 时，比较器向 CPU 提出中断申请，若中断总允许位 EA＝1 则会产生中断，中断入口地址为 00ABH。CPU 响应中断后，硬件不会自动清除此 CMPIF 标志，用户必须用软件写"0"去清除它。至于何时 CMPIF 置 1，由下两位 PIE 和 NIE 控制。

PIE：比较器输出正跳变（上升沿）中断使能位。当 PIE ＝ 1 时，比较器输出由 0 变 1，置 1 比较器中断申请位 CMPIF；PIE＝0，比较器输出由 0 变 1，事件不会置 1 中断申请位 CMPIF。

NIE：比较器下降沿中断使能位。NIE ＝ 1，比较器输出由 1 变 0，置 1 比较器中断申请位 CMPIF；NIE＝0，比较器输出由 0 变 1，事件不会置 1 中断申请位 CMPIF。

显然，当 NIE 和 PIE 均为 1，则比较器的任何跳变都能引起 CMPIF 置 1。

PIS：比较器正极选择位。PIS＝1，选择 ADC 当前选择的通道的输入作为比较器的正极输入源；PIS＝0，选择外部 P5.5 为比较器的正极输入源。

NIS：比较器负极选择位。NIS ＝ 1，选择外部引脚 P5.4 为比较器的负极输入源；NIS＝0，选择内部 BandGap 电压 BGV(1.27V) 为比较器的负极输入源。

CMPOE：比较结果输出控制位。CMPOE＝1，将比较器的比较结果输出到 P1.2；CMPOE＝0，禁止比较器的比较结果输出。

CMPRES：比较器比较结果标志位。CMPRES＝1，则 CMP＋的电平高于 CMP－的电平；CMPRES＝0，CMP＋的电平低于 CMP－的电平。

2. 控制寄存器 2 CMPCR2

CMPCR2 的地址为 0E7H，如表 11.6 所示。

表 11.6 　 CMP 控制寄存器 2 定义（复位值为 00001001）

位	D7	D6	D5	D4	D3	D2	D1	D0
定义	INVCMPO	DISFLT	LCDTY[5,0]					

INVCMPO：比较器输出取反控制位。INVCMPO＝1，比较器取反后再输出到 P1.2；INVCMPO＝0，比较器正常输出。注意，比较器的输出，是经过了 Level-Change Control 滤波后的结果，而非模拟比较器的直接输出结果。

DISFLT：去除比较器输出的 $0.1\mu s$ 滤波。DISFLT＝1，关掉比较器输出的 $0.1\mu s$ 滤波（可以让比较器速度有少许提升）；DISFLT＝0，比较器的输出有 $0.1\mu s$ 滤波。

LCDTY[5:0]：比较器输出端 Level-Change Control 的滤波长度选择。

所谓 Level-Change Control，即当比较器输出跳变时，必须侦测到跳变后的状态持续了至少 LCDTY[5:0] 个时钟，模块才认定比较器的输出有效，否则，若比较器的输出又回复到跳变前的状态，模块认为什么都没发生，视同比较器的输出一直未变。此功能可有效地过滤掉由于输入的模拟量短暂的干扰波动而导致的比较器不希望出现的跳变。LCDTY[5:0] 取值范围为全 0 至全 1，即十进制数的 0～63。

STC15 单片机的模拟比较器使用比较简单，相关应用例子就不介绍了。

小结

首先,需要了解 STC15 单片机的 A/D 转换器是一个逐次逼近型的 10 位转换器,其转换速度较快,可达 300kHz,以此为依据,核算是否能满足实际应用的性能要求;其次,需要了解 STC15 单片机 ADC 的使用方法,包括初始化编程、中断方式或查询方式的读取结果,最后需要了解如何克服由于数字系统电源的误差带来的结果误差,了解相关的调整方法。本章还介绍了 STC15 部分产品中集成的模拟比较器的用法。

习题

1. 通过本章学习和查阅相关资料,简述逐次逼近型的 ADC 的工作原理。

2. 简述 ADC 最重要的指标的含义,包括分辨率、精度、转换误差等。

3. STC15 系列单片机各产品片内集成的 A/D 转换器有什么不同?

4. STC15 单片机的 A/D 转换器分辨率是多少位? 转换时间范围大致为多少?

5. 对于 STC15 单片机,如何抵消因为基准电压不精准而带来的误差?

6. 对于分辨率要求不高的应用,如何仅使用 A/D 转换器 8 位分辨率的结果?

7. 试使用中断方法,每隔 100ms,采样 A/D 通道 0 的模拟量一次,并计算采样得到的模拟值。

8. 试使用查询的方法,每隔 200ms,采样 A/D 通道 7 的模拟量一次,并计算采样得到的模拟值。

9. STC15 单片机中的模拟比较器是比较哪两个模拟量大小? 如何选择?

10. STC15 单片机中的模拟比较器中的 Level-Change Control 滤波是什么操作? 有何意义?

11. 设应用系统中,需监测一个模拟量的值,当其小于 1.8V 时即将一个发光二极管 LED 点亮,大于 1.8V 时,将该 LED 熄灭,请分别使用 A/D 转换以及模拟比较器的方法实现,编写程序,画出电路图。

12. 综合设计。

设计一个巡回检测系统,设该系统需要检测 32 路模拟量的值,系统中需要扩展多路模拟开关实现多于 8 路的模拟输入。这 32 路模拟量有 16 路需要 10ms 检测一次,另 16 路需要 1s 检测一次。试设计硬件连接图及检测程序,实现巡检任务,若使用单片机片内 ADC,需考虑基准的误差问题。最后进行标度变化,变换系数可自己设定。

第12章

STC15 单片机系统扩展

【学习目标】

- 理解单片机三总线的结构和工作时序；
- 掌握单片机扩展外部数据存储器的方法，包括译码技术等；
- 掌握单片机扩展外部并行输入/输出接口的基本方法；
- 了解几种常用串行总线的基本情况，掌握 I^2C 总线的基本原理和工作时序，掌握单片机扩展 I^2C 总线的方法。

【学习指导】

要掌握单片机扩展外部数据存储器和接口的方法，首先要理解单片机的三总线结构，掌握其读/写的基本时序；其次，对常用的地址译码技术，包括全译码、部分译码、线选方式等要熟悉。对于 I/O 接口，需理解其"输出锁存、输入缓冲"的含义，理解其作为"存储器映像"方式进行编址的方法。针对现代单片机应用系统广泛采用的串行扩展技术，通过对相关串行接口芯片的学习和应用，来掌握总线本身的工作时序比较好。

12.1 51 单片机系统扩展概述

当一个单片机应用系统所需要的资源较多，例如需要存储与处理的数据量较大、并行 I/O 口线要求较多，或需要接入一些特殊的外部接口及设备时，就会发现仅靠单片机片内的资源不能满足系统需求，这时就需要给单片机扩展相关的资源或接口。本章讨论单片机系统扩展的基本方法与技术。

12.1.1 单片机的三总线结构

微型计算机系统各部件的连接，一般采用三总线结构，以 51 单片机为核心应用系统也不例外。51 单片机系统的三总线主要信号如图 12.1 所示。

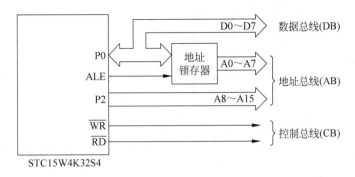

图 12.1　单片机扩展三总线结构图

数据总线 DB：数据总线是用于在单片机与存储器以及 I/O 端口之间传送数据的。51 单片机数据总线是 8 位双向的,由 P0 口提供。

地址总线 AB：在地址总线上传送的是地址信号,地址信号只能由单片机向外送出,用于选择要访问的存储单元或 I/O 端口。地址总线的数目决定着可直接访问的存储单元的数量多少。对于 51 单片机来说,P0 口提供低 8 位地址线,P2 口提供高 8 位地址线,共 16 位地址,可以产生 2 的 16 次方个连续地址编码,即可访问 2 的 16 次方(64K)个存储单元,也可以说寻址范围为 64K。

控制总线 CB：控制总线上的信号,主要功能是控制挂接在总线上的各部件执行各种信息传输操作,或表示部件各种状态的。可由单片机发出,也可由其他器件送给单片机(例如中断申请信号等)。

图 12.1 中画出了用于控制数据总线执行总线操作的主要信号。

$\overline{RD}$：片外数据存储器读信号,它有效时,表示单片机要执行片外数据存储器读操作,由 MOVX 指令触发产生。

$\overline{WR}$：片外数据存储器写信号,它有效时,表示单片机要执行片外数据存储器写操作,也是由 MOVX 指令触发产生。

ALE：地址锁存允许信号,用以实现在片外对低 8 位地址的锁存,以保证总线操作期间,地址总线上出现稳定的 16 位地址信号。

经典 51 单片机还有一根引脚$\overline{PSEN}$,叫程序存储器读控制线,当它有效时,表示单片机要读片外程序存储器,因此可作为片外程序存储器的读控制,因为 STC15 系列芯片取消了片外程序存储器的扩展,所以就取消了这个引脚。

12.1.2　访问外部数据存储器的时序

时序是 CPU 执行某种操作时,各相关引脚信号在时间轴上的一种关系。显然,理解、应用时序关系,是正确设计实现微处理器系统中各部件连接的关键。如图 12.2 所示为 STC15 产品手册上公布的 STC15 系列单片机访问片外数据存储器的时序。

在 CPU 执行 MOVX 指令时,发生外部数据存储器的读或写周期。如图 12.2 所示,P2 口的 P2.0～P2.7 位输出要读/写的存储器单元高 8 位地址,并在整个读(写)周期期间保持有效;分时复用的 P0 口上则首先输出低 8 位地址,此时 ALE 信号输出高电平,指示 P0 口

Timing diagram

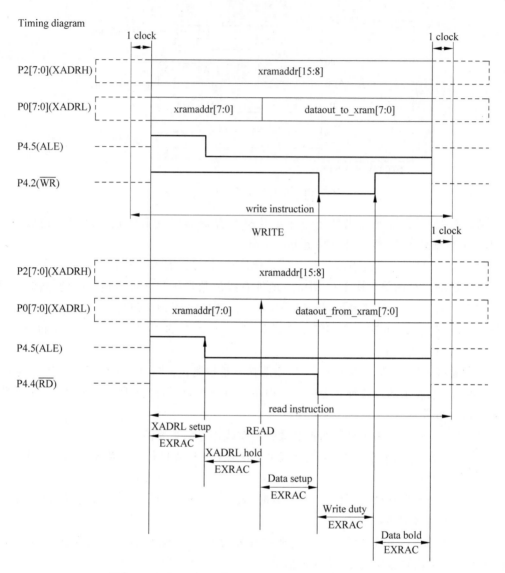

图 12.2　STC15 系列单片机访问片外数据存储器的时序

上低 8 位地址可用。经过一段时间后（称为低 8 位地址建立时间，XADRL Setup），ALE 变为低电平，此下降沿用于实现片外锁存低 8 位地址信号。ALE 变低以后，经过一小段延时后（称为低 8 位地址保持时间，XADRL hold），P0 口切换作为数据总线。若是读周期，则$\overline{\text{RD}}$有效，这时外部数据 RAM 应该将数据送上 P0 引脚，供单片机 CPU 读取；若是写周期，则数据从单片机输出，这时会出现在 P0 引脚，同时$\overline{\text{WR}}$信号有效，控制对片外数据 RAM 的写入。

　　由于 STC15 系列单片机的指令执行速度显著高于传统的 51 单片机，因此在高主时钟频率时，较慢的片外数据存储器可能跟不上单片机的速度，因此，STC15 单片机设置了一个控制外部 64KB 数据总线速度的特殊功能寄存器 SFR：BUS_SPEED，地址为 0A1H，该寄存器的格式如表 12.1 所示。

表 12.1　总线速度寄存器 BUS_SPEED 定义（复位值为 xxxxxx10）

位	D7	D6	D5	D4	D3	D2	D1	D0
定义	—	—	—	—	—	—	EXRTS [1:0]	

其中,仅低两位 EXRTS(Extend Ram Timing Selector)有意义,它表示对片外读/写所需时钟个数的选择。

EXRTS＝0 0：建立/保持/读/写时钟个数＝1 个时钟周期

0 1：建立/保持/读/写时钟个数＝2 个时钟周期

1 0：建立/保持/读/写时钟个数＝4 个时钟周期

1 1：建立/保持/读/写时钟个数＝8 个时钟周期

可以利用此寄存器来延长片外数据存储器的读/写时间。当然,EXRTS 不同的设置,也会影响到 MOVX 指令的执行时间。详见附录 B 的 MOVX 指令的执行速度说明。

基于以上时序,可以使用 74HC573 作为低 8 位地址锁存器。74HC573 是常用的锁存器,其引脚及逻辑如图 12.3 所示。由图 12.3 可以看到,当 LE＝1 时,输出 Q 端跟随输入 D 端的变化;当 LE＝0 时,输出 Q 端保持此前的状态不变。这正好符合 ALE 和 P0 低 8 位地址的时序关系,573 的输出即为地址总线低 8 位 A0～A7。具体接法见图 12.4。

INPUTS			OUTPUT
$\overline{OE}$	LE	D	Q
L	H	H	H
L	H	L	L
L	L	X	Q_0
H	X	X	Z

图 12.3　74HC573 引脚图及真值表

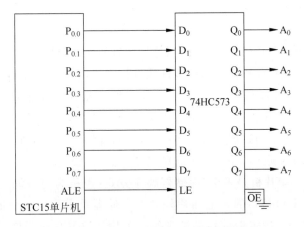

图 12.4　74HC573 作为地址锁存器的接法

12.1.3　地址译码方法

地址译码电路的作用就是实现：以一个特定的地址编码(或地址编码范围)选中一个芯片。我们使用的存储器芯片,一般是带有若干根从 A0 开始编号的地址线,这些地址线是需要直接接到地址总线中从 A0 顺序开始的和存储器引脚上地址线同名的地址线上的。这部分地址信号(姑且称为低位地址线),将由芯片内部的译码电路进行译码,选中芯片中的某一个具体的地址单元。地址总线中剩下的较高位的地址线,姑且称之为高位地址线,需要设计者用来进行译码设计,用来选中某一个具体的芯片。这样,地址总线上的一个完整的地址编码,会选中一个芯片中的一个地址单元。

例如,假设系统中需要使用 6264(8×8K)芯片来扩充 64KB 的数据 RAM,显然这需要 8 个芯片。每个 6264 芯片有 13 根地址输入线 A0～A12,还有一个片选输入 $\overline{CE}$。这时,应该将单片机地址总线上的低 13 位地址线 A0～A12,直接接到各个 6264 芯片上相应的地址信号上,地址总线上还剩余的地址线,即高位地址线为 A13～A15,设计者需要利用这三根高位地址线,设计译码电路,使得 A13～A15 出现某一特定编码时,会选中唯一的一个 6264 芯片。

对高位地址线进行译码的译码电路设计方法通常有两种,一种是线选法,一种是译码法。

1. 线选法

线选法即将剩下的高位地址线、一根地址线直接接到一个芯片的片选段,意思就是这一根地址线信号为低时,就会选中这一个芯片。这种方式意味着,系统中剩下多少根高位地址线,就能扩展多少个芯片。

线选法的优点是,无需专门的地址译码逻辑的设计,硬件电路结构简单明了,实现起来比较方便。但这种方法最大的缺点在于要占用较多的高位地址线,造成每片外扩芯片要占用一个重复的地址范围,使得单片机的地址空间得不到充分利用,浪费了单片机的资源,适合于只需有扩展较少芯片的场合。

2. 译码法

对于需要扩展较多芯片的应用系统,当芯片所需的片选信号多于可利用的地址线时,可采用译码法。译码法使用译码器对高位地址线进行译码,n 根高位地址线进行全译码,可得到 2^n 根译码输出,例如 74LS138,是一个 3-8 译码器,3 根地址线输入,8 个译码信号输出。每一个译码输出,都可以作为片选信号,选中某一个芯片。译码法的主要优点是,能充分利用地址总线的全部编码空间扩展尽可能多的芯片,而且每一芯片的地址范围是唯一的。

在 51 单片机系统扩展时,还有一个问题需要注意,即没有一个独立的 I/O 地址空间用来扩展 I/O 接口。51 单片机是采用"存储器映像方式(也称为统一编址方式)"来处理 I/O 地址空间的,也就是 I/O 接口的地址和片外数据存储器是采用同一个地址空间,每个接口中的每一个端口(有一个确定地址),都被当作一个片外数据存储器单元一样处理,CPU 同样使用 MOVX 指令去访问。因此,对片外 I/O 接口的扩展,也要采用和数据存储器一样的地址译码方法。

12.1.4　I/O 数据传送的控制方式

在单片机应用系统中,要实现 CPU 和扩展的外部设备之间传递信息,有三种控制方式:无条件传送方式,程序查询方式,中断方式。

(1) 无条件传送方式:在和外设传递数据之前,不测试外部设备的状态,直接根据需要随时进行数据传送操作。无条件传输方式是最简单的一种控制方式,但在实际应用中,可能会发生外设和 CPU 之间数据不同步的问题,即在输入时,当外设数据还未准备好,CPU 即执行数据输入指令;或在输出时,外设还未处理完上一个数据,CPU 就开始输出下一个数据。

(2) 程序查询方式:又称为有条件传送方式,在这种方式下,当 CPU 需要和外设之间传递数据时,先通过程序查询相应外设状态是否已准备好,仅当外设准备好时,CPU 才执行数据传送的指令,完成数据的传送;否则,CPU 继续查询状态,直到外设准备好。

查询方式可以完全避免无条件传送下的数据不同步问题,但这种方式,需要 I/O 接口内设置一个能反映设备是否准备就绪的状态标记,并为此标记专门设置一个状态端口,分配一个 I/O 地址,CPU 通过访问这个状态端口,读取标记,以此来判断外部是否"准备好"(称为"查询")。有时候这种查询会影响 CPU 的执行效率。

(3) 中断方式:当外部设备为数据传送做好准备之后,就向单片机发出中断请求,单片微机响应中断请求之后,执行相应的中断服务程序,在中断服务中完成对外设的数据输入/输出服务。待服务完成之后,程序返回到原被中断的断点处继续执行原流程。

中断方式也能避免无条件传送下的数据不同步问题,同时相对查询方式,CPU 效率也较高,但这种方式下,软硬件稍稍复杂一些。

12.2　外部数据存储器的扩展

STC15 系列单片机片内具有较大的程序存储器空间,因此,该类产品没有设计可进行外部的程序存储器扩展。当本系列的产品片内最多仅有 2KB 的数据 RAM,因此在实际应用中,可能无法满足系统对数据存储的需要,从而需要在片外扩展外部数据存储器。

外部数据存储器又称为外部数据 RAM,这是指 CPU 使用 MOVX 指令能直接访问的存储器,其最大容量可扩展到 64KB。扩展时一般用静态读/写型存储器芯片 SRAM,当然在特殊需要时也可以用 EEPROM 或 Flash 芯片等。

以下以设计实例的方式,说明片外数据 RAM 的扩充方法。

【例 12.1】 使用全译码的方法,给单片机扩展 32KB 的数据 RAM,假设使用 SRAM 存储器芯片 6264,要求地址从 2000H 开始,连续编址。

设计说明:

6264 芯片是 8K×8 的芯片,其引脚图见图 12.5,扩展 32KB,显然需要 4 片。6264 芯片具有 13 根地址线输入 A0~A12,这 13 根地址线即前面所述的低位地址线,它们应该直接连接到单片机的地址总线上同名的地址线上。单片机地址总线上还剩三根高位地址线 A13~A15,

将这三根高位地址线拿来进行全译码,给 4 片 6264 分配要求的地址范围。根据题目要求,这 4 片 6264 的地址范围分别如下。

♯1 芯片:2000H～3FFFH;♯2 芯片:4000H～5FFFH;

♯3 芯片:6000H～7FFFH;♯4 芯片:8000H～9FFFH。

由此可得,选通 ♯1 号芯片的高三位地址编码为 001,选通 ♯2 号芯片的高三位地址编码为 010,选通 ♯3 号芯片的高三位地址编码为 011,选通 ♯4 号芯片的高三位地址编码为 100,根据 3-8 译码器 74LS138 的引脚图(图 12.6)和译码关系表(表 12.2),当其 A、B、C 这三个地址编码输入分别接至 A13、A14、A15 时,♯1～♯4 号芯片的片选,应该分别接到 138 的译码输出 $\overline{Y1}$～$\overline{Y4}$,由此可得如图 12.7 所示的连接图。

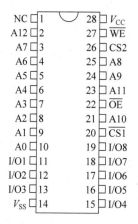

图 12.5　6264 引脚图

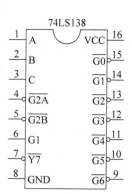

图 12.6　译码器 138 引脚图

表 12.2　74LS138 的译码关系

译码器输入						译码器输出							
控制端			编码端			$\overline{Y0}$	$\overline{Y1}$	$\overline{Y2}$	$\overline{Y3}$	$\overline{Y4}$	$\overline{Y5}$	$\overline{Y6}$	$\overline{Y7}$
G1	$\overline{G2A}$	$\overline{G2B}$	A	B	C								
1	0	0	0	0	0	0	1	1	1	1	1	1	1
			0	0	1	1	0	1	1	1	1	1	1
			0	1	0	1	1	0	1	1	1	1	1
			0	1	1	1	1	1	0	1	1	1	1
			1	0	0	1	1	1	1	0	1	1	1
			1	0	1	1	1	1	1	1	0	1	1
			1	1	0	1	1	1	1	1	1	0	1
			1	1	1	1	1	1	1	1	1	1	0
0	×	×	×	×	×	$\overline{Y0}$～$\overline{Y7}$均为 1							
×	1	×											
×	×	1											

【例 12.2】　使用线选方法,给单片机扩展两片 6264 数据 RAM,分析每片 6264 的地址范围。

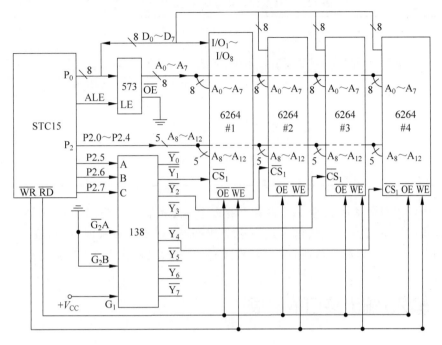

图 12.7 译码法扩展数据 RAM 设计图

如前所述,芯片 6264 上有地址引脚 13 根,这 13 根地址线应该直接接到单片机地址总线上的 A0~A12。地址总线上还有三根高位地址线 A13~A15,让 A13 选择芯片 1,A14 选择芯片 2,由此可画出设计图(见图 12.8)。两个芯片的地址范围见表 12.3。

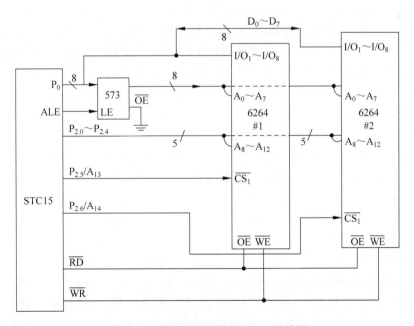

图 12.8 线选法扩展数据 RAM 设计图

表 12.3   线选法扩展数据 RAM 的地址范围

A15	A14	A13	芯片 1,地址范围	芯片 2,地址范围
0	0	0	选中,0~1FFFH	选中,0~1FFFH
0	0	1	未选中	选中,2000H~3FFFH
0	1	0	选中,4000H~5FFFH	未选中
0	1	1	未选中	未选中
1	0	0	选中,8000H~9FFFH	选中,8000H~9FFFH
1	0	1	未选中	选中,A0000H~BFFFH
1	1	0	选中,C000H~DFFFH	未选中
1	1	1	未选中	未选中

　　从表中可以很清楚地看到,每个芯片都有多个地址范围,甚至两个芯片有重叠的地址范围。这是线选法的特点。当然这一点不会造成问题,只要在编程时注意,在访问某一个 6264 芯片时,必须选择那些和别的芯片没有重叠的地址范围,作为本芯片的地址。

12.3   输入/输出接口的扩展

　　在单片机的应用系统中,最常见、最普通的输入/输出操作就是开关量的输入与输出了。STC15 系列单片机具有较多的并行 I/O 口,但在实际应用中,这些口线往往很多都需要用作其第二功能或第三功能,因此不能再用作普通开关量的 I/O,这时可能需要在片外扩充开关量输入与输出的接口了。

　　普通开关量的输入与输出接口,最重要的功能就是要实现“输出锁存”“输入缓冲”。所谓输出锁存,指的是 CPU 执行输出指令后,数据就被锁存到输出接口上,也就是说该数据必须在接口输出线上保持不变,等待外设接收并处理,直到 CPU 向此接口又输出了新的数据。输入缓冲,指的是外设数据和数据总线的隔离,当外设数据准备好了后,只要 CPU 未执行输入指令,打开该三态缓冲器,该数据就不会通过缓冲器进入到单片机的数据总线,从而保证挂接在总线上的设备不发生数据冲突。

　　实际的开关量输入/输出操作,除了传送的数据本身外,可能还涉及与其接口的外设的状态、控制信息,而一次完整的数据传送操作,也因此会涉及外设状态的查询等步骤,在这样的输入/输出接口之中,就不能仅设计数据的输入/输出的通道(称为数据端口),还需要设计状态信息的通道、控制信息的通道(分别称之为状态端口、控制端口)。由于状态信息和控制信息都是开关量,所以这两种端口的设计,和数据端口的设计是一样的,可以统一起来。

　　开关量输入/输出接口,可采用简单的、不可编程的中小规模集成电路的锁存器或缓冲器芯片,也可采用较为复杂的可编程接口芯片。可编程芯片具有通过编程改变工作方式的功能,但由于其体积较大,接线较复杂,使用时不太方便,因此在单片机应用系统中应用得并不多。以下仅介绍使用中小规模的不可编程芯片,实现开关量输入/输出的接法。

12.3.1　常用的芯片

　　能够实现锁存及缓冲的芯片很多,例如,在实际应用中,经常使用 74HC573 和 74HC574 作为锁存器或缓冲器。74HC573 引脚图及真值表见图 12.3,从图中可以看出,当引脚 LE 为高时,输出跟随输入(在$\overline{OE}$引脚为低的情况下);而当$\overline{OE}$为高时,输出为高阻态,因此在实际应用中,将 LE 接高电平,给$\overline{OE}$分配一个选中地址,这时 74HC573 可以作为一个输入缓冲器使用。

　　74HC574 引脚图及真值表见图 12.9,从图中可以看出,当引脚 CP 有一个上升沿跳变时,输入信号被打入锁存器并出现在输出端(在$\overline{OE}$引脚为低的情况下);而 CP 在其他状态下,输出保持不变,因此在实际应用中,给 CP 分配一个选中地址,这时 74HC574 可以作为一个输出锁存器使用。

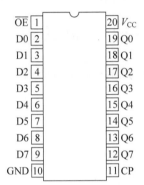

INPUTS			OUTPUT
$\overline{OE}$	CP	Dn	Qn
L	↑	H	H
L	↑	L	L
L	L	X	Q0
H	X	X	Z

图 12.9　74HC574 引脚图及真值表

12.3.2　利用 74HC573 和 74HC574 扩展开关量输入/输出接口

　　扩展开关量输入/输出接口,需要给接口分配 CPU 访问的地址。根据前面所述,单片机的 I/O 地址空间采用存储器映像方式编址,因此开关量的 I/O 接口地址位于片外数据存储器空间中。其地址译码的方式,可使用与片外数据 RAM 相同的方法进行设计。

　　电路图如图 12.10 所示,在图中,使用 74HC574 作为输出锁存器(输出接口),74HC573 作为输入缓冲器(输入接口)。设计时采用线选的方法,用 P2.7/A15 与读控制信号$\overline{RD}$相或,选中 74HC573;用 P2.6/A14 与写控制信号$\overline{WR}$相或,选中 74HC574,控制输出锁存器的数据锁存和输入缓冲器的打开。

　　显然,读 A15＝0 的地址,即访问输入口 74HC573;写 A14＝0 的地址,即访问输出口 74HC574。因此,可以用下列指令实现输入/输出操作。

```
MOV    DPTR,＃0BFFFH      ;指定 74HC574 地址
MOV    A,＃DATA           ;送数据
MOVX   @DPTR,A           ;输出数据至 74HC574
; ----------------------------------------
```

```
MOV    DPTR,#07FFFH        ;指定 74HC573 地址
MOVX   A,@DPTR             ;输入 74HC573 数据至 A 累加器
```

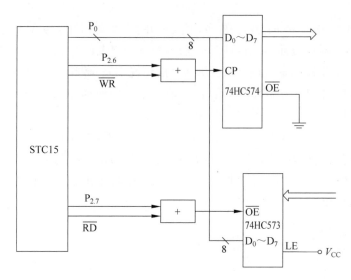

图 12.10   扩展 74HC573 和 74HC574 作为并行开关量 I/O 接口

12.4   串行总线接口

由于串行扩展接线灵活,结构简单,占用单片机资源少,具有工作电压宽、抗干扰能力强、功耗低、数据不易丢失等特点,使得现代单片机应用系统大力使用该技术,并在 IC 卡、智能化仪器仪表以及分布式控制系统等领域获得广泛应用。

12.4.1   常用的串行总线概述

在单片机应用系统中目前使用串行总线的扩展方式,主要有 Philips 公司的 I^2C BUS(Inter IC BUS)、Motorola 公司的 SPI 串行外设接口(Serial Peripheral Interface)、Dalias 公司的单总线(1-Wire)、NS 公司的 Microwire/Plus 串行同步双工通信接口。

1. I^2C 总线
Philips 开发的双向两线串行总线 I^2C 已经成为世界性的工业标准,目前已广泛应用于各种应用系统中。它以两根连线实现全双工同步数据传送,可以直接连接具有 I^2C 总线接口的单片机;可以挂接各种类型的外围器件,例如 Philips 公司、Motorola 公司和 Maxim 公司推出的很多具有 I^2C 总线接口的单片机及外围器件:存储器、日历/时钟、A/D、D/A、I/O口、键盘、显示器等,是很有发展前途的芯片间串行扩展总线。

I^2C 总线有严格的规范:如接口的电气特性、信号时序、信号传输的定义、总线状态设置、总线管理规则及总线状态处理等,其最显著的特点是规范的完整性、结构的独立性。基

本的 I²C 总线规范数据传输速率最高为 100kb/s,采用 7 位寻址。随着数据传输速率和应用功能要求的增加,I²C 总线也增强为快速模式(400kb/s)和 10 位寻址以满足更高速度和更大寻址空间的需求。I²C 总线始终和先进技术保持同步,但仍然保持其向下兼容性。并且最近还增加了高速模式,其速度可达 3.4Mb/s,它使得 I²C 总线能够支持现有以及将来的高速串行传输应用,例如 EEPROM 和 Flash 存储器。

　　I²C 总线采用两线制,由数据线 SDA 和时钟线 SCL 构成。作为主控器的单片机,可以具有 I²C 总线接口,也可以不带 I²C 总线接口,但被控器必须带有 I²C 总线接口。所有器件都是通过总线寻址,I²C 总线为同步传输总线,数据线上信号完全与时钟同步,数据传送采用主从方式,即主器件(主控器)寻址从器件(被控器),启动总线,产生时钟,传送数据及结束数据的传送。按照 I²C 总线规范,总线传输中将所有状态都生成相应的状态码,主器件能够依照这些状态码自动地进行总线管理。其应用结构图如图 12.11 所示。

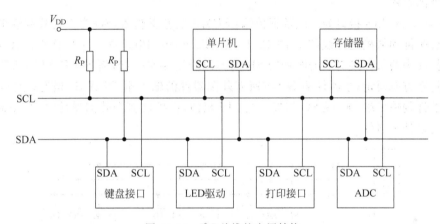

图 12.11　I²C 总线的应用结构

2. SPI 串行外设接口

SPI(Serial Peripheral Interface)是 Motorola 公司推出的同步串行外设接口总线系统,STC15 单片机带有 SPI 总线的接口,具体情况见第 10 章。

3. 1-wire(单总线)

1-wire(单总线)是 Maxim 全资子公司 Dallas 的一项专有技术,它采用节省 I/O 口线的单根信号线,既传输时钟又传输数据,而且数据传输是双向的,具有结构简单、成本低廉、便于总线扩展和维护等诸多优点。1-wire 适用于单个主机系统,能够控制一个或多个从机设备。当只有一个从机位于总线上时,系统可按照单节点系统操作,而当多个从机位于总线上时,则系统按照多节点系统操作。

　　单总线系统中配置的各种器件,由 Dallas 公司提供,每个芯片均有 64 位 ROM,厂家对每一个芯片用激光烧写编码,其中存有 16 位十进制编码序列号,是器件的地址编号,确保挂在总线上后,可以唯一被确定。图 12.12 表示了一个由单总线构成的多点温度监测系统,多个带有单总线芯片入口的数字温度计 DS1820 集成电路都挂在总线上。

4. Microwire/Plus 串行同步双工通信接口

Microwire/Plus 是 NS 公司在原有的 Microwire 串行扩展接口上发展而来的,是增强的 Microwire 串行接口。原来的 Microwire 接口只能扩展外围器件,而 Microwire/Plus 接

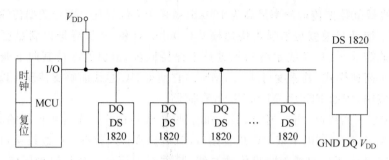

图 12.12　1-wire 总线构成的多点温度监测系统

口改成既可以用自己的时钟，也可以用外部输入时钟，故除了扩展外围器件外，系统中还可扩展多个单片机，构成多机系统。NS 公司为广大用户提供了一系列具有 Microwire/Plus 接口的外围芯片。

Microwire/Plus 接口为 4 线数据传输：SI 为串行数据输入，SO 为串行数据输出，SK 为串行移位时钟和从机选择线$\overline{\text{CS}}$。图 12.13 为 Microwire/Plus 的串行外围扩展示意图。串行外围扩展中的所有接口上的时钟线 SK 均与总线连接在一起，而 SO 和 SI 则依照主器件的数据传送方向而定，主器件的 SO 与所有外围器件的输入端 DI 或 SI 相连；主器件的 SI 与外围器件的输出端 DO 或 SO 相连。与 SPI 相似，在扩展多个外围器件时，必须通过 I/O 口线来选通外围器件。

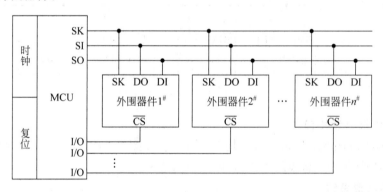

图 12.13　Microwire/Plus 的串行外围扩展示意图

无论是 Philips 公司的 I²C BUS(Inter IC BUS)、Motorola 公司的 SPI 串行外设接口 (Serial Peripheral Interface)、Dalias 公司的单总线(1-Wire)，还是 NS 公司的 Microwire/Plus 串行同步双工通信接口，在数据传输时都有严格的操作时序。在单主系统中扩展数量不多的外围器件时，可以不考虑单片机是否具有相应的接口，只要选择合适的串行外围扩展器件即可，因为主单片机可以使用普通 I/O 口来模拟 I²C 总线接口、SPI、1-wire、Microwire/Plus 的数据传送时序，实现对外围器件的读/写操作，这种模拟传送方式消除了串行扩展的局限性，扩大了各类串行扩展接口器件的应用范围。

12.4.2　I²C 总线的基本原理

I²C 总线只有一条串行数据线 SDA 和一条串行时钟线 SCL，这两根信号线都是双向传输线。每个连接到总线的器件都具有唯一的地址。它是一个多主机总线,即总线上可以有多个设备发送时钟,启动数据的传送。如果两个或更多主机同时初始化数据传输,可以通过冲突检测和仲裁防止数据被破坏,最后只有一个主机取得总线控制权并控制数据的传送,这个过程是由标准化的硬件和软件模块完成的,无须用户处理。串行的 8 位双向数据传输位速率在标准模式下可达 100kb/s,快速模式下可达 400kb/s,高速模式下可达 3.4Mb/s。

I^2C 总线由于采用了器件地址的硬件设置方法,通过软件寻址完全避免了器件的片选线寻址方法,从而使硬件系统具有最简单而灵活的扩展方法。

I^2C 总线的时钟线 SCL 和数据线 SDA 在待用时,都必须保持高电平状态,只有关闭 I^2C 总线时才使 SCL 钳位在低电平。

1. I^2C 总线的接口电路

I^2C 总线接口器件输出端都必须是集电极开路(OC 门)结构,以使总线上所有电路的输出能实现线"与"的逻辑功能。这样,在使用时,各个 I^2C 总线的接口电路输出端必须通过接上拉电阻得到高电位,如图 12.14 所示。

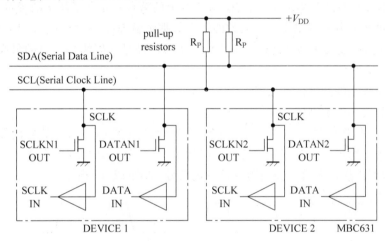

图 12.14 I^2C 接口电路结构图

2. I^2C 总线的信号及时序定义

在 I^2C 总线上传输每一位数据都有一个时钟脉冲相对应,其逻辑 0 和 1 的信号电平取决于 V_{DD} 电平。

1)总线上数据的有效性

SDA 数据线上的数据必须在时钟线高电平周期保持有稳定的逻辑电平状态,只有在 SCL 时钟线为低电平时,才允许 SDA 数据线上的电平状态变化,如图 12.15 所示。

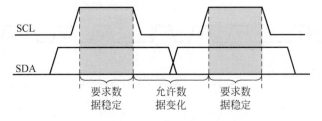

图 12.15 数据位的传送

2）总线数据传送的起始与停止条件

I²C 总线在时钟线保持高电平期间,数据线出现由高电平向低电平变化时,启动 I²C 总线,为 I²C 总线的起始信号。在时钟线保持高电平期间,数据线上出现由低到高的电平变化时,将停止 I²C 总线的数据传送,为 I²C 总线的终止信号,见图 12.16。起始信号与终止信号都由主控制器产生。总线上带有 I²C 总线接口的器件很容易检测到这些信号,对于不具备这些硬件接口的单片机来说,需要用软件实现这些信号的检测。

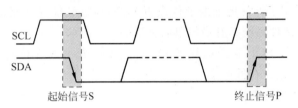

图 12.16　起始和停止条件

3）总线信号时序要求

为了保证 I²C 总线数据的可靠传送,对总线上的信号时序做了严格的规定,SCL 时钟信号最小高电平和低电平周期决定了器件的最大数据传输速率,标准模式为 100kb/s,高速模式为 400kb/s。标准模式和高速模式的 I²C 总线器件都必须能满足各自的最高数据传输速率要求。

3. I²C 总线上的数据传送格式

1）I²C 总线上的数据传送

I²C 总线上传送的每一个字节均为 8 位,但每启动一次 I²C 总线,其后的数据传输字节是没有限制的。每传送一个字节后都必须跟随一个应答位,并且首先发送的数据位为最高位,在全部数据传送结束后主控制器发送终止信号,如图 12.17 所示。

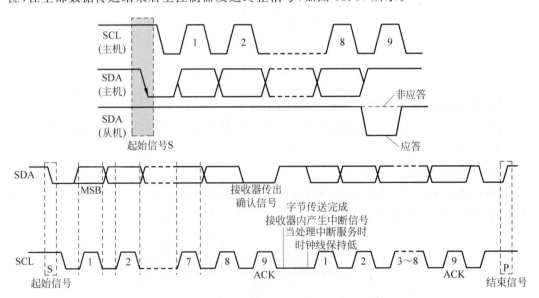

图 12.17　I²C 总线上的数据传送

2）数据传送时的总线控制

当 SCL 信号线为低时，数据传送将停止进行。这样，当接收器接收到一个字节数据后要进行一些其他工作而无法立即接收下个数据时，它可以将 SCL 拉成低电平，迫使总线进入等待状态；直到接收器准备好接收新数据时，接收器可在 SCL 上输出高电平，再次释放时钟线使数据传送得以继续正常进行。

3）应答信号

I²C 总线数据传送时，每传送一个字节数据后都必须有应答信号，与应答信号相对应的时钟由主控器产生，这时发送器必须在这一时钟位上释放数据线，使其处于高电平状态，以便接收器在这一位上送出低电平的应答信号，如图 12.18 所示。应答信号在第 9 个时钟位上出现，接收器输出低电平为应答信号，输出高电平则为非应答信号。由于某种原因，被控器不产生应答时，如被控器正在进行其他处理，而无法接收总线上的数据时，必须释放总线，将数据线置高电平，然后主控器可通过产生一个停止信号来终止总线数据传输。当主控器接收数据时，接收到最后一个数据字节后，必须给被控发送器发送一个非应答位，使被控发送器释放数据线，以便主控器发送停止信号，从而终止数据传送。

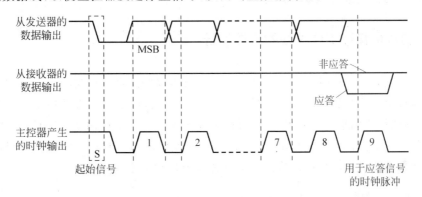

图 12.18 I²C 总线应答信号

4）数据传送格式

I²C 总线数据传输时，必须遵循规定的数据传送格式，一次完整的数据传输格式如图 12.19 所示。

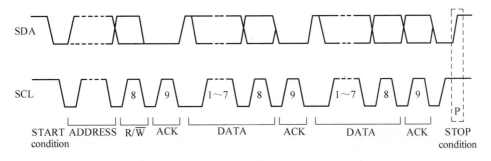

图 12.19 I²C 总线一次完整的数据传输格式

如图 12.19 所示，主控制器首先发送起始信号，指示一次数据传送的开始；其次主控器传送一个寻址字节，寻址字节由高 7 位地址和最低的 1 位方向位组成，7 位地址指明要操作的被控制器地址;方向位表明主控器与被控器数据传送方向,方向位为"0"时表明主控器对被控器的写操作,为"1"时表明主控器对被控器的读操作。在寻址字节后是被控器的应答位,以后则是按指定读/写操作的数据字节与应答位。在数据传送完成后主控器都必须发送停止信号。

从上述数据传送格式可以看出:

(1) 无论何种方式起始、停止,寻址字节都由主控器发送,数据字节的传送方向则遵循寻址字节中方向位的规定。

(2) 寻址字节只表明器件地址及传送方向,即指定哪一个器件和主机通信。至于被选器件内的地址,通常在 I²C 总线数据操作格式中,指定第一个数据字节作为器件内的单元地址,并且设置地址自动加减功能,以减少单元地址寻址操作。要注意"器件地址"和"器件内单元地址"的区别。

(3) 每个字节传送都必须有应答信号相随。

(4) I²C 总线被控器在接收到起始信号后都必须复位它们的总线逻辑,以便对将要开始的被控器地址的传送进行预处理。

12.4.3 单片机模拟 I²C 总线的软件设计

对于内部没有 I²C 总线的 STC15 单片机,完全可以按照 I²C 总线的原理及时序要求用软件模拟实现 I²C 总线数据传输。以下以子程序的方式,给出单片机模拟 I²C 总线数据传输的代码,假设使用两根 I/O 口线 P1.1 和 P1.0 作为 I²C 总线的 SDA 和 SCL。子程序中,使用两条 NOP 指令作为产生数据和时钟信号脉冲宽度的延时时长。设计者可根据单片机采用的主频及需要的 I²C 数据传输速率来调整这个延时指令数。

```
SCL     EQU     91H        ; P1.1 位地址
SDA     EQU     90H        ; P1.0 位地址
```

(1) 启动子程序:

```
STA:    SEITB   SDA
        SETB    SCL
        NOP
        NOP
        CLR     SDA
        NOP
        NOP
        CLR     SCL
        RET
```

(2) 停止总线子程序:

```
STOP:   CLR     SDA
        SETB    SCL
        NOP
        NOP
        SETB    SDA
```

```
                NOP
                NOP
          CLR   SCL
          RET
```

（3）发送应答位 0 的子程序：

```
MACK:     CLR   SDA
          SETB  SCL
          NOP
          NOP
          CLR   SCL
          SETB  SDA
          RET
```

（4）发送非应答位"1"的子程序：

```
MNACK:    SETB  SDA
          SETB  SCL
          NOP
          NOP
          CLR   SCL
          CLR   SDA
          RET
```

（5）应答位检查的子程序：

```
CACK:     SETB  SDA              ; 以 F0 标志状态表示应答是否出错
          SETB  SCL
          CLR   F0
          MOV   C,SDA            ; 读 SDA
          JNC   CEND
          SETB  F0               ; F0 位为 1,表示出错
CEND:     CLR   SCL
          NOP
          NOP
          RET
```

（6）向 SDA 线上发送一个数据字节的子程序,入口：待发送的数据在 A 累加器中。占用 A,R0。

```
WRBYT:    MOV   R0,#08H          ; 长度
WLP11:    RLC   A                ; 发送数据左移
          JC    WR1
          SJMP  WR0
WLP12:    DJNZ  R0,WLP11
          RET
WR1:      SETB  SDA              ; 发送 1(SCL = 1 时,SDA 保持 1)
          SETB  SCL
          NOP
          NOP
          CLR   SCL
```

```
              CLR      SDA
              SJMP     WLP12
    WR0:      CLR      SDA              ; 发送 0
              SETB     \SCL
              NOP
              NOP
              CLR      SCL
              SJMP     WLP12
```

（7）从 SDA 线上读取一个数据字节的子程序，出口：读取的数据在 R2 中。占用 A，R0。

```
    RDBYT:    MOV      R0,#08H          ; 8 位
    RLP:      SETB     SDA              ; SDA 为输入状态
              SETB     SCL              ; 使 SDA 有效
              NOP
              NOP
              MOV      C,SDA
    RD0:      MOV      A,R2             ; 拼装字节数据
              RLC      A
              MOV      R2,A
              CLR      SCL              ; 使 SCL 为 0,继续可以接收
              DJNZ     R0,RLP
              RET
```

（8）模拟总线发送多个字节数据的子程序，SLA 为被控器件地址字节，MTD 为待发送数据在 RAM 中存放的首址，NUMBYT 为保存发送字节数的 RAM 地址。

```
    WRNBYT:   LCALL    STA              ; 启动
              MOV      A,SLA
              LCALL    WRBYT            ; 发一个字节
              LCALL    CACK             ; 检查应答位
              JB       F0,WRNBYT        ; 非应答位,重发
              MOV      R1,#MTD          ; 发送数据缓冲区首址
    WRDA:     MOV      A,@R1
              LCALL    WRBYT            ; 发送
              LCALL    CACK
              JB       F0,WRDA
              INC      R1
              DJNZ     NUMBYT,WRDA      ; 判发送完?
              LCALL    STOP             ; 停止
              RET
```

（9）模拟总线接收多个字节数据的子程序，SLA 为被控器件地址字节，MRD 为接收数据在 RAM 中存放的首址，NUMBYT 为保存接收字节数的 RAM 地址。

```
    RDNBYT:   LCALL    STA
              MOV      A,SLA            ; 寻址字节
              LCALL    WRBYT
              LCALL    CACK
```

```
                JB      F0,RDNBYT       ;非应答位,重写
RDN:    MOV     R1,#MRD         ;接收缓冲区首址
RDN1:   LCALL   RDBYT
        MOV     @R1,A
        DJNZ    NUMBYT,ACK      ;N个字节接收完?
        LCALL   MNACK           ;接收完,需发非应答位
        LCALL   STOP
        RET
ACK:    LCALL   MACK
        INC     R1
        SJMP    RDN1
```

12.4.4　I²C 总线的串行 EEPROM 与单片机的接口应用

1. 串行 EEPROM 基本特性

串行 EEPROM 的特点是作为一种数据存储器,能在线读/写,且断电后能保持数据不丢失;该类芯片成本低,线路简单,工作可靠,占用单片机口线资源少。该类器件在智能仪器仪表等单片机应用系统中得到广泛使用

AT24Cxx 系列产品是 ATMEL 推出的一种使用 I²C 总线的串行 EEPROM 芯片,该系列芯片具有多种产品,采用 DIP8 封装(也有 5 脚封装的类型),具有统一的引脚安排。各芯片容量从 128×8 位(1K 位)到 64K×8 位(512K 位)不等。使用电压为 1.8~5.5V,最高可有 400kHz 的工作速率(新的 AT25xx 系列达到了 20MHz 的工作频率),写入时间为 5~10ms,最大擦写次数为 100 万次,数据保存时间可达 100 年。

如图 12.20 所示为 AT24Cxx 的引脚图,其中:

A0,A1,A2。对于片内单元数小于等于 256B 的 AT24C01、AT24C02 为芯片地址编码输入端;对于其他芯片,由于芯片内单元地址数超过了 1B 地址的编码空间(即 256 个单元),因此要占用芯片地址的低 1 位到低 3 位(即占用作为芯片地址的 A0 到 A2)作为片内单元地址编码,此时 A2、

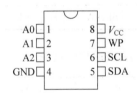

图 12.20　AT24Cxx 的引脚图

A1、A0 的 1 根至 3 根,不再作为芯片地址编码输入,此时,这 1 根至 3 根引脚可空悬。

例如,AT24C04 芯片,片内有 512 个字节单元,需要 9 位地址编码寻址,除了通过 I²C 总线通信时传输的一字节单元地址,还需要占用 1 位芯片地址位,即 A0 位作为单元地址的 A8 位,因此,此时引脚 A0 不能再作为芯片地址编码输入,可空悬。

SCL 引脚。I²C 总线的时钟。

SDA 引脚。I²C 总线的数据线。

WP 引脚。写保护线,当此脚接地,芯片可正常读/写,若此脚接高电平,则芯片禁止写入。

2. 读/写操作

在对 AT24Cxx 进行读/写时,主控器(比如说单片机)在发送起始位以后,首先应该发送一个寻址字节,寻址字节的格式如下所示。

1	0	1	0	A2(或 0)	A1(或 0)	A0(或 0)	R/$\overline{\text{W}}$

其中,高 4 位为 1010,是固定安排给 EEPROM 器件的,所有 EEPROM 器件都一样。接下来 3 位为芯片地址编码位或为 0,若使用了引脚 A2,A1,A0 作为芯片地址编码,则此处按相应的电平状态输入;若未使用这些引脚的某一根或全部,则相应位置 0;最后一位为读/写控制位,1 为读,0 为写。由此可知,I^2C 总线上的 EEPROM 最多可以挂接 8 个。

接下来,在收到 AT24Cxx 回送的应答位以后,主控器一般应该发送单字节或双字节的芯片内读/写单元的地址,具体地址是单字节还是双字节,取决于芯片容量。若是双字节地址,则高字节在前,低字节在后。若是读当前地址单元的操作,则不需要发送此地址字节,

在发送完芯片内单元地址字节以后,若是写操作,则主控器直接发送待写数据,可以发送单字节的数据或多字节的页写数据(一页数据的字节数从 8B 到 128B 不等);若是读操作,则可能需要再发送一个"读"的寻址字节,再从器件中读出数据。

最后由主控器发送停止信号,结束一次数据传输周期。

以下用图来表示总线上的数据流构成,其中,S 代表起始位;SLAW 代表写的寻址字节;SLAR 代表读的寻址字节;ACK 代表应答位;Addr 代表芯片内单元地址;Data 代表读/写的数据;$\overline{\text{ACK}}$ 为非应答位;P 代表停止位。

1) 字节写

S	SLAW	ACK	Addr	ACK	Data	ACK	P

2) 页写

S	SLAW	ACK	Addr	ACK	Data1	ACK	Date2	ACK	...	DataN	ACK	P

3) 当前地址读

S	SLAR	ACK	Data	$\overline{\text{ACK}}$	P

4) 指定地址读

S	SLAW	ACK	Addr	ACK	S	SLAR	ACK	Data	$\overline{\text{ACK}}$	P

5) 序列读

S	SLAR	ACK	Data1	ACK	Date2	ACK	...	DataN	$\overline{\text{ACK}}$	p

3. 应用举例

设计 STC15 单片机与 AT24C01A EEPROM 的硬件接口,并编写读/写程序。

硬件连接图如图 12.21 所示,AT24C01A EEPROM 的 SDA 接单片机的 P1.0 口线,SCL 接单片机的 P1.1 口线,WP 接地,芯片地址编码 A2A1A0 全接地。

由此可得,寻址字节 SLAW=0A0H;SLAR=0A1H。

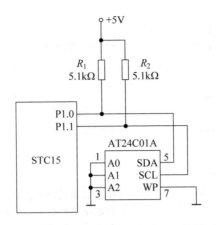

图 12.21　STC15 单片机与 AT24C01A 硬件连接

采用页写方式写入 8 个字节数据的子程序如下。

```
SCL      EQU    91H              ; P1.1
SDA      EQU    90H              ; P1.0
SLAW     EQU    0A0H
SLAR     EQU    0A1H
MWD      EQU    30h              ; 单片机片内待写数据存放单元首址
NUMBYT   EQU    8                ; 写入/读出字节数
ADDR24   EQU    0                ; 写入/读出单元地址
WRADD:   MOV    R7, #NUMBYT      ; 写入次数
         LCALL  STA              ; 启动发送
         MOV    A, #SLAW         ; 传送控制字节
         LCALL  WRBYT            ; 写入寻址字节
         LCALL  CACK             ; 检测应答位
         JB     F0,WRADD         ; 有错,重新开始
         MOV    A, #ADDR24       ; 写入 EEPROM 单元地址
         LCALL  WRBYT
         LCALL  CACK
         JB     F0,WRADD
         MOV    R1, #MWD
WRDA:    MOV    A,@R1            ; 发送字节数据
         LCALL  WRBYT
         LCALL  CACK
         JB     F0,WRADD
         INC    R1               ; 修改缓冲区地址指针
         DJNZ   R7,WRDA
         LCALL  STOP             ; 发送停止
         LCALL  DELAY            ; 延时 10 ms
         RET
```

单片机读取 AT24C01A 程序如下。

```
RDADD:   MOV    R7, #NUMBYT      ; 循环次数
         LCALL  STA              ; 启动发送
         MOV    A, #SLAW         ; 发送写控制字节
         LCALL  WRBYT            ; 写入字节数据
```

```
         LCALL    CACK
         JB       F0,RDADD
         MOV      A,#ADDR24            ; EEPROM 首地址
         LCALL    WRBYT
         LCALL    CACK
         JB       F0,RDADD
         LCALL    STA                 ; 重新启动读取
         MOV      A,#SLAR             ; 读控制字节
         LCALL    WRBYT
         LCALL    CACK
         JB       F0,RDADD
         MOV      R1,#MRD             ; 存入数据缓冲区首地址
RDN:     LCALL    RDBYT               ; 读取字节数据
         MOV      @R1,A               ; 存入读取数据
         DJNZ     R7,ACK
         LCALL    MNACK               ; 发送非应答位
         LCALL    STOP                ; 停止信号
         RET
ACK:     LCALL    MACK                ; 发送应答位
         INC      R1
         SJMP     RDN
```

小结

　　MCS51 单片机芯片内部集成了计算机的基本功能部件,但由于片内 RAM 的容量、I/O 口等是有限的,在许多实际应用的系统中,为满足应用需要,还需扩展片外 RAM、I/O 口等,才能满足实际应用的需要。单片机的系统扩展主要有数据存储器、I/O 接口扩展等。

　　首先需要理解的是,片外扩展数据存储器和扩展 I/O 接口,是在同一个地址空间进行的,即所谓"内存映像"方式;其次需要理解和掌握地址译码的设计方法,包括译码方式和线选方式,理解这两种方式的特点和区别;最后,熟悉常用的译码芯片和锁存器、缓冲器逻辑。

　　由于串行接线灵活,占用单片机资源少,系统结构简化等特点,现代单片机应用系统广泛采用串行扩展技术,因此,读者应该熟悉几种串行总线的扩展技术,包括其联网结构、工作时序、单片机扩展连接与编程等。

习题

　　1. 试讨论 51 单片机的程序存储器、数据存储器、I/O 接口这几种部件的地址空间之间的关系。

　　2. 试说明 51 单片机片外 3 总线的构成,包括地址锁存器的作用,ALE 信号的作用。

　　3. 在扩展 I/O 接口时,什么叫输入缓冲、输出锁存?

　　4. 什么叫线选? 什么叫全译码和部分译码?

5. 在进行译码设计时,什么叫高位地址线? 什么叫低位地址线?

6. 设只有 6116 芯片,试给 51 单片机扩展 8KB 的数据存储器,请画出逻辑连接图,并说明各芯片的地址范围。

7. 设只有 6116 和 6264 芯片,试扩展一个 20KB 的 RAM 系统地址译码,分别使用线选法和译码法,画出连接示意图,并说明各芯片的地址范围。

8. 为什么我们用 74LS574 扩展输出并行口,用 74LS573 扩展输入并行口? 可不可以反过来使用? 说明理由和方法。

9. 简要说明 I^2C 总线的基本特性、工作时序。

10. 说明 I^2C 总线一次数据传送的基本过程。

11. 画出 AT24C04 与单片机的连接图,并编写程序,读出片内 0~7FH 单元的内容,将其写到 100H~17FH 单元中去。

12. 综合设计。

试扩展一个单片机应用系统,包括 32KB 的外部 SRAM,两个 8 位开关量输出接口,两个 8 位开关量输入接口,且使用单总线技术及 DS18B20 芯片,扩展一个多点环境温度检测系统,硬件上考虑总线的驱动能力和抗干扰,软件实现每 1min 巡检一次各测温点温度的功能。

第**13**章

STC15 单片机常规接口技术

【学习目标】

- 理解独立式按键、矩阵键盘电路的工作原理；
- 理解和掌握键盘电路设计以及与单片机的接口设计，特别是键盘程序的设计；
- 掌握 LED 在静态显示、动态显示下的硬件电路设计以及软件设计；
- 掌握微型打印机与单片机接口设计与软件编程的基本知识；
- 理解 D/A 转换的基本原理，D/A 转换器的性能指标，掌握 D/A 转换器与单片机接口设计。

【学习指导】

对于本章的内容，在充分掌握基本知识的前提下，认真分析本章所提供的典型电路的工作原理、软件设计，应力争有所扩展和深化，例如对键盘软件接口，可考虑如何实现连按键处理、多键同时按的处理等。对微型打印接口，考虑如何实现简单图形打印。

13.1　键盘接口技术

键盘属于单片机系统中典型的输入设备之一，用户可以通过键盘来输入数据、命令以控制系统，实现简单的人机通信，它由硬件电路和软件程序组成。本节将叙述键盘的工作原理，按键的识别过程及识别方法，键盘与单片机的各种接口设计和编程技术。

13.1.1　键盘接口的原理和硬件设计

键盘由一个个独立的按键构成，每个按键有两个触点，按下键后，触点接通；松开按键，触点断开，由触点电路的接通与否，可判断用户是否按下该键。

键盘大多由数字键和功能键组成，数量取决于系统的实际需求，从结构上分为按键式键盘和旋钮式键盘两种。按键式键盘又分为机械式、薄膜式、电容式等。按照产生代码的不同,键盘可分为编码键盘和非编码键盘。按照按键组连接的方式,键盘分为独立式键盘与矩阵式键盘。独立式键盘的每个按键分别与一条 I/O 线相连,CPU 可直接读取该 I/O 线的高/低电平状态,具有占 I/O 口线多、判键速度快的特点。矩阵式键盘的按键按矩阵排列,各键处于矩阵行/列的结点处,CPU 通过对连在行(列)的 I/O 线送已知电平的信号,然后读取列(行)线的状态信息,逐线扫描,通过软件分析得出键码,具有占用 I/O 口线少、判键速度较慢的特点,适用于键数目较多的场合。

按键在按下和松开的瞬间,触点可能会产生抖动,造成断开和接通信号在一小段时间内抖动和不稳定,如图 13.1 所示。其中,抖动时间 t_1 和 t_3 约为 10ms 左右。软件在判断按键状态时,应该避免这个不稳定时

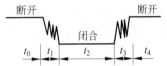

图 13.1　按键按下松开的信号波形

间。方法有硬件去抖法和软件去抖法。单片机系统中一般采用软件方法去抖,具体方法是,在软件检测到某键被按下(松开)时,程序控制经过10～20ms,再去检测按键状态,如果该按键的状态仍是按下(松开),才确认该键的状态。

1. 独立式按键接口设计

如果单片机系统中按键数较少,可采用独立式按键结构。独立式按键的每个按键分别与单片机或外扩 I/O 芯片的一根输入线相连,该输入线的工作状态不会影响其他输入线的工作状态,因此只要检测该输入线的电平状态,就可以判断哪个按键被按下了。

如图 13.2 所示为利用 51 单片机的 P1 口连接 8 个独立式按键的接线图。将 P1 口的8 个口线直接与 8 个按键相连,当某键按下时,相应的口线状态为低;当某键松开时,相应的口线状态为高。为了保证按键断开时,相应的 I/O 口线有确定的高电平,各按键都需要接上拉电阻(阻值可为 10kΩ)。

2. 矩阵键盘接口设计

独立式键盘简单明了,但它占用的 I/O 口线较多,当键数较多时,常采用矩阵式键盘。矩阵式键盘由行线和列线组成,按键设置在行、列线交点上,行、列线分别连接到按键的两个触点上,这样 8 根 I/O 口线,可分别作为 4 根行线和 4 根列线,组成 4×4 键盘,接入 16 个按键。如图 13.3 所示为在单片机 P1 口上连接 4×4 键盘的接线图。

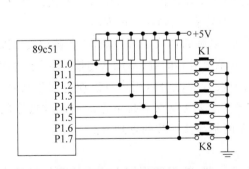

图 13.2　利用 P1 口线连接独立式键盘

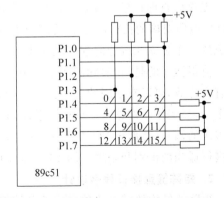

图 13.3　利用 P1 口线连接矩阵式键盘

矩阵的行线和列线,在检测按键时可分别设置为输入和输出方式,至于行列谁是输入谁是输出可以任意。如图 13.3 所示的连接,将行线(P1.4～P1.7)和列线(P1.0～P1.3)均通

过上拉电阻接到+5V上,平时无按键动作时,不管读行线还是列线,均应为全1。

可以用扫描的方法检测某键的按下。当程序需要检测是否有键按下时,首先从行线上输出全0,再读入列线状态。若有键按下,显然读入的状态不会是全1。其次,软件依次从4根行线上输出1110B,1101B,1011B,0111B这4个扫描码,即仅一行为0,其余行为1。每次输出一个扫描码,即读入列线状态,若有一位特定的位非高,则为0的这一行的相应列有键按下。如此,扫描键盘4次,即可判断键盘中有哪些键被按下。

例如,从行线P1.7~P1.4上输出1101B时,输入列线P1.3~P1.0状态为1011B,则显然图中第2列第2行的键5被按下了。

13.1.2　键盘接口程序设计

1. 独立式按键接口程序设计

单片机系统中,独立式按键的每个按键分别与单片机或外扩I/O芯片的一根输入线相连,每根输入线上的按键的工作状态不会影响其他输入线的工作状态,因此常采用查询式结构来检测输入线的电平状态,就可以判断哪个按键被按下了。

【例13.1】　利用P1口的部分口线构成4个独立式按键的接口电路见图13.4,试采用查询方式检测按键。

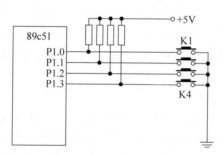

图13.4　直接利用P1口构成的独立式按键设计

先逐位查询每根I/O口线的输入状态,如某一根I/O口线输入为低电平,则可确认该I/O口线所对应的按键已按下,然后再转向该键的功能处理程序。采用查询方式检测P1口构成的4个独立式按键流程图见图13.5,程序较为简单,代码就不再列出。

值得注意的是,在实际应用系统中,根据需要,对键的释放是否检测,或者键被按下以后一直未释放,可以有不同的处理方法。例如,有的系统对有的键,不承认连按,这样不管用户按多久,只当作一次输入;而有的系统,则承认连按有效,这样,用户可以通过按住某键,实现多次的输入(类似于PC中Windows下的操作)。这就要求对按下键的时间和按键的释放进行适当的识别和处理。图13.5是一种简单的不承认连按的处理方法。

2. 矩阵键盘接口程序设计

矩阵式结构的键盘比独立式键盘的识别复杂一些,按键的识别方法主要有行扫描法和线反转法。

(1) 行扫描法。这种方法实际上在介绍硬件连接时已大致叙述过,以下做一个总结。

首先判断是否有键被按下,将所有行线置成低电平;然后读入全部列线,如果读入的列

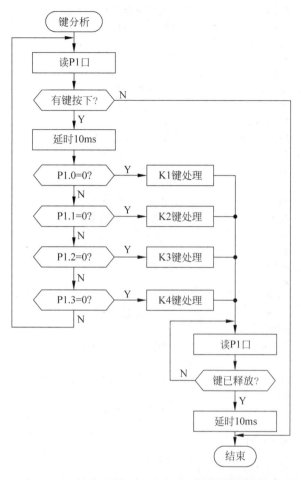

图 13.5 查询方式检测 P1 口构成的 4 个独立式按键流程图

值全是高电平,则说明没有任何一个键被按下;如果读入列值不是全 1,则说明有键按下,再用逐行扫描的方法确定哪一个键被按下,先扫描第一行,即置该行输出低电平,其他行输出高电平,然后检查列线,如果某条列线为低电平,则说明第一行与该列相交的位置上的按键被按下;如果所有列线全是高电平,则说明第一行没有键被按下,接着扫描第二行,以此类推,直到找到被按下的键。

此方法分两步进行:第一步,识别键盘有无键被按下,若有键按下,消除键抖动,再判断是否有键按下;第二步,如果有键被按下,识别出具体的按键,键值通过相应的行线和列线确定。为保证按键每闭合一次,CPU 只做一次处理,程序需等闭合的键释放后再对其处理。

以下给出按图 13.3 连接的矩阵键盘扫描子程序,该子程序,若扫描到有键按下,则令 A 累加器为按键键值 0~15 返回;若无键按下,则返回 A=0FFH。注意该子程序无去抖操作,在实际应用中,可以两次调用该子程序,中间相隔 20ms,若两次调用返回的键值相同,那就可以确认本次按键有效;若两次调用返回的键值不同,或都为 0FFH,则需要继续检测确认按键是否按下。这种方法比在程序中直接调用 20ms 延时程序去抖,要灵活得多,且更适合定时扫描键盘的工作方式。

```
KEYSCAN:   MOV    P1,#0F0H              ; 输出列线全 0,高 4 位为输入
           MOV    A,P1                 ; 输入行线状态
           ORL    A,#0FH
           CPL    A
           JZ     KEND                 ; 无键按下,返回 A = 0FFH
           MOV    B,#0                 ; 键值编码初值
           MOV    R2,#0F7H             ; 列扫描码初值为 11110111B
           MOV    R7,#4                ; 扫描行数 = 4
K1:        MOV    P1,R2                ; 输出列线扫描码
           MOV    A,P1                 ; 输入行线状态
           ORL    A,#0FH              ; 行线状态在高 4 位
           CPL    A
           JNZ    K2                   ; 有键按,转 K2
           MOV    A,B                  ; 调整键值编码至下一行
           ADD    A,#4
           MOV    B,A
           MOV    A,R2                 ; 调整列扫描码
           RR     A
           MOV    R2,A
           DJNZ   R7,K1                ; 扫描未完,继续
           SJMP   KEND
K2:        JB     ACC.4,K3             ; 判断是哪一列按下
           RR     A
           INC    B                    ; 调整至下一列的键值编码
           SJMP   K2
K3:        MOV    A,B                  ; 按键编码至 A
           RET
KEND:      MOV    A,#0FFH
           RET
```

（2）线反转法。扫描法要逐列扫描查询,当被按下的键处于最后一列时,则要经过多次扫描才能最后获得该按键所处的行列值,如果采用线反转法,无论被按按键是处于第一列或是最后一列,均只需经过两步便能获得此按键所在的行列值,具体操作步骤如下。

第一步：将行线编程为输入线,列线编程为输出线,并使列线输出为全零电平,则行线中电平由高变低所在行为按键所在行。

第二步：同第一步完全相反,将行线编程为输出线,列线编程为输入线,并使行线输出为全零电平,则列线中电平由高变低所在列为按键所在列。

综合第一、二步的结果,可确定按键所在行和列,从而识别出所按的键。例如,对于如图 13.3 所示的连接图,当按下键 8 时,合并行列的读入值,应该是 10110111B,即 0B7H,可以使用查表法得到其键值为 8。

以下以如图 13.3 所示的连接图为例,给出线反转法的子程序。同扫描法一样,此子程序也未考虑软件去抖延时,理由同前。

```
KEYIN:     MOV    P1,#0F0H             ; 输出所有列线为 0,高 4 位为输入
           MOV    A,P1                 ; 输入行线状态至高 4 位
           ANL    A,#0F0H             ; 屏蔽低 4 位
           MOV    P1,#0FH             ; 输出所有行线为 0,低 4 位为输入
           MOV    B,P1                 ; 输入列线状态至低 4 位
```

```
            ANL     B,#0FH              ;屏蔽高 4 位
            ORL     A,B                 ;合并行列值
            CJNE    A,#0FFH,K1          ;有键按下,继续
            SJMP    KEND
    K1:     MOV     B,A
            MOV     DPTR,#KEYTAB        ;查表首址
            MOV     R3,#0               ;键值编码初值
    K2:     MOV     A,R3
            MOVC    A,@A+DPTR           ;查键行列值
            CJNE    A,B,K3              ;和现有的是否相等
            MOV     A,R3                ;相等,则键值确定
            SJMP    KEND
    K3:     INC     R3                  ;调整键值编码
            CJNE    A,#0FFH,K2          ;是否到最后,未完继续
    KEND:   RET
    KEYTRAB: DB     0E7H,0EBH,0EDH,0EEH
             DB     0D7H,0DBH,0DDH,0DEH
             DB     0B7H,0BBH,0BDH,0BEH
             DB     077H,07BH,07DH,07EH
             DB     0FFH
```

13.1.3　键盘接口任务的整体安排

在实际应用系统中,键盘扫描只是键盘接口程序要考虑的内容之一,更重要的是,设计者要考虑如何将键盘扫描、识别、处理等任务有机地嵌入到整体的软件之中,和其他任务模块协调工作,从而实现按键反应及时、可靠,处理符合多样化的人机接口要求,同时又不影响其他任务模块的执行。

一般来说,可以采用以下几种方式来处理键盘任务:定时扫描,中断处理,使用专门的键盘接口芯片。

1. 定时扫描

这种方式是让单片机 CPU 每隔一定的时间去扫描一遍键盘,检测有无键按下。时间间隔可以为 10~20ms。之所以设置为这个时间间隔值,一是因为它足够短,可以保证键盘响应的及时性;二是,由于两次键盘扫描的时间间隔正好和去抖操作要求的时间相等,因此软件可通过使用连续两次扫描判断键值是否相等的方法,来实现去抖,确认按键的操作。

至于时间间隔如何计时,这需要单片机软件系统的整体考虑和任务调度来实现。一般是设置定时器中断来实现任务的定时切换,设计者可以将键盘扫描任务按 20ms 一个周期,加入到任务调度单之中。

定时扫描方法,很容易实现软件去抖、多键处理、连按键处理等人机接口要求。

2. 中断处理

这种方式是,当用户按键以后,键盘接口硬件向单片机发出中断申请,CPU 通过响应中断,在中断服务程序中,执行扫描键盘的任务。

这种工作方式,当用户未按键时,CPU 可只处理其他任务,仅当有键按下时,才执行键扫任务,因此在某些情况下 CPU 的工作效率可以提高。但当中断发生以后,CPU 仍需要安

排软件去抖等定时操作,这样一来会造成软件结构的复杂;二来也对提高软件实时性有负面影响。同时,这种方法在硬件上也需要增加一些逻辑,所以在实际应用中使用不多。

3. 使用专门的键盘接口芯片

在有些实际应用系统中,需要连接的键盘键数目比较多,同时 CPU 要处理的任务也比较多,这时,可以使用专门的键盘接口程序来扩展键盘。例如,Intel 8279 就是一种专门的可编程键盘与 LED 数码显示接口芯片。这类芯片可自动实现对多达 128 个键的键盘进行扫描,可以自动消除抖动,自动进行键盘编码,并具有一定容量的键盘缓冲区以暂存 CPU 来不及处理的按键。当有键按下时,芯片通过中断方式通知 CPU 去读取,当然 CPU 也可以通过查询的方式和芯片联络。

这种工作方式,实际上是将键盘扫描的大量任务交给了单片机外的可编程芯片去完成了,CPU 只需要在适当的时候直接读取键值就行了,因此能大大简化系统软件开销,当然其缺点是系统需要扩展更多的硬件。

13.2　LED 数码显示接口技术

单片机系统常用的显示方法是使用 LED 显示器,它可以显示数字、字符、图形等。常用的 LED 显示器有发光二极管显示器、七段数码显示器(数码管)和十六段显示器。发光二极管用于状态显示;数码管用于数字显示;十六段显示器用于数字和字符显示,它们的驱动电路简单、易于实现、显示清晰、亮度高、寿命长且价格低廉,在应用系统中得到广泛应用。本节将介绍 LED 显示器的工作原理、与单片机的接口技术及其编程应用。

13.2.1　LED 数码显示原理和结构

LED 数码管由若干个发光二极管组成,当其中的某个二极管导通时相应点或笔画会发光,通过不同二极管发光的组合可用来显示数字 0~9、字符 A~F、符号"-"及小数点"."等。数码管的外形结构如图 13.6(a)所示。共阴极和共阳极两种结构分别如图 13.6(b)和图 13.6(c)所示。

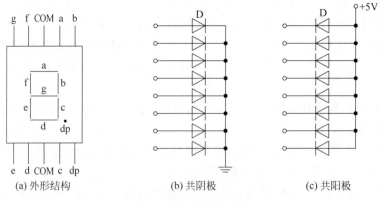

(a) 外形结构　　　　　　(b) 共阴极　　　　　　(c) 共阳极

图 13.6　数码管结构图

1. 数码管工作原理

共阳极数码管的8个发光二极管的阳极(二极管正端)连接在一起,通常公共阳极一般接电源(根据外接电源及额定导通电流来确定相应的限流电阻),其他引脚接驱动电路输出端。当某段驱动电路的输出端为低电平时,则该端所连接的字段导通并点亮,根据发光字段的不同组合可显示出各种数字或字符。

共阴极数码管的8个发光二极管的阴极(二极管负端)连接在一起,通常公共阴极一般接地,其他引脚接驱动电路输出端,当某段驱动电路的输出端为高电平时,则该端所连接的字段导通并点亮,根据发光字段的不同组合可显示出各种数字或字符,同样要求段驱动电路能提供额定的段导通电流。

2. 数码管字形编码

要使数码管显示出相应的数字或字符,必须使段数据口提供相应的字形编码。数据线D0与a字段对应,D1字段与b字段对应,……,以此类推。如使用共阳极数码管,数据为0表示对应字段亮,数据为1表示对应字段暗;如使用共阴极数码管,数据为0表示对应字段暗,数据为1表示对应字段亮。如要显示0,共阳极数码管的字形编码应为:11000000B(即C0H);共阴极数码管的字形编码应为:00111111B(即3FH)。这样的编码叫字形码。以此类推,可求得数码管字形码如表13.1所示。

表13.1　数码管字形编码表

显示字符	字形	共阳极									共阴极								
		dp	g	f	e	d	c	b	a	字形码	dp	g	f	e	d	c	b	a	字形码
0	0	1	1	0	0	0	0	0	0	C0H	0	0	1	1	1	1	1	1	3FH
1	1	1	1	1	1	1	0	0	1	F9H	0	0	0	0	0	1	1	0	06H
2	2	1	0	1	0	0	1	0	0	A4H	0	1	0	1	1	0	1	1	5BH
3	3	1	0	1	1	0	0	0	0	B0H	0	1	0	0	1	1	1	1	4FH
4	4	1	0	0	1	1	0	0	1	99H	0	1	1	0	0	1	1	0	66H
5	5	1	0	0	1	0	0	1	0	92H	0	1	1	0	1	1	0	1	6DH
6	6	1	0	0	0	0	0	1	0	82H	0	1	1	1	1	1	0	1	7DH
7	7	1	1	1	1	1	0	0	0	F8H	0	0	0	0	0	1	1	1	07H
8	8	1	0	0	0	0	0	0	0	80H	0	1	1	1	1	1	1	1	7FH
9	9	1	0	0	1	0	0	0	0	90H	0	1	1	0	1	1	1	1	6FH
A	A	1	0	0	0	1	0	0	0	88H	0	1	1	1	0	1	1	1	77H
B	B	1	0	0	0	0	0	1	1	83H	0	1	1	1	1	1	0	0	7CH
C	C	1	1	0	0	0	1	1	0	C6H	0	0	1	1	1	0	0	1	39H
D	D	1	0	1	0	0	0	0	1	A1H	0	1	0	1	1	1	1	0	5EH
E	E	1	0	0	0	0	1	1	0	86H	0	1	1	1	1	0	0	1	79H
F	F	1	0	0	0	1	1	1	0	8EH	0	1	1	1	0	0	0	1	71H
—	—	1	0	1	1	1	1	1	1	BFH	0	1	0	0	0	0	0	0	40H
.	.	0	1	1	1	1	1	1	1	7FH	1	0	0	0	0	0	0	0	80H
熄灭	灭	1	1	1	1	1	1	1	1	FFH	0	0	0	0	0	0	0	0	00H

13.2.2 LED 数码显示接口程序设计

在单片机应用系统中,LED 数码显示器常用两种方法显示:静态驱动显示设计和动态显示设计。

1. LED 静态驱动显示设计

静态驱动是指数码管显示某一字符时,相应的发光二极管恒定导通或恒定截止,每个数码管的 8 个字段分别由一个 8 位输出锁存器口线驱动,口锁存器只要有段码输出,相应字符即显示出来,并保持不变,直到口锁存器输出新的段码。公共端恒定接地(共阴极)或接正电源(共阳极)。

采用静态显示方式时,较小的电流即可获得较高的亮度,无闪烁,无须扫描,节省 CPU 时间,编程简单;但其占用的口线多,硬件电路复杂,成本高,只适合于显示位数较少的场合。

【例 13.2】 使用共阳极的数码管,使用静态驱动技术,设计显示 6 位字符的电路和程序,待显示的十六进制数在 A 累加器之中。

硬件设计图见图 13.7,硬件设计说明:因采用静态驱动,所以每个数码管需要一个锁存器锁存其显示的字形码,每个锁存器的输出 D0~D7,通过限流电阻 R 接到各数码管的 a,…,g 以及 dp 字形阴极端。当口线输出 0 时,相应字段点亮;口线输出 1 时,相应字段熄灭。每个锁存器应该分配一个访问地址,图中使用译码器 138 对单片机的片外地址总线的 A15,A14,A13 进行译码,译码输出 Y5~Y0 分别接到图中从左至右的锁存器时钟脉冲端,因此图中从右至左 6 个锁存器的地址为 1FFFH,3FFFH,5FFFH,7FFFH,9FFFH,BFFFH。

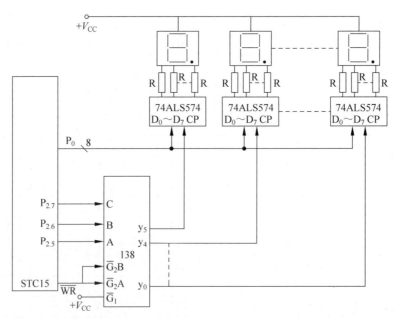

图 13.7 6 位 LED 数码静态显示电路

数码管的 LED 导通电流一般为 5～10mA（根据亮度要求可取稍大或稍小），LED 导通后管子压降一般为 1V 左右，这样可计算地限流电阻可取：$(5V-1V)/5mA≈820\Omega$。

锁存器的低电平输出电流至少应该达到 5mA，现在一般的先进 TTL 逻辑（ALS）驱动能力较大，低电平输出电流最大能达到 24mA，所以可选 74ALS574 作为输出锁存兼驱动。部分公司的 LS 工艺的 TTL 锁存器缓冲器芯片，驱动能力也能达到 24mA，也可选用这些公司的 74LS574。

软件设计很简单，将要显示的数字字形码输出至相应的锁存器，就会在相应的数码管上显示出相应字形。以下子程序将 A 累加器中的十六进制数（0～255）显示在图中靠右边的数码管上，左边未显示的数码管熄灭。显示前需要先将 A 累加器中的十六进制数转化为十进制数，并分离出百位、十位、个位的数字，然后通过查表的方法得到相应的字形码。

```
DISP:   MOV   B,A                ; 暂存待显示的数
        MOV   A,#0FFH            ; 先熄灭所有数码管
        MOV   DPTR,#1FFFH
        MOVX  @DPTR,A
        MOV   DPTR,#3FFFH
        MOVX  @DPTR,A
        MOV   DPTR,#5FFFH
        MOVX  @DPTR,A
        MOV   DPTR,#7FFFH
        MOVX  @DPTR,A
        MOV   DPTR,#9FFFH
        MOVX  @DPTR,A
        MOV   DPTR,#BFFFH
        MOV   A,B
        MOV   B,#100             ; 将 A 中的十六进制数转化为十进制数
        DIV   AB                 ; 先求得百位数字
        MOV   DPTR,#STAB
        MOVC  A,@A+DPTR          ; 查表得该数字的字形码
        MOV   DPTR,#5FFFH        ; 显示百位数字
        MOVX  @DPTR,A
        MOV   A,B
        MOV   B,#10
        DIV   AB                 ; 求得十位数字
        MOV   DPTR,#STAB
        MOVC  A,@A+DPTR          ; 查表得字形码
        MOV   DPTR,#3FFFH
        MOVX  @DPTR,A            ; 显示十位数字
        MOV   A,B                ; 个位数字
        MOV   DPTR,#STAB
        MOVC  A,@A+DPTR
        MOV   DPTR,#1FFFH
        MOVX  @DPTR,A            ; 显示个位数字
        RET
STAB:   DB    0C0H,0F9H,0A4H     ; 共阳极数码管的字形码
        DB    0B0H,99H,92H
        DB    82H,0F8H,80H,90H
```

2. LED 动态显示设计

动态显示时各位数码管的段选线 a 到 g,均并联在一起,由一个 8 位的输出锁存器控制(称为字形);各位公共阴极或阳极(称为位选线或字位)由另外的一个或多个输出锁存器控制(取决于有多少位数码管)。某一个数码管能显示正确的数码,有两个条件,一是字形锁存输出正确的字形码;二是字位线输出适当的导通电平。

动态方式显示时,各数码管分时轮流选通,即在某一时刻只选通一位数码管(即只给这一个数码管的位选线送导通的电平,其他数码管位选线均为熄灭的电平),并送出相应的字形码,待显示一小段时间间隔后,再切换到选通另一位数码管,并送出相应的字形码,依次循环。只要这种循环周期(称为扫描)能在较短的时间间隔,例如 20ms(扫描频率 50Hz)以内完成,那么根据人眼视觉暂留的特性,我们看起来就像这些数码管同时在显示一样。当然如果扫描频率稍高一些,可以减少闪烁感。

采用动态显示方式,由于各数码管共享字形码的锁存,因此比较节省 I/O 口,硬件电路也较静态显示方式简单,例如一套 8 位的数码管,只需要一个字位锁存器和一个字形锁存器,共两个 8 位输出锁存器就够了;但其显示亮度稍差于静态显示,可能有少许闪烁感,关键是这种显示方式需要 CPU 定时刷新扫描,需占用 CPU 较多的时间,编程较为复杂。

【例 13.3】 设计 8 位数码管的动态显示电路,编写实现数据的动态显示程序。

硬件设计图见图 13.8,用的是共阴极数码管。图中使用了一个 74HC574 作为字形锁存,其时钟端由 P2.7(A15)选通,因此其地址为 7FFFH(线选方式);使用了另一个 74HC574 作为字位锁存,其地址是 0BFFFH。字位锁存输出 D7~D0 位,分别对应从左到右的 8 个数码管。

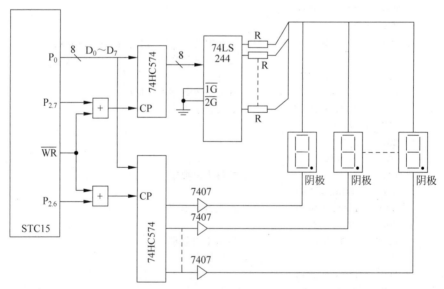

图 13.8 8 位动态显示数码管电路

字形输出的每根口线,必须高电平输出时能输出 5mA 的驱动电流,因此使用了一片 74LS244,其高电平电流最大达 15mA,限流电阻选择 510Ω,保证有足够的正向导通电流。每个数码管的公共阴极,最大可能有 32mA 的导通电流通过,因此在每位字位口线输出端加了一个 7407 的同相驱动器,其输出端提供了最大 40mA 的低电平输出电流。

以下子程序,实现在这 8 个数码管上扫描显示一遍 8 个数字的功能。其中,待显示的数字的共阴极字形码,从左至右,已存放在片内 RAM 30H～37H 单元。若要形成稳定的显示,CPU 必须不停地调用此子程序。

```
DISP:    MOV     DPTR,#0BFFFH
         MOV     A,#0FFH
         MOVX    @DPTR,A          ; 先熄灭所有数码管
         MOV     R0,#30H          ; 指向待显示数码
         MOV     R7,#8            ; 8位数码管
         MOV     B,#7FH           ; 初始的字位码.先显示最左端的数码管
D1:      MOV     DPTR,#7FFFH
         MOV     A,@R0
         MOVX    @DPTR,A          ; 输出字形
         MOV     DPTR,#0BFFFH
         MOV     A,B
         MOVX    @DPTR,A          ; 输出字位
         LCALL   DLY1MS           ; 调用延时子程序,实现显示时间 1ms
         RR      A                ; 得到下一位的字位码
         MOV     B,A
         INC     R0               ; 指向下一位待显示数码
         DJNZ    R7,D1            ; 8位未完,继续
         RET
```

13.3　打印机接口设计

打印输出是单片机输出形式之一,在单片机应用系统中一般采用微型打印机。本节重点介绍微型击打式打印机的工作原理及 51 系列单片机的接口电路以及程序设计。

13.3.1　打印机及其接口

1. 打印机概述

打印机有击打式和非击打式打印两类,击打式打印机是利用击打钢针撞击色带在纸上打印出相应的图形或字形。打印机的电路组成一般分为 4 个部分,即控制电路、驱动电路、接口电路和电源电路,如图 13.9 所示,打印机除电路部分外还有机械部分等组成。

主机发送的命令和数据均经接口电路送达打印机的控制中心;驱动电路受控制电路控制并直接与打印头相接,驱动打印机及有关电机的动作,完成字符图形的打印;电源电路给整个打印机提供电压。

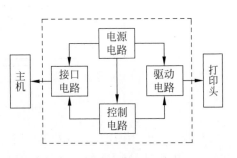

2. 打印机的接口信号

主机与打印机的接口分为串行接口和并行接口等,微型打印机通常采用 Centronics 标准兼容

图 13.9　打印机基本电路组成

的并行接口,表 13.2 是打印机标准并行接口信号的说明,其中,输入/输出方向都是针对打印机而言的。

表 13.2　标准并行接口信号

引脚号	信号名称	方向	信号说明
1	选通$\overline{STROBE}$	输入	主机送往打印机的数据选通脉冲,低电平有效,简写为$\overline{STB}$
2~9	8位数据线 DATA1~DATA8	输入	主机送往打印机的8位并行数据信号
10	应答信号$\overline{ACK}$	输出	打印机送往主机的应答信号,表示打印机已接收一个数据,又可以接收下一个数据
11	忙信号 BUSY	输出	打印机送往主机的状态信号,高电平为忙,打印机不能接收主机发送的数据
12	纸尽信号 PE	输出	高电平说明打印机无纸,低电平则表示有纸
13	联机 SLCT	输出	打印机送往主机的状态信号,高电平为联机状态
14	自动换行 $\overline{AUTO\ FEED}$	输入	主机送往打印机的控制信号,低电平时有效,当打印机打印之后将自动换一行
15	不用		
16	GND		逻辑地电平
17	机架地		打印机的机壳地,与逻辑地是分离的
18	不用		
19~30	GND		绞合线返回的信号地电平
31	初始化 INIT	输入	主机送往打印机的控制信号,低电平对打印机进行初始化,让打印机复位到初始状态
32	出错信号$\overline{FAULT}$	输出	打印机送往主机的状态信号,低电平表示打印机出错
33	GND	输出	打印机送往主机的状态信号,当小车工作不正常时产生此信号
34	外部初始化 $\overline{EXPRIME}$	输入	当该信号为低时,打印机将被初始化,同 INIT 信号
35	V_{CC}		通过 3.3kΩ 电阻接到+5V 电源上
36	选择输入 $\overline{SLCT\ IN}$	输入	主机送往打印机的控制信号,为低时打印机被选中

表中重要的信号线包括$\overline{STB}$、BUSY 和$\overline{ACK}$,它们和数据线 DATA1~DATA8 构成打印机的工作时序,如图 13.10 所示。

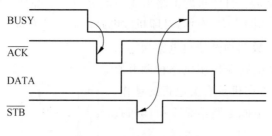

图 13.10　打印机工作时序

图 13.10 中,当 BUSY 信号为低时,表明打印机不忙,主机可以向打印机发送新的打印数据。主机通过 DATA 线发送过来的打印数据,在$\overline{STB}$选通信号的作用下,输入打印机的

输入锁存器中,同时 BUSY 变高,表明打印机开始处理和打印新的数据,此时,主机不应继续发送下一个打印数据。当这个打印数据打印完毕以后,BUSY 重新变为低电平,此时,$\overline{\text{ACK}}$信号也变为低电平,表明打印机已处理完上一个打印数据,主机可以继续发送下一个打印数据。

3. 打印机的打印命令

打印机既可以接收主机发送过来的打印数据,也可以接收主机发来的控制命令,即控制代码,并完成相应动作,例如"走纸"等。由于各型号打印机能完成的功能各异,其控制代码也不一样,命令的数目也从只有几条到二十几条不等。在设计打印机接口程序时,需要参照相应打印机的技术说明书来操作和控制打印机。

13.3.2　TPμP-40A 微型打印机与单片机接口设计

TPμP-40A 微型打印机是 TPμP 系列点阵微型打印机中的一种,该系列打印机使用标准 Centronics 兼容的打印机接口,可方便地与单片机系统连接。

TPμP-40A 微型打印机是一种点阵式打印机,每行能打印 40 个 5×7 点阵字符,内部有一个 240 种字符的字符库,另有 16 个代码字符可由用户通过程序自行定义。除打印字符外,还能打印点阵图案(8×240 点阵),代码字符和点阵图样可在一行中混合打印,已固化的字符中包含全部标准的 ASCII 字符。该打印机在单片机应用系统中应用较为广泛。

1. TPμP-40A 微型打印机的接口信号

TPμP-40A 微型打印机接口信号如表 13.3 所示,最上面和最下面的行为引脚号。具体说明如下。

DB$_0$～DB$_7$:单向数据传送线,由主机送入打印机。命令代码及数据均经数据线传输。

数据选通信号$\overline{\text{STB}}$输入低电平有效时,将数据线的 8 位并行数据输入打印机内锁存器。

BUSY:打印机忙状态信号,输出高电平时表示打印机正处于忙状态,主机不能向打印机输送数据,否则数据丢失。

$\overline{\text{ACK}}$:打印机的应答信号,低电平有效时表示打印机已处理完所接收的数据,通知主机可以向打印机发送数据。

选通信号$\overline{\text{STB}}$宽度应大于 $0.5\mu s$。$\overline{\text{ACK}}$应答信号通常是一个单稳态脉冲,由 BUSY 信号触发产生,间隔仅 $0.5\mu s$。所以一般情况下,主机可只用 BUSY 信号来判断打印机状态。

$\overline{\text{ERR}}$:出错信号,当送入打印机的命令格式有错时,该信号线出现一个脉冲,打印机随后打印出一行出错信息,目的是提示操作者注意。

表 13.3　TPμP-40A 接插件引脚信号

标　号	2	4	6	8	10	12	14	16	18	20
引脚	$\overline{\text{GND}}$	GND	GND	GND	GND	GND	GND	GND	$\overline{\text{ACK}}$	ERR
标号	1	3	5	7	9	11	13	15	17	19
引脚	$\overline{\text{STB}}$	DB$_0$	DB$_1$	DB$_2$	DB$_3$	DB$_4$	DB$_5$	DB$_6$	DB$_7$	BUSY

2. TPμP-40A 微型打印机接口信号的工作时序

TPμP-40A 微型打印机接口信号的工作时序如图 13.11 所示。和 Centroics 标准工作时序基本一致,仅需注意,$\overline{\text{STB}}$信号的宽度必须大于等于 0.5μs,参考 STC15 单片机片外数据存储器的读/写时序图,可以发现,这个宽度一般大于正常工作频率下(6MHz 以上)的写脉冲WR宽度,所以不能用 WR 写脉冲直接形成此信号。

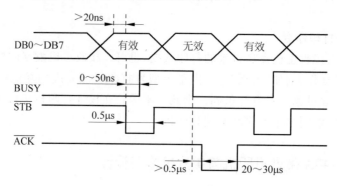

图 13.11   TPμP-40A 微型打印机接口的信号时序

3. TPμP-40A 工作方式及打印命令

TPμP-40A 工作方式分为两种:字符打印和图形打印。发往打印机的打印代码为单字节,其中包括打印命令,共有 15 个;以及待打印的字符 ASCII 码。所有这些代码分别如下。

(1) 代码:00H,无效。

(2) 代码:01H~0FH,为打印命令,见表 13.4。

表 13.4   TPμP-40A 命令代码及说明

命令	功 能	格 式	说 明
01	字符、图符、增宽	01(01、02、03、04)	打印字符,图符增宽倍数(×1、×2、×3、×4),基准字符 5×7
02	字符、图符、增高	02(01、02、03、04)	打印字符,图符增高倍数(×1、×2、×3、×4),基准字符 5×7
03	字符、图符、放大	03(01、02、03、04)	打印字符,图符放大倍数(×1、×2、×3、×4),基准字符 5×7
04	更换行间距	04XX	行间距为 XX 点行,XX 为 00H~FFH
05	自定义字符点阵间距	05XXYY1YY2Y Y3YY4YY5YY6	XX 为自定义字符代码 10H~1FH,YY1~YY6 为自定义字符的点阵数据字节,共 6 个
06	换码	06 XX YY	XX 代码为 10H~1FH 之一,YY 为被代换码,驻留字符点阵被自定义字符点阵更换
07	水平制表	07 XX	XX 为空字符数
08	垂直制表	08 XX	XX 为空行数 01~0FHH
09	复位命令	09	恢复 ASCII 代码和请输入缓冲区
0A	回车换行	0A	送空格符 20H 后回车换行
0B~0C	无效		
0D	回车换行	0D	换行回车;命令结束符。06 命令必须有,其他命令可略
0E	重复打印命令	0E XX YY	XX 为打印字符代码。YY 为重复打印次数
0F	打印点阵图	0F XX YY1~YYn	XX 为点阵图宽度,范围 1~240 点。YY1~YYn 为点阵列数据字节

（3）代码：10H～1FH，为用户自定义代码。

（4）代码：20H～7FH，为待打印字符的 ASCII 码，见 ASCII 码表。

（5）代码：80H～FFH，为非 ASCII 代码，其中包括少量汉字、希腊字母、块图图符和一些特殊的字符，见打印机生产厂家的说明书。

4. 51 单片机与 TPμP-40A 的接口以及打印编程实例

如前所述，单片机与 TPμP-40A 微型打印机的连接，可简单地只考虑$\overline{\text{STB}}$、BUSY、DB_0～DB_7 的连接。另虽然打印机内部带有输入锁存器，但由图 13.11 可知，其选通脉冲$\overline{\text{STB}}$的宽度要求至少为 $0.5\mu s$，这个要求对于采用十几 MHz 的系统频率来讲，长于单片机的$\overline{\text{WR}}$写信号的宽度，因此不可能直接用$\overline{\text{WR}}$信号来形成这个选通信号，所以，不能直接利用打印机的输入锁存器锁存数据。因此单片机的打印数据要通过一个输出锁存器与打印机的DB_0～DB_7 相连，并使用一根输出口线作为$\overline{\text{STB}}$，以此模拟打印机的工作时序。

【例 13.4】　试设计单片机与 TPμP-40A 的接口，并编写打印：X＝（累加器 A 中十六进制数据）的打印子程序。

51 单片机与 TPμP-40A 的接口设计如图 13.12 所示，图中用口线 P2.6 读入 BUSY 电平状态，用口线 P2.7 形成$\overline{\text{STB}}$选通信号，而端口 P1 口线同 TPμP-40A 的 DB_0～DB_7 相接。若单片机应用系统中，这些口线已另有安排，则设计者需要扩充新的 I/O 口来实现它们的连接。

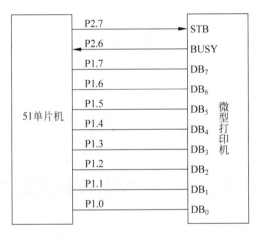

图 13.12　单片机与 TPμP-40A 的接口电路

```
PRT:    SETB    P2.6            ; P2.6 为输入
        SETB    P2.7            ; STB置 1
        JB      P2.6,$          ; 若 BUSY 为高,则等待其变低电平
        MOV     P1,'X'          ; 输出字符 X 的 ASCII 码
        CLR     P2.7            ; STB 清零
        NOP                     ; 延时 0.5μs 以上
        NOP
        SETB    P2.7            ; 置STB为高
        JB      P2.6,$          ; 等待 BUSY 变低电平
        MOV     P1,'='          ; 输出字符 = 的 ASCII 码
        CLR     P2.7            ; STB 清零
        NOP                     ; 延时 0.5μs 以上
        NOP
```

```
        SETB    P2.7                ; 置STB为高
        JB      P2.6, $             ; 等待 BUSY 变低电平
        MOV     B, #100
        DIV     AB                  ; 求出 A 中的百位数
        ADD     A, #30H             ; 得到其 ASCII 码
        MOV     P1, A               ; 打印百位的数字
        CLR     P2.7
        NOP
        NOP
        SETB    P2.7
        JB      P2.6, $
        MOV     A, B
        MOV     B, #10
        DIV     AB                  ; 求出十位数字
        ADD     A, #30H             ; 求出其 ASCII 码
        MOV     P1, A               ; 打印十位数字
        CLR     P2.7
        NOP
        NOP
        SETB    P2.7
        JB      P2.6, $
        MOV     A, B
        ADD     A, #30H             ; 求出个位数 ASCII 码
        MOV     P1, A               ; 打印个位数字
        CLR     P2.7
        NOP
        NOP
        SETB    P2.7
        JB      P2.6, $             ; 等待打印结束,此步骤也可不要
        RET
```

13.4   STC15 单片机与 D/A 转换器的接口设计

D/A 转换器(DAC)执行将数字量转换为模拟量的操作。在单片机的应用系统中,常常需要将控制算法得到的结果(数字量)转化为模拟信号(电压或电流),去驱动执行机构,如阀门、加热器等,完成对被控对象的控制,这时就需要为单片机扩展 D/A 转换器。本节介绍有关扩展 DAC 接口的软硬件设计。

13.4.1   D/A 转换原理与性能指标

D/A 转换器主要由电阻解码网络、基准电源、输出运算放大器、输入缓冲寄存器等部件组成。输入的数字量按照其权值(D0 位的权值为 2^0,D1 位的权值为 2^1,Dn 的权值为 2^n),通过电阻解码网络,在输出运算放大器一个输入端叠加,放大器输出端将得到对应的模拟量值,此值就是按权值相加的结果。例如,8 位数字量 10110010B,输出模拟量将是 $(2^7 + 2^5 + 2^4 + 2^1) \times$ Vref,其中,Vref 为基准电压。这个就是我们所要的模拟输出量。

D/A 转换器的性能指标与 A/D 转换器性能指标类似,主要包括分辨率、精度、转换时间、建立时间等。

1. 分辨率

分辨率指的是最小数字量的变化对应的模拟输出量的变化。一个 n 位的 D/A 转换器,其输出能分辨的最小模拟量变化为 $1/2^n$ 的满量程。这个最小模拟量的变化有时也称为 1LSB(最低有效位)的输出,这就是分辨率。显然,数字量位数越高,分辨率越高,很多时候也直接称数字量的位数为分辨率,例如,8 位分辨率的 D/A 转换器、10 位分辨率、12 位分辨率的 D/A 转换器等。器件的分辨率是有限的,因此,由此带来的转换误差——量化误差也不可能缩小到 0。

2. 精度

精度指的是实际转换输出与理想转换输出的差别。理想的转换输出是 D/A 转换器仅有因有限分辨率而带来的量化误差 $\pm\frac{1}{2}$LSB,但实际上由于器件制造工艺存在缺陷等因素,模拟量的输出不仅存在这一量化误差。用绝对精度来表示除去量化误差以外的主要因器件制造工艺而造成的额外误差的绝对数值;用相对误差来表示这个绝对误差和满量程输出的比值。绝对精度常用分辨率输出 1LSB 来度量,例如绝对精度 $\pm$1LSB,表示除量化误差 $\pm\frac{1}{2}$LSB 外,器件的输出还另有 $\pm$1LSB 的误差。

3. 转换时间

转换时间指数字量从输入到完成转换,输出达到最终稳定值 $\pm\frac{1}{2}$LSB 范围内并稳定为止所需要的时间。本指标反映了 D/A 转换的速度。

4. 建立时间

建立时间是指数字输入产生满量程的变化,输出模拟量稳定值稳定到最终值的 $\pm\frac{1}{2}$LSB 范围内所需要的时间,显然这个指标反映的是大范围模拟量输出的建立时间。

D/A 转换器除了上述主要指标外,还有其他一些指标,包括线性误差、器件温度系数、电源变化抑制率等。

D/A 转换器与单片机的接口,首先需要考虑 D/A 转换器是否有输入锁存器。由于在 D/A 转换期间,数字量必须保持不变,所以,如果 D/A 转换器自身集成有输入锁存器,那么该 D/A 转换器可以作为一个 I/O 端口,直接按普通 I/O 口的扩展方法,挂接到系统的三总线上;反之,如果 D/A 转换器自身未集成有输入锁存器,那么系统中必须再扩展数字量锁存器,其输出才能和该 D/A 转换器相接,当然对于单片机来讲,可以使用一个或两个片上 I/O 口与该 D/A 直接相连。

其次,还需要考虑 D/A 转换器的分辨率位数。若位数大于 8 位,则对于 8 位处理器系统,需要进行两次输出数字量给 D/A 转换器。一般来讲,这类转换器具有双缓冲输入锁存器结构。

最后,D/A 转换器的输出形式也影响了它在系统中应用电路的设计。D/A 转换器的输出有电流型的,也有电压型的;有单极性的,也有双极性的。所以需要根据实际需要,选用合适的输出形式的转换器,或增加转换电路。

13.4.2　D/A 转换器接口设计举例

本节介绍 Maxim 公司的 D/A 转换器 MAX526 与 STC15 单片机的接口设计。

MAX526 芯片内含 4 个 12 位的 DAC(D/A 转换器)，由于片内集成精密输出运算放大器，所以提供电压输出。其工作电压为 +12~+15V 和 -5V，该 DAC 具有工作可靠、精度高(最优版总不可调整误差为 1LSB)、使用方便等特点。

MAX526 具有双缓冲输入锁存器和 8 位数据线，方便和 8 位总线连接。12 位数字量分为低 8 位和高 4 位，使用两次写周期装入芯片。所有的逻辑电平和 TTL 和 CMOS 电平兼容。芯片提供 DIP24 等封装。如图 13.13 所示为芯片引脚图。MAX527 提供同样功能，且仅需要 ±5V 电源。图 13.14 为其功能框图。

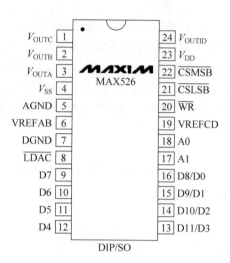

图 13.13　MAX526 引脚图

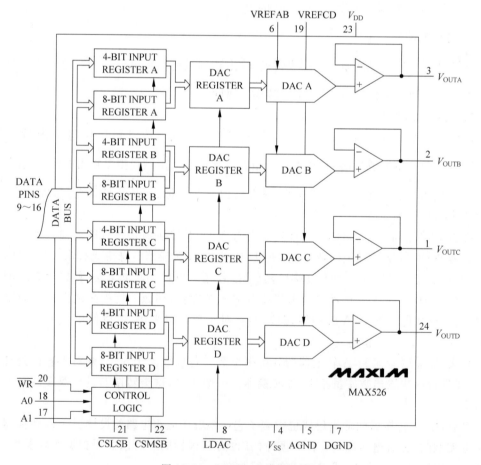

图 13.14　MAX526 功能框图

1. MAX526 引脚描述

MAX526 为 24 脚封装,各引脚功能如下。

V_{OUTA}、V_{OUTB}、V_{OUTC}、V_{OUTD}：为 4 个 DAC 的模拟量输出脚。

D4~D8：数据线 D4~D8。

D8/D0、D9/D1、D10/D2、D11/D3：数据线 D8~D11 和 D0~D3 共用线；当 $\overline{\text{CSMSB}}$ 为低而 $\overline{\text{CSLSB}}$ 为高,则分别为数据的高位 D8~D11；反之,当 $\overline{\text{CSMSB}}$ 为高而 $\overline{\text{CSLSB}}$ 为低,则分别为数据的低位 D0~D3。

A0~A1：DAC 地址输入线 A0~A1,用于选择片内 4 个 DAC 的输入数字量锁存器。

$\overline{\text{WR}}$：写控制线,低电平有效。本控制线和 $\overline{\text{CSMSB}}$ 及 $\overline{\text{CSLSB}}$ 一起,分别将数字量装载到由地址线 A0~A1 选择的输入寄存器中。

$\overline{\text{CSMSB}}$：高 4 位片选,低电平有效,选择给定地址的输入锁存器的高 4 位。

$\overline{\text{CSLSB}}$：低 8 位片选,低电平有效,选择给定地址的输入锁存器的低 8 位。

$\overline{\text{LDAC}}$：DAC 寄存器装载选通信号。低电平有效。见功能框图,当此信号有效时,将把待转换的数字量从输入寄存器装载到 DAC 寄存器中。

VREFAB、VREFCD：分别为 A、B 和 C、D 4 个 DAC 的参考电压输入端；参考电压的大小决定了满量程模拟量输出值的大小,其最大值为 V_{DD}－2.25V。

AGND、DGND：分别为芯片的模拟地和数字地。

V_{DD}、V_{SS}：分别为正电源输入和负电源输入端。

2. MAX526 操作时序

由 MAX526 的结构框图如图 13.14 及操作时序图 3.15 可知,MAX526 具有双缓冲的输入锁存器,第一级的低 8 位和高 4 位数据输入锁存器由地址信号 A1、A0 选择。A1A0＝11,选择 DAC D；A1A0＝10,选择 DAC C；A1A0＝01,选择 DAC B；A1A0＝00,选择 DAC A。当 $\overline{\text{WR}}$ 及 $\overline{\text{CSLSB}}$ 有效时,低 8 位数据打入选定的第一级低 8 位输入锁存器；当 $\overline{\text{WR}}$ 及 $\overline{\text{CSMSB}}$ 有效时,高 4 位数据打入选定的第一级高 4 位输入锁存器。注意,先输入高 4 位还是先输入低 8 位是无关紧要的。当 12 位数据都输入到输入锁存器里面后,使 $\overline{\text{LDAC}}$ 信号有效,4 个 DAC 的 12 位数据一起装入到第二级的 DAC 锁存器中,同时就启动了该数据的 D/A 转换,转换的结果出现在 4 个输出引脚上。

MAX526 的输出是单极性的电压。其输出电压 V_{out}＝Vref×Nx/4096；其中,Nx 是待输出的数字量。

3. MAX526 接口设计

由此可知,MAX526 和单片机的接口是简单的。可以将 MAX526 的数据线直接接到单片机的数据总线上,A1、A0 直接接到单片机的地址总线的最低两位上。然后给 $\overline{\text{CSLSB}}$、$\overline{\text{CSMSB}}$、$\overline{\text{LDAC}}$ 分别分配一个片外扩展 RAM 地址,就能满足 MAX526 寻址和控制的需要了。图 13.16 给了一个简单的设计例子。

图 13.16 采用了最简单的译码方式——线选法,这样得到的地址如表 13.5 所示。

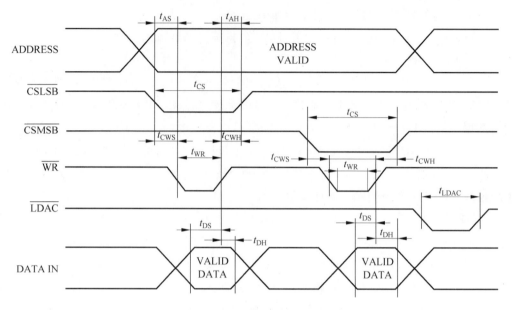

图 13.15   MAX526 的操作时序

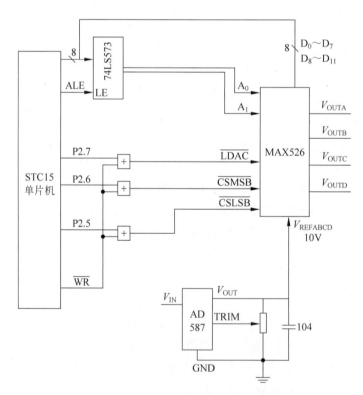

图 13.16   单片机和 MAX526 的连接图

表 13.5　MAX526 的地址分配

A15/P2.7	A14/P2.6	A13/P2.5	A1	A0	十六进制地址	选择的操作
0	1	1	X	X	7FFFH	装载数字量至 DAC 寄存器中,启动转换
1	1	0	0	0	DFFCH	装载低 8 位数字量至 DAC A 的输入寄存器中
1	1	0	0	1	DFFDH	装载低 8 位数字量至 DAC B 的输入寄存器中
1	1	0	1	0	DFFEH	装载低 8 位数字量至 DAC C 的输入寄存器中
1	1	0	1	1	DFFFH	装载低 8 位数字量至 DAC D 的输入寄存器中
1	0	1	0	0	AFFCH	装载高 4 位数字量至 DAC A 的输入寄存器中
1	0	1	0	1	AFFDH	装载高 4 位数字量至 DAC B 的输入寄存器中
1	0	1	1	0	AFFEH	装载高 4 位数字量至 DAC C 的输入寄存器中
1	0	1	1	1	AFFFH	装载高 4 位数字量至 DAC D 的输入寄存器中

下面的程序段,将片内 30H~37H 的数字量输出到 MAX526 的 4 个 DAC 转换器中,并启动转换输出。其中,31H 单元保存高 4 位,30H 保存低 8 位,以此类推。

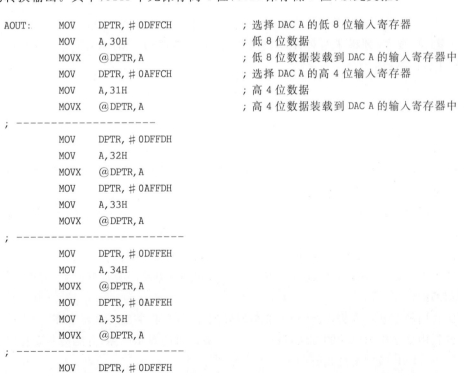

```
AOUT:   MOV     DPTR, #0DFFCH       ; 选择 DAC A 的低 8 位输入寄存器
        MOV     A, 30H              ; 低 8 位数据
        MOVX    @DPTR, A            ; 低 8 位数据装载到 DAC A 的输入寄存器中
        MOV     DPTR, #0AFFCH       ; 选择 DAC A 的高 4 位输入寄存器
        MOV     A, 31H              ; 高 4 位数据
        MOVX    @DPTR, A            ; 高 4 位数据装载到 DAC A 的输入寄存器中
; --------------------
        MOV     DPTR, #0DFFDH
        MOV     A, 32H
        MOVX    @DPTR, A
        MOV     DPTR, #0AFFDH
        MOV     A, 33H
        MOVX    @DPTR, A
; --------------------
        MOV     DPTR, #0DFFEH
        MOV     A, 34H
        MOVX    @DPTR, A
        MOV     DPTR, #0AFFEH
        MOV     A, 35H
        MOVX    @DPTR, A
; --------------------
        MOV     DPTR, #0DFFFH
        MOV     A, 36H
```

```
        MOVX    @DPTR,A
        MOV     DPTR,#0AFFFH
        MOV     A,37H
        MOVX    @DPTR,A
; ---------------------
        MOV     DPTR,#7FFFH        ; 选择 DAC 寄存器
        MOVX    @DPTR,A            ; 装载 4 个数字量到 DAC 寄存器,启动转换
        RET
```

小结

　　键盘属于在单片机系统中典型的输入设备之一,用户可以通过键盘来输入数据、命令、查询和控制系统,实现简单的人机对话。本章介绍了键盘的工作原理,按键的识别过程及识别方法,键盘与单片机的各种接口技术和编程应用。

　　与单片机接口的常用显示器件 LED 显示器可分为 LED 发光二极管显示器,LED 七段显示器,LED 十六段显示器和点阵 LED 点阵显示器等。重点介绍了 MCS-51 单片机与 LED 七段显示器的接口技术,包括 LED 静态显示,多位 LED 静态显示,多位 LED 动态显示等的原理电路设计与软件编程。

　　打印机输出是单片机输出形式之一,采用 TPμP 微型击打式打印机是实现打印输出的一种常用方式,介绍了 TPμP 微型击打式打印机的工作原理、与单片机接口的电路设计和程序设计。

　　本章还介绍了 D/A 转换的基本原理,D/A 转换器的性能指标,以及 D/A 转换器与单片机接口设计的要点,列举了一种性能较高的 D/A 转换器——MAX526 与单片机的接口硬件连接和软件编程方法。

习题

　　1. 独立式按键和矩阵式按键分别具有什么特点? 适用于什么场合? 如何识别按键?

　　2. 按键去抖有何意义? 如何实现按键去抖操作?

　　3. 分别用独立式按键和矩阵式按键的原理设计一个含有 12 个按键的键盘,并编制出键盘接口程序。

　　4. 如直接将共阳极数码管换成共阴极数码管,能否正常显示? 为什么?

　　5. 利用七段 LED 在设计静态显示和动态显示的显示电路时有何区别? 实际设计时应如何选择使用?

　　6. 试利用静态显示方法,设计一个 6 数码管的显示电路,并编写显示程序。

　　7. 试利用动态显示驱动的方法,设计一个 10 数码管的显示电路,并编写驱动程序。

　　8. 简述 TPμP 微型击打式打印机的工作原理。

　　9. 设内存中存在 10 个双字节的十六进制有符号整数(补码形式的),编写使用 TPμP-

40A 打印机打印这 10 个数据的打印程序,格式为 $An=x$ 的形式,x 为待打印的十进制数据,$n=1\sim10$。

10. 在 MAX526D/A 转换电路中,为什么可以直接将 526 的数据线直接接到单片机的数据总线上?

11. 使用 MAX526,设计将 A15、A14、A13 进行全译码的方式,寻址 MAX526 各寄存器的电路,并指出其各寄存器的地址,编写将数字量输出的程序。

12. 使用自己选定的 D/A 转换芯片,输出一个频率、幅度均可调的锯齿波。

13. 综合设计。

设计一个球赛计分器,要求数码管能分别显示双方比分、双方犯规次数、暂停次数、当前比赛时间等必要信息(可自行参考篮球、乒乓球等比赛自行考虑现实信息类别),另有按键若干,可分别对上述信息进行修改。设计硬件电路并编写相应程序。

第**14**章

STC 单片机高级接口技术

【学习目标】

- 了解液晶显示器的显示原理；
- 了解 USB 协议和网络协议的基本原理和开发流程；
- 掌握单片机与液晶接口、单片机开发 USB 接口和单片机开发网络接口芯片功能和相应接口电路的设计方法和程序编写流程。

【学习指导】

本章内容是前面内容的延伸和补充，建议学习者在学习本章内容时，首先掌握相关接口芯片的功能，阅读相关资料如芯片的数据手册和相应协议，循序渐进地熟悉接口程序编写的规范和流程，逐步达到能自己设计接口电路和编写相应程序的程度。

14.1 液晶显示器 LCD 接口设计

液晶显示器(Liquid Crystal Display，LCD)是一种极低功耗的显示器件，其应用广泛，不仅省电，而且能够显示大量的信息，如文字、曲线、图形等，其显示界面较之数码管显示有了质的提高，下面将介绍 LCD 的工作原理及有关接口技术。

14.1.1 LCD 液晶显示器的结构简介

液晶是一种介于液体与固体之间的热力学的中间稳定相。其特点是在一定的稳度范围内既有液体的流动性和连续性，又有晶体的各向异性。LCD 显示器由于类型、用途不同，其性能、结构不完全相同，但其基本形态和结构却是大同小异。它们是以电流刺激液晶分子产生点、线、面并配合背部灯管构成画面，显示诸如文字、曲线、图形、动画等信息，具有显示质量高、接口数字化、体积小、重量轻、功耗低等优点。

1. LCD 显示器的结构

液晶显示器的结构图如图 14.1 所示。不同类型的液晶显示器件其组成可能会有不同，但是所有液晶显示器件都可以认为是由两片光刻有透明导电电极的基板,夹持一个液晶层,封接成一个扁平盒,有时在外表面还可能贴装上偏振片等组成。在平时未加电压状态,光线能透过液晶,呈现透明状态,当在液晶盒的上、下电极加上一定的电压后,电极部分的液晶分子失去旋光性,光线不能透过液晶,所以呈现黑色。根据需要,将电极做成各种文字、数字或点阵,就可获得所需的各种显示。

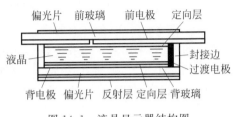

图 14.1 液晶显示器结构图

2. LCD 显示器基本原理和分类

利用液晶的物理特性,通过电压对其显示区域进行控制,有电就有显示,液晶显示器即可显示出图形和文字。由于液晶显示器具有厚度薄、适用于大规模集成电路直接驱动、易于实现全彩色显示的特点,在计算机、数字摄像机、PDA 等众多领域得到了广泛应用。

LCD 液晶显示器按照显示颜色可分为黑白显示、多灰度、有彩色显示等,按照驱动方式可分为静态驱动、单纯矩阵驱动和主动矩阵驱动等,按照显示方式可分为笔段型、字符型和点阵图形型,具体如下。

(1) 笔段型。笔段型是以长条状显示像素组成一位显示。该类型主要用于数字显示,也可用于显示西文字母或某些字符。这种段型显示通常有六段、七段、八段、九段、十四段和十六段等,在形状上总是围绕数字"8"的结构变化,其中以七段显示最常用,广泛用于电子表、数字仪表、笔记本计算机中。

(2) 字符型。字符型液晶显示模块是专门用来显示字母、数字、符号等的点阵型液晶显示模块。在电极图形设计上它是由若干个 5×8 或 5×11 点阵组成,每一个点阵显示一个字符。这类模块广泛应用于寻呼机、大哥大电话、电子笔记本等类电子设备中。

(3) 点阵图形型。点阵图形型是在一平板上排列多行和多列液晶,形成矩阵形式的晶格点,点的大小可根据显示的清晰度来设计。这类液晶显示器可广泛用于图形显示如游戏机、笔记本和彩色电视等设备中。

3. LCD 显示器各种图形的显示原理

(1) 线段的显示。点阵图形式液晶由 $M \times N$ 个显示单元组成,假设 LCD 显示屏有 64 行,每行 128 列,每 8 列对应一字节的 8 位,即每行有 16 个字节,共有 16×8＝128 个点组成,屏上 64×16 个显示单元与显示 RAM 区 1024 字节相对应,每一字节的内容和显示屏上相应位置的亮暗对应。例如,屏的第一行的亮暗由 RAM 区的 000H～00FH 的 16 字节的内容决定,当(000H)＝FFH 时,则屏幕的左上角显示一条短亮线,长度为 8 个点;当(3FFH)＝FFH 时,则屏幕的右下角显示一条短亮线;当(000H)＝FFH,(001H)＝00H,(002H)＝FFH,…,(00EH)＝FFH,(00FH)＝00H 时,则在屏幕的顶部显示一条由 8 段亮线和 8 条暗线组成的虚线。

（2）字符的显示。用 LCD 显示一个字符时比较复杂，因为一个字符由 6×8 或 8×8 点阵组成，既要找到和显示屏幕上某几个位置对应的显示 RAM 区的 8 字节，还要使每字节的不同位为 1，其他的为 0，为 1 的点亮，为 0 的不亮。这样一来就组成某个字符。但对于内带字符发生器的控制器来说，显示字符就比较简单了，可以让控制器工作在文本方式，根据在 LCD 上开始显示的行列号及每行的列数找出显示 RAM 对应的地址，采用光标对齐待显示位置，在此送上该字符对应的代码即可。

（3）汉字的显示。汉字的显示一般采用图形的方式，从微机中提取要显示的汉字的点阵码（一般用字模提取软件）。每个汉字占 32B，分左右两半，各占 16B，左边 1、3、5、…，右边 2、4、6、…可找出显示 RAM 对应的地址，采用光标对齐待显示位置，送上要显示的汉字的第一个字节，光标位置加 1；再送上第二个字节，换行并且按照列对齐（两列），依次再送上第三个字节……，直到 32B 显示完成就可以在 LCD 上得到一个完整的汉字。

14.1.2　STC 单片机与液晶的接口

图形液晶显示器可显示汉字及复杂图形，广泛应用于游戏机、笔记本和彩色电视等设备中，一般都需与专用液晶显示控制器配套使用，属于内置式 LCD。下面以 LCD12864-A 为例进行说明。

LCD12864-A 液晶显示模块是 128×64 点阵型液晶显示模块，可显示各种字符及图形，内置 8192 个中文汉字（16×16 点阵）、128 个 16×8 点 ASCII 字符集，具有 4 位/8 位并行、2 线或 3 线串行多种接口方式，可与 CPU 直接接口，内部含有国标一级、二级简体中文字库的点阵图形液晶显示模块；其显示分辨率为 128×64，其逻辑工作电压是 4.5～5.5V，LCD 驱动电压为 0～−10V，利用该模块灵活的接口方式和简单、方便的操作指令，可构成全中文人机交互图形界面。

1. 引脚说明

LCD12864-A 液晶引脚说明如表 14.1 所示。

表 14.1　LCD12864-A 液晶引脚说明

标　号	引　脚	说　明
1	V_{SS}	模块的电源地
2	V_{DD}	模块的电源正端
3	V_0	LCD 驱动电压输入端
4	RS(CS)	并行的数据/指令选择信号；串行的片选信号
5	R/W(SID)	并行的读/写选择信号；串行的数据口
6	E/(CLK)	并行的使能信号/串行的同步时钟
7～14	$DB_0 \sim DB_7$	数据引脚 0～7
15	PSB	并/串行接口选择，高电平并行；低电平串行
16	NC	空脚
17	RET	复位，低电平有效
18	NC	空脚
19	LED-A	背光源正极（LED+5V）
20	LED-K	背光源负极（LED-0V）

引脚控制信号接口说明如下。

（1）RS，R/W 的配合选择决定控制界面的 4 种模式。

RS，R/W 功能说明如下。

00：MPU 写指令到指令暂存器（IR）。

01：读出忙标志（BF）及地址记数器（AC）的状态。

10：MPU 写入数据到数据暂存器（DR）。

11：MPU 从数据暂存器（DR）中读出数据。

（2）E 信号的功能说明如表 14.2 所示。

表 14.2　E 信号功能说明

E 状 态	执 行 动 作	结　　果
高→低	I/O 缓冲→DR	配合 $\overline{W}$ 进行写数据或指令
高	DR→I/O 缓冲	配合 R 进行读数据或指令
低/低→高	无动作	

（3）忙标志：BF 标志提供内部工作情况。BF＝1 表示模块在进行内部操作，此时模块不接收外部指令和数据；BF＝0 时，模块为准备状态，随时可接收外部指令和数据。利用 STATUS RD 指令，可以将 BF 读到 DB_7 总线，从而检验模块的工作状态。

2. 指令说明

该类液晶显示模块的指令系统比较简单，基本指令共有 7 种，如表 14.3 所示。

表 14.3　液晶显示模块指令表

指 令 名 称	控制信号		控制代码							
	R/W	RS	DB_7	DB_6	DB_5	DB_4	DB_3	DB_2	DB_1	DB_0
显示开关	0	0	0	0	1	1	1	1	1	1/0
显示起始行设置	0	0	1	1	X	X	X	X	X	X
页设置	0	0	1	0	1	1	1	X	X	X
列地址设置	0	0	0	1	X	X	X	X	X	X
状态检测	1	0	BUSY	0	ON/OFF	RST	0	0	0	0
写数据	0	1	写数据							
读数据	1	1	读数据							

（1）显示开/关指令，当 DB_0＝1 时，LCD 显示 RAM 中的内容；DB_0＝0 时，关闭显示。

（2）显示起始行（ROW）设置指令，该指令设置了对应液晶屏最上一行的显示 RAM 的行号，有规律地改变显示起始行，可以使 LCD 实现显示滚屏的效果。

（3）页（PAGE）设置指令，执行本指令后，下面的读/写操作将在指定页内，直到重新设置。页地址就是 DD RAM 的行地址，页地址存储在 X 地址计数器中，A2～A0 可表示 8 页，读/写数据对页地址没有影响，除本指令可改变页地址外，复位信号（RST）可把页地址计数器内容清零。

（4）列地址（Y Address）设置指令，DD RAM 的列地址存储在 Y 地址计数器中，读/写数据对列地址有影响，在对 DD RAM 进行读/写操作后，Y 地址自动加1，设置了页地址和列地址,就唯一确定了显示 RAM 中的一个单元,这样 MPU 就可以用读/写指令读出该单元中的内容或向该单元写进一个字节数据。

(5) 状态检测指令,该指令用来查询液晶显示模块内部控制器的状态,各参量含义如下。

BUSY:1—内部在工作;0—正常状态。

ON/OFF:1—显示关闭;0—显示打开。

RESET:1—复位状态;0—正常状态。

在 BUSY 和 RESET 状态时,除状态检测指令外,其他指令均不对液晶显示模块产生作用。在对液晶显示模块操作之前要查询 BUSY 状态,以确定是否可以对液晶显示模块进行操作。

(6) 写数据指令,写数据到 DD RAM,DD RAM 是存储图形显示数据的,写指令执行后 Y 地址计数器自动加 1。D7~D0 位数据为 1 表示显示,数据为 0 表示不显示。写数据到 DD RAM 前,要先执行"设置页地址"及"设置列地址"命令。

(7) 读数据指令,从 DD RAM 读数据,读指令执行后 Y 地址计数器自动加 1。从 DD RAM 读数据前要先执行"设置页地址"及"设置列地址"命令。

该类液晶屏幕显示与 DD RAM 地址映射关系如表 14.4 所示,其中,X 是指 DDRAM 的页地址,Y 是指 DDRAM 的列地址,通过控制页地址和列地址的高低电平,可以实现不同字符在屏幕上的显示。

表 14.4　屏幕显示与 DD RAM 地址映射关系

X 值		Y1	Y2	Y3	Y4	⋯	Y62	Y63	Y64	
0	Line 0	1/0	1/0	1/0	1/0	⋯	1/0	1/0	1/0	DB_0
	Line 1	1/0	1/0	1/0	1/0	⋯	1/0	1/0	1/0	DB_1
	Line 2	1/0	1/0	1/0	1/0	⋯	1/0	1/0	1/0	DB_2
	Line 3	1/0	1/0	1/0	1/0	⋯	1/0	1/0	1/0	DB_3
	Line 4	1/0	1/0	1/0	1/0	⋯	1/0	1/0	1/0	DB_4
	Line 5	1/0	1/0	1/0	1/0	⋯	1/0	1/0	1/0	DB_5
	Line 6	1/0	1/0	1/0	1/0	⋯	1/0	1/0	1/0	DB_6
	Line 7	1/0	1/0	1/0	1/0	⋯	1/0	1/0	1/0	DB_7
⋮					⋯					⋯
7	Line60	1/0	1/0	1/0	1/0	⋯	1/0	1/0	1/0	DB_4
	Line61	1/0	1/0	1/0	1/0	⋯	1/0	1/0	1/0	DB_5
	Line62	1/0	1/0	1/0	1/0	⋯	1/0	1/0	1/0	DB_6
	Line63	1/0	1/0	1/0	1/0	⋯	1/0	1/0	1/0	DB_7

3. 接口电路及程序

STC89C52 单片机与液晶的接口电路如图 14.2 所示,显示结果如图 14.3 所示,具体接口时序请参照相应的产品说明书,具体驱动程序如下。

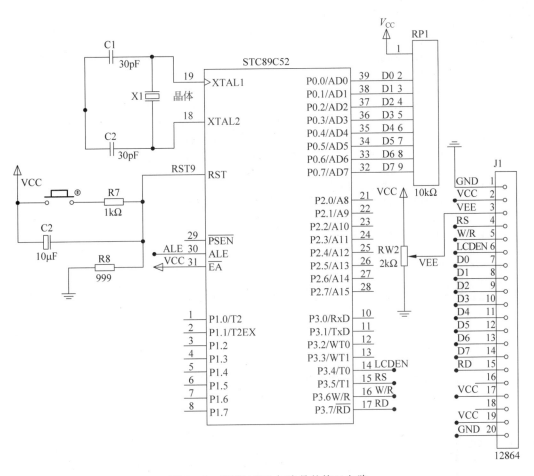

图 14.2　STC89C52 与液晶的接口电路

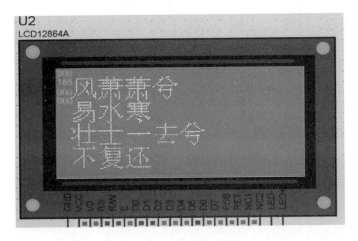

图 14.3　具体显示结果

部分程序如下所示。

```c
#include <reg51.h>
#define uchar unsigned char
#define uint insigne dint
/******** 端口定义 ***********/
#define LCD_data P0                    //数据口
Sbit LCD_RS = p3^5;                    //寄存器选择输入
Sbit LCD_RW = p3^6;                    //液晶读/写控制
Sbit LCD_EN = p3^4;                    //液晶使能控制
Sbit LCD_PSB = p3^7;                   //串并方式控制
/******* 显示字符定义 *********/
uchar code dis0[] = {"风萧萧兮"};
uchar code dis1[] = {"易水寒"};
uchar code dis2[] = {"壮士一去兮"};
uchar code dis3[] = {"不复返"};
void delay_1ms(uint x)
{
    uint i,j;
    for(j=0; j<x; j++)
    for(i=0; i<1; i++);
}
/*****************************************/
/* 写数据指令到 LCD                      */
/* RS=L,RW=L,E=高脉冲,D0~D7=指令码。  */
/*****************************************/
void write_cmd(uchar cmd)
{
    LCD_RS = 0;
    LCD_RW = 0;
    LCD_EN = 0;
    P0 = cmd;
    delay_1ms(5);
    LCD_EN = 1;
    Delay_1ms(5);
    LCD_EN = 0;
}
/*****************************************/
/* 写显示数据到 LCD                      */
/* RS=H,RW=L,E=高脉冲,D0~D7=数据。   */
/*****************************************/
void write_dat(uchar cmd)
{
    LCD_RS = 0;
    LCD_RW = 0;
    LCD_EN = 0;
    P0 = dat;
    delay_1ms(5);
    LCD_EN = 1;
    Delay_1ms(5);
    LCD_EN = 0;
```

```
    }
/ ****************************** /
/ *设定显示位置            * /
/ ****************************** /
void lcd_pos(uchar X, uchar Y)
{
 uchar pos;
if(X == 0)
{X = 0x80; }                  //看显示位置命令字
else if (X == 1)
{X = 0x90; }
else if (X == 2)
{X == 0x88; }
else if (X == 3)
{X == 0x98; }
pos = X + Y;
write_cmd(pos);              //显示地址
/ ****************************** /
/ * LCD 初始化设定          * /
/ ****************************** /
void lcd_int()
{
    LCD_PSB = 1;             //并口方式
    write_cmd(0x30);         //基本指令操作
    delay_1ms(5);
    write_cmd(0x0c);         //显示开,光光标
    delay_1ms(5);
    write_cmd(0x01);         //清除 LCD 的显示内容
    delay_1ms(5);
    }
/ ****************************** /
/ *主程序                 * /
/ ****************************** /
main()
{
 uchar i;
 delay_1ms(10);              //延时
 lcd_init();                 //初始化 LCD
 lcd_pos(0,0);               //设置显示位置为第一行的第一个字符
 i = 0;
 while ( dis0[i]!= '\0')     //当字符为 ASCII 不等于换行键
 {
  write_data(dis0[i]);       //显示字符
  i++;
  }
 lcd_pos(1,0);               //设置显示位置为第二行的第一个字符
 i = 0;
 while ( dis1[i]!= '\0')     //当字符为 ASCII 不等于换行键.
 {
   write_data(dis1[i]);      //显示字符
   i++;
```

```
            }
    lcd_pos(2,0);                  //设置显示位置为第三行的第一个字符
      i = 0;
      while ( dis2[i]!= '\0')      //当字符为 ASCII 不等于换行键
       {
         write_data(dis2[i]);      //显示字符
         i++;
         }
    lcd_pos(3,0);                  //设置显示位置为第四行的第一个字符
      i = 0;
      while ( dis3[i]!= '\0')      //当字符为 ASCII 不等于换行键
      {
         write_data(dis3[i]);      //显示字符
         i++;
      }
      while (1)
}
```

14.2　USB 总线接口

通用串行总线(USB)是由 Intel 等 7 家公司推出的协议标准,专门用于低中速的计算机外设。它相对于以往的计算机外设总线如 RS-232、RS-485 等具有以下一些特点。

(1) 传输速度快。目前 USB 支持三种传输速度: 低速(1.5Mb/s),全速(12Mb/s),高速(480Mb/s)。目前常见的版本有 USB1.1、USB2.0、USB3.0;其中,USB1.1 支持低速与全速,而高速则需要支持 USB2.0 以上的主机板或扩充卡作为硬件支撑。

(2) 真正的热插拔。设备可以直接插入 USB 接口中,由主机自动来完成设备的识别等工作,实现真正意义上的热插拔。

(3) 易于扩展。USB 通过 Hub 可扩展至最多 127 个设备,标准电缆长度为 3m(低速为5m)。通过 Hub 或中继器可使外设距离达到 30m。

(4) 低耗能。USB 外围设备在待机状态的时候,会自动启动省电的功能来降低耗电量。当要使用设备时,又会自动恢复原来的状态。

(5) 使用灵活。

USB 控制器一般有集成在 MCU 芯片里面和纯粹的 USB 接口芯片两种类型,前者如 Intel 的 8X930AX、CYPRESS 的 EZ-USB、Siemens 的 C541U 以及 Motolora National Semiconductors 等公司的产品;后者如 Philips 公司基于 I^2C 接口的 PDIUSBD11、基于并行接口的 PDIUSBP11A、PDIUSBD12 等芯片仅处理 USB 通信,National Semiconductor 公司的 USBN9602、USBN9603、USBN9604 等芯片。前者开发时需要单独的开发系统,开发成本较高;后者只需开发芯片与 MCU 接口,实现 USB 通信功能,因此成本较低且可靠性高。为此,下面将简单介绍 USB 总线的特点和一种 USB 接口芯片,并同时介绍该芯片与 STC 系列单片机的接口设计。

14.2.1　USB 总线协议简介

USB 是一个传输速率高的串行接口,不同类型的 PC 外围设备可共享该串行接口总线,而且可以高达 127 个外围设备。USB 主机是整个总线上的主控者,掌握所有的控制权,负责对各个外围设备发出各种设定命令与配置。USB 协议是以令牌包为主的通信协议,而主机于总线上发布一种令牌包,此时一定会有一个符合其地址的设备,并根据这个令牌包做出相应的操作。

USB 规范描述了总线特性、协议定义、编程接口以及其他设计和构建系统时所要求的特性。USB 是一种主从总线,工作时 USB 主机处于主模式,设备处于从模式。USB 系统所需要的唯一的系统资源是 USB 系统软件所使用的内存空间、USB 主控制器所使用的内存地址空间(I/O 地址空间)和中断请求(IRQ)线。USB 设备可以是功能性的,可以接低速或者高速设备。低速设备最大速率限制在 1.5Mb/s,每一个设备都有专属寄存器,也就是端点(Endpoint)。在进行数据交换时,可以通过设备驱动间接访问。每一个端点支持几种特殊的传输类型,并且有一个唯一的地址和传输方向。不同的是端点 0 仅用作控制传输,并且其传输可以是双向的。

系统上电后,USB 主机负责检测设备的连接与拆除、初始化设备的列举过程,并根据设备描述表安装设备驱动后自动重新配置系统,收集每个设备的状态信息。设备描述表标识了设备的属性、特征并描述了设备的通信要求。USB 主机根据这些信息配置设备、查找驱动,并且与设备通信。

典型的 USB 数据传输是由设备驱动开始的,当它需要与设备通信时,设备驱动提供内存缓冲区,用来存放设备收到或者即将发送的数据。USB 驱动提供 USB 设备驱动和 USB 主控制器之间的接口,并将传输请求转化为 USB 事务,转化时需要与带宽要求及协议结构保持一致。

下面将从 USB 的构成、设备的枚举过程、设备的标识符(PID)和设备请求等几个方面对 USB 协议进行简要的介绍。

1. USB 的构成

USB 总线由以下 4 个主要部分构成。

(1) 主机和设备：USB 系统中的主要构件。

(2) 物理构成：USB 元件的连接方法。

(3) 逻辑构成：不同的 USB 元件所担当的角色和责任,以及从主机和设备的角度出发,USB 总线所呈现的结构。

(4) 客户软件和设备功能的关系。

USB 设备的参考模型如图 14.4 所示。从图 14.4 可以看出 USB 通信的数据流结构。主机的每一个层次分别对应设备的相应层次,通过逻辑通道相连,客户软件通过逻辑连接可以直接控制设备的接口模块,这种连接使得软件控制与接口一一对应,便于用户使用。

USB 总线有 4 种数据传输模式,分别是控制传输、中断传输、批量传输和同步传输。

(1) 控制传输。主要用于主机把命令传给设备以及设备把状态返回给主机,属于双向传输,让主机读取设备的信息,设置设备的地址,以及选择设备配置,任何一个 USB 设备都

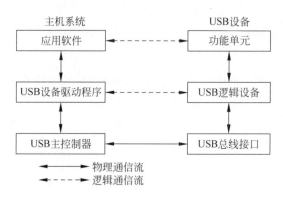

图 14.4　USB 通信参考模型

必须支持一个与控制类型相对应的端点 0(Endpoint 0)。所有的 USB 设备都必须支持控制传输。每一个设备必须在端点 0 的默认管道,支持控制传输。控制传输包含三种控制传输类型:控制读取、控制写入以及无数据控制。控制传输可分为三个阶段:设置阶段,一个选择性的数据阶段,一个状态阶段。由于控制传输非常重要,所以 USB 必须确保传输的过程中没有发生任何的错误。这个过程可以使用 CRC(循环冗余校验)的错误的检查方式。如果这个错误无法恢复,那么再重新传送一次。

(2) 中断传输。用来支持那些偶尔需要少量数据通信,但服务时间受限的设备。主机对设备进行轮询,以确定设备是否有数据需要传输,因此,中断传输的方向总是从 USB 设备到主机。除了控制传输外,中断传输是低速设备唯一传输数据的方式。中断传输常用在键盘、鼠标、游戏杆上。

(3) 批量传输。用来传输大量数据而没有周期和传输速率严格要求的设备。批量传输方式并不能保证传输的速率,但可保证传输的可靠性,当出现错误时,要求发送方重发。不过当总线空闲时,批量传输的速率也是很快的。只有全速与高速的设备,才支持批量传输。

(4) 同步传输。同步传输要求有一个恒定的速率。同步传输方式的发送方和接收方都必须保证传输速率的匹配,不然会造成数据的丢失。由于没有错误的检验,当收到错误的数据时,同步传输是唯一不会启动重新传送的类型,所以必须能够容忍偶尔发生的错误。

2. USB 设备的枚举过程

要主机识别一个 USB 设备必须经过枚举的过程,主机使用总线枚举来识别和管理必要的设备状态变化,总线枚举的过程如下。

(1) 设备连接。USB 设备接入 USB 总线。

(2) 设备上电。USB 设备可以使用 USB 总线供电,也可以使用外部电源供电。

(3) 主机检测到设备,发出复位信号。设备连接到总线后,主机通过检测设备(在总线的上拉电阻)从而检测到有新的设备连接并获释该设备是全速连接还是低速设备,然后主机向该端口发送一个复位信号。

(4) 设备默认状态。设备只有在接收到一个从主机发送过来的复位信号后,才可以对总线的处理操作做出响应。设备在收到复位信号后,就使用默认地址(00H)来对其进行寻址。

（5）地址分配。当主机接收到有设备对默认地址（00H）的响应的时候，就对设备分配一个空闲的地址，设备以后就只对该地址进行响应。

（6）读取 USB 设备描述符。主机读取 USB 设备描述符，确认设备的属性。

（7）设备配置。主机按照读取的设备描述符来对该设备进行配置，如果设备所需的 USB 资源得以满足，就发送配置命令给 USB 设备，表示配置完毕。

（8）挂起。为了节省电源，当总线保持空闲状态超过 3ms 后，设备驱动程序就会进入挂起状态，挂起状态时，设备消耗的电流不会超过 $500\mu A$，当被挂起时，USB 设备保留了包括其地址和配置信息在内的所有内部状态。

完成以上几个步骤后，USB 设备就可以使用了，在枚举的过程中，设备不一定要进入挂起状态。

3. USB 的 PID

USB 的传输都是由事务组成的，而事务是由不同的信息包组成的。信息包是用来执行所有的 USB 事务处理的机制。如图 14.5 所示的就是 USB 信息包的基本格式。每个前行数据包都是一个同步序列，还允许 USB 设备和传来的数据位的传输速率同步，这些数据位就是信息包中的数据。信息包的类型由一个位组合加以定义，称为信息包的分组标识（PID）。PID 用来标识操作的属性，它指出了数据分组的类型并可由此推断出分组格式和该组所用的校验方法。USB 的通信结构一般是以 PID 为开始的，后面紧跟着数据或控制信息，最后是 CRC 校验，它用来验证包中的具体信息是否被正确地发送。每个包的结束都由一个包结尾状态来标识。下面介绍信息包的各个部分，其信息包的格式如表 14.5 所示。

表 14.5　USB 信息包格式

同 步 序 列	包 ID（PID）	包特定信息	CRC 位	包结束标志
		信息包		

PID 分组标识是由一个 4 位的分组类型码加上该 4 位类型码的反码组成，其格式如图 14.5 所示。

图 14.5　PID 分组格式

PID 分为 4 类，具体格式如表 14.6 所示。

（1）令牌包。令牌包在 USB 事务处理的开始被发送，用于定义传输的类型（例如传输到或者传输自 USB 设备）。

（2）数据包。该包在事务处理中跟随在令牌包后，该事务处理需要把数据传输到 USB 设备或者需要从 USB 设备把数据传输到主机。

（3）握手包。握手包一般从接收方返回到发送方，它向发送方提供了一个信息反馈，告诉发送方事务处理成功或失败。在某些情况下，要求把数据发送到系统的 USB 设备可以发送一个握手包，以此指出当前没有数据可发送。

（4）专用包。目前仅有一个专用包的定义，就是前导包，它用于激活低速端口。

表 14.6 PID 类型

PID 类型	PID 名称	PID[3:0]	描 述
令牌	输出(OUT)	0001B	在主机到设备的事务中,地址+端点号
	输入(IN)	1001B	在设备到主机的事务中,地址+端点号
	帧开始(SOF)	0101B	帧开始令牌与帧号
	建立(SETUP)	1101B	在主机到设备的控制管道设置事务中,地址+端点号
数据	数据(DATA0)	0011B	偶数据包 PID
	数据(DATA1)	1011B	奇数据包 PID
握手	确认(ACK)	0010B	接收设备收到无错数据包
	不确认(NAK)	1010B	接收设备不能接收数据或是发送设备不能传送数据
	停止(STALL)	1110B	端口挂起,或一个控制管道请求不被支持
特殊	PRE	1100B	主机发出低速通信前导信号

4. USB 标准设备请求

USB 标准设备请求是用来完成 USB 设备枚举命令,主机要得到设备的各种信息,就必须向设备发送请求,USB 设备必须对标准设备请求做出响应,该请求的传输方式为控制传输,而且采用默认管道进行传输。这种请求都是以建立包(Setup)开始的,主机向设备发送一个建立包(SETUP),在 SETUP 包之后跟随的是数据包,数据包有 8 个字节,分成 5 个字段:bmRequestType,bRequest,wValue,wIndex 与 wLength,如表 14.7 所示,具体标准要求码如表 14.8 所示。

表 14.7 USB 数据包格式

位 移	字 段	大 小	说 明

0	bmRequestType	1	D7:数据传输方向,
			  0:主机到设备;1:设备到主机
			D6···5:类型
			  0:标准;1:类别;2:厂商;3:保留
			D4···0:接收者
			  0:设备;1:设备;2:端点;3:其他

1	bRequest	1	数值,表示特定的要求
2	wValue	2	数值,视要求而定
4	wIndex	2	索引值,视要求而定
6	wLength	2	计数,传输的字节数目

bmRequestType 占据一个字节,用来指定数据流动的方向,要求的类型以及接收者。bRequest 占据一个字节,用来制定要求。当 bmRequestType 是 00 时,bRequest 包含 USB 的 11 个标准要求,如表 14.8 所示。当 bmRequestType 是 01 时,bRequest 是一个设备类定义的要求。当 bmRequestType 是 10 时,bRequest 是一个设备厂商定义的要求。wValue、wIndex 占据两个字节,主机用来传送信息给设备。wLength 是两个字节,包含数据阶段中接下来的数据字节数目,为 0 表示没有数据。

表 14.8　标准要求码

请 求 类 型	设备请求(bRequest)	值(2B)	索引(2B)	长　　　度	数　据
1000 0000B 1000 0001B 1000 0010B	GET_STATUS(00H)	0	设备 接口 端点	2	设备、接口 或端点状态
0000 0000B 0000 0001B 0000 0010B	CLEAR_FEATURE(01H)	特性选择符	设备 接口 端点	0	无
1000 0000B 1000 0001B 1000 0010B	SET_FEATURE(03H)	特性选择符	设备 接口 端点	0	无
0000 0000B	SET_ADDRESS(05H)	设备地址	0	0	无
1000 0000B	GET_DESCRIPTOR(06H)	描述符的类型和索引	0 或语言 ID	描述符长度	描述符
0000 0000B	SET_DESCRIPTOR(07H)	描述符的类型和索引	0 或语言 ID	描述符长度	描述符
1000 0000B	GET_CONFIGURATION(08H)	0	0	1	配置值
0000 0000B	SET_CONFIGURATION(09H)	配置值	0	0	无
1000 0000B	GET_INTERFACE(0AH)	0	接口	1	可选接口
0000 0001B	SET_INTERFACE(0BH)	可选设置	接口	0	无
1000 0010B	SYNCH_FRAME(0CH)	0	端点	2	帧标号

下面分别以 Get_Descriptor 和 Set_Address 为例介绍 USB 的标准要求,其余的参考
USB1.1 规范。

Get_Descriptor:主机请求一个特定的描述符,其结构如表 14.9 所示。

表 14.9　Get_Descriptor 结构

字段名	bmRequestType	bRequest	wValue	wIndex	wLength	数　据
取值	10000000B	GET_DESCRIPTOR	描述符类型与索引值	0 或者语言 ID	描述符长度	描述符

wValue 字段的高字节是描述符类型,为 1 表示设备,为 2 表示配置,为 3 表示字符串,
为 4 表示接口,为 5 表示端点。低字节是描述符值。

数据阶段中数据包的内容:请求的描述符。

Set_Address:主机指定以后与设备通信的地址,其结构如表 14.10 所示。

表 14.10　地址结构

字段名	bmRequestType	bRequest	wValue	wValue	wLength	数据
取值	00000000B	SET_ADDRESS	设备地址	0	0	无

wValue 字段的内容为新设备的地址,范围是 1～127。

可以在 C51 的固件程序里定义一个结构体来定义记录请求的内容,方便程序的控制。
结构体定义如下。

```
typedef struct_devices_request
{
    unsigned char bmRequestType;           //请求类型
    unsigned char bmRequest;               //USB 请求
    unsigned short wValue;                 //USB 数值
    unsigned short wIndex;                 //USB 请求索引
    unsigned short wLength;                //长度
}DEVICE_REQUEST
```

以上的结构体可以记录下一个标准请求的内容,但当请求是带数据传输的时候(如 Set Description 或一些厂商的请求),还需再定义一个结构体用来保持传输的数据,把请求的内容和传输的数据放在一起,结构体定义如下。

```
typedef struct_control_xfer
{
    DEVICE_REQUEST DeviceRequest;          //USB 设备请求结构体,8 个字节
    unsigned short WLength;                //传输数据的总字节数
    unsigned short WCount;                 //传输字节数统计
    unsigned char * pData;                 //传输数据的指针
    unsigned char dataBuffer[MAX_CONTROLDATA_SIZE];  //请求的数据
}CONTROL_XEFER;
```

在主机的枚举过程中使用到了上述多个标准请求,同时一个设备要让主机识别就必须要完成对标准请求的响应,这在后面的固件编程中再具体说明。

5. USB 设备的各种描述符

USB 设备的描述符是对 USB 设备属性的说明,标准 USB 设备有 5 种 USB 描述符,分别是设备描述符、配置描述符、接口描述符、端点描述符、字符串描述符。USB 描述符是通过 Get Description 来读取的。

描述符(Descriptor)是一个数据结构,使主机了解设备的格式化信息。每一个描述符可能包含整个设备的信息,或是设备中的一个组件。所有的 USB 外围设备,都必须对标准的 USB 描述符做出响应。

在列举过程中,主机使用控制传输来传输设备请求描述符。被请求的描述符逐渐涉及设备的小的元素:首先是整个设备,然后是每个配置,接着是每个配置的接口,最后是每个接口的端点。下面分别介绍。

1) 设备描述符

设备描述符中有有关这个设备的基本信息。它是在设备连接时主机读取的第一个描述符,这个描述符包括主机需要从设备读取的基本信息。设备描述符的各个字段的定义如表 14.11 所示。

表 14.11　设备描述符

偏移值	字段名称	字段大小/B	字段取值	说　　明
0	bLength	1	数字	描述符的字节大小(B)
1	bDescriptorType	1	常数	设备描述符类型(0x01)
2	bcdUSB	2	BCD	USB 规范版本号码
4	bDeviceClass	1	类型	类别码(由 USB 指定)
5	bDeviceSubclass	1	子类型	子类型代码(由 USB 分配)

偏移值	字段名称	字段大小/B	字段取值	说　　明
6	bDeviceProtocol	1	协议	协议代码(由 USB 分配)
7	bMaxPacketSize	1	数字	端点 0 的最大信息包大小
8	idVendor	2	ID	厂商 ID(由 USB 分配)
10	idProduct	2	ID	产品 ID(由厂商分配)
12	bcdDevice	2	BCD	设备出厂编码
14	iManufacturer	1	索引	厂商的字符串描述符的索引值
15	iProduct	1	索引	产品的字符串描述符的索引值
16	iSerialNumber	1	索引	序号的字符串描述符的索引值
17	bNumConfigurations	1	数字	可能配置的数目

2) 配置描述符

在接收到了设备描述符后,主机就能够得到设备的配置、接口和端点描述符了。每一个设备都至少有一个配置描述符,用来描述该设备的特性与能力。通常一个配置描述符就足够了,配置描述符的各个字段的定义参考 USB1.1 规范。

3) 接口描述符

接口(Interface)表示设备的特性或功能所使用的一群端点。配置的接口描述符包含该接口所支持的端点信息。每一个设置配置必须支持一个接口,对许多接口来说,一个接口就已经足够了。接口描述符各个字段的定义参考 USB1.1 规范。

4) 端点描述符

每一个指定在接口描述符内的端点,都有一个端点描述符。端点 0 没有描述符。端点描述符定义了端点的各种信息。它的各个字段的定义参考 USB1.1 规范。

5) 字符串描述符

一个字符串描述符包含描述文本,USB 规范为制造商、产品、序列号、配置和接口定义了字符串描述符。字符串描述符是可选择的,它的各个字段的定义参考 USB1.1 规范。

14.2.2　USB 接口芯片 CH371 系列和单片机的接口电路

在开发 USB 相关产品时,该协议固件开发和驱动程序开发是开发的难点所在,南京沁恒公司推出了不需要开发协议固件和驱动程序的 USB 总线接口芯片系列,如 CH371、CH375 等。该系列芯片是一个 USB 总线的通用接口芯片,利用硬件逻辑屏蔽了 USB 通信中的所有协议,在计算机应用层与本地端控制器之间提供端对端的连接,开发者不需要了解任何 USB 协议、固件程序以及驱动程序,可以轻松地将原来的并口、串口的产品升级到 USB 接口,以较低的风险和成本享用 USB 接口带来的优越性。下面将简单介绍该芯片的功能,以及它和单片机的接口电路。

在本地端,CH375 具有 8 位数据总线和读、写、片选控制线以及中断输出,可以方便地挂接到单片机/DSP/MCU/MPU 等控制器的系统总线上。在 USB 主机方式下,CH375 还提供了串行通信方式,通过串行输入、串行输出和中断输出与单片机/DSP/MCU/MPU 等相连接。在计算机端,该系列芯片的配套软件包括通用驱动程序以及应用软件包,提供了简洁易用的操作接口,与本地端的单片机通信就如同读/写硬盘中的文件一样简单,开发者可以使用 VB、VC、C++Builder 等高级语言进行开发。

一般情况下,采用该系列芯片设计 USB 产品不必考虑 USB 通信协议、固件程序、驱动程序、配置过程、底层数据传输过程。设计者所要做的工作与设计并口、串口的产品一样,包括两件事:一是从计算机的应用层发出数据传输请求并接收应答;二是当 USB 产品的控制器被通知有数据传输请求时,做出应答。同时,在提供了透明的 USB 协议的基础上还提供了 I^2C 器件的直接管理、16 个地址的直接读/写以及复位、看门狗等功能,本地端甚至不使用单片机就可完成简单的控制功能,因此具有较强的功能适应性,能够满足不同场合的需要,有效地降低系统成本。

根据不同的工作方式,芯片的接口类型可以有以下几种:被动并行接口,I^2C 主接口,主控方式接口。其中,被动并行接口是最常用的方式,它提供单片机与计算机的连接,该系列芯片作为单片机的一个被动外设;I^2C 主接口是该系列芯片在计算机端程序的控制下不经过单片机直接读/写一个 EEPROM 器件(譬如 24C04 等),经常用于 USB 外设的产品信息记录;主控方式接口是不使用单片机,由计算机端程序直接控制该系列芯片提供的 16 个地址的 8 位数据读/写或者是十几根 I/O 口线,此方式主要用于完成相对简单的外部控制任务。这几种接口方式并非完全对立的,可以根据需要灵活配置。以下介绍被动并行接口的用法。

该系列芯片在本地端提供了通用的被动并行接口,包括:8 位双向数据总线 $D_7 \sim D_0$、读选通输入 $\overline{RD}$、写选通输入 $\overline{WR}$、片选输入 $\overline{CS}$、中断输出 $\overline{INT}$ 以及地址锁存使能 ALE 或者 4 位地址线 $A_3 \sim A_0$。通过被动并行接口,该系列芯片可以很方便地挂接到多种单片机、DSP、MCU 的系统总线上,并与多个外围器件共存。读/写选通引脚 $\overline{RD}$ 和 $\overline{WR}$ 为低电平有效,可以分别连接到单片机、DSP、MCU 等控制器的读选通输出引脚和写选通输出引脚。$\overline{CS}$ 为低电平有效,并且在该系列芯片中设有下拉电阻,当控制器没有连接其他外围器件时,悬空 $\overline{CS}$ 作为默认片选;当控制器具有多个外围器件时,$\overline{CS}$ 可以由地址译码电路驱动。$\overline{INT}$ 为低电平有效,可以连接到控制器的中断输入引脚,每次数据传输成功后,$\overline{INT}$ 将输出低电平通知控制器,由于 $\overline{INT}$ 保持低电平的时间较短,所以建议控制器对中断输入采用下降沿触发方式。

该系列芯片占用 16 个字节的空间,通过并行接口存取数据时需要事先指定 4 位内部地址 $IA_3 \sim IA_0$。上电复位后,默认选择直接地址方式,即由 $A_3 \sim A_0$ 引脚输入地址直接作为内部地址;当 ALE 引脚检测到上升沿后,自动切换为复用地址方式,即控制器将地址输出到数据总线的 $D_3 \sim D_0$ 上,在 ALE 的下降沿将其锁存为内部地址。ALE 引脚在具有上拉电阻,使用直接地址方式时,应该将 ALE 引脚悬空或者固定为高电平;使用复用地址方式时,ALE 为高电平有效,在其下降沿锁存地址,应该连接到控制器的地址锁存使能引脚,例如,MCS-51 系列单片机的 ALE 引脚。$D_7 \sim D_0$ 作为双向三态数据总线,可以直接连接到控制器的数据总线上。

当 ALE 出现下降沿时,$D_3 \sim D_0$ 上的数据被作为地址锁存;当 $\overline{CS}$ 和 $\overline{RD}$ 都为低电平时,芯片中的数据被读出,$D_7 \sim D_0$ 输出指定单元的数据;当 $\overline{CS}$ 和 $\overline{WR}$ 都为低电平时,$D_7 \sim D_0$ 上的数据被写入 CH371 芯片中的指定单元。如果本地端控制器需要存取芯片中的某个单元,应该通过直接地址方式或者复用地址方式事先指定该单元的地址,然后在 $\overline{CS}$、$\overline{RD}$、$\overline{WR}$ 的配合下读出数据或者写入数据。

1. CH375 的接口电路与程序

下面以 CH375 为例重点介绍采用该芯片开发读取 U 盘数据的接口电路与相应程序。

1）内部结构

CH375 芯片内部集成了 PLL 倍频器、主从 USB 接口 SIE、数据缓冲区、被动并行接口、异步串行接口、命令解释器、控制传输的协议处理器、通用的固件程序等。CH375 芯片引脚排列如图 14.6 所示。

图 14.6　CH375 引脚图

2）内部物理端点

CH375 芯片内部具有 7 个物理端点。

端点 0 是默认端点，支持上传和下传，上传和下传缓冲区各是 8B；端点 1 包括上传端点和下传端点，上传和下传缓冲区各是 8B，上传端点的端点号是 81H，下传端点的端点号是 01H；端点 2 包括上传端点和下传端点，上传和下传缓冲区各是 64B，上传端点的端点号是 82H，下传端点的端点号是 02H。

主机端点包括输出端点和输入端点，输出和输入缓冲区各是 64B，主机端点与端点 2 合用同一组缓冲区，主机端点的输出缓冲区就是端点 2 的上传缓冲区，主机端点的输入缓冲区就是端点 2 的下传缓冲区。其中，CH375 的端点 0、端点 1、端点 2 只用于 USB 设备方式，在 USB 主机方式下只需要用到主机端点。

3）USB 接口芯片 CH375 与 MCU 的连接与控制

CH375 可以方便地挂接到 MCU 系统总线上，MCU 通过 CH375 按照相应的 USB 协议与其他 USB 设备进行通信。图 14.7 为单片机与 CH375 的接口电路，本设计中 CH375 工作在 USB HOST 模式下，8 位并行数据线 D0～D7 与 STC12C5A60S2 的 P$_0$ 口相连实现数据与命令的并行传输，RD、WR 和 CS 分别为读选通、写选通和片选，低电平有效；INT 为中断请求，低电平有效；地址输入线 A0 为高电平时选择命令端口，可以向 CH375 写入命令；当 A0 引脚为低电平时选择数据端口，可以向 CH375 读/写数据。

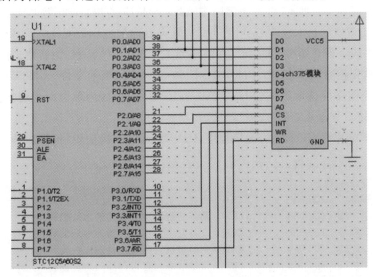

图 14.7　STC 单片机与 CH375 的接口电路

当 CH375 工作在主机方式时，MCU 通过 RD、WR、片选 CS、中断 INT 和地址线 A0 的综合控制，完成与 CH375 的通信。INT 引脚和 MCU 的外部中断输入引脚相连，当 INT 变为低电平触发外部中断，当 CS、RD 和 A0 都为低电平时，CH375 中的数据可以通过 D7～D0 输出；当 CS、WR 和 A0 都为低电平时，D7～D0 上的数据被写入 CH375 芯片中；当 CS 和 WR 都为低电平 A0 为高电平时，D7～D0 中的数据可作为命令码写入 CH375 芯片中。

4）软件接口

对于 USB 存储设备的应用，CH375 直接提供了数据块的读/写接口，以 512b 的物理扇区为基本读/写单位，从而将 USB 存储设备简化为一种外部数据存储器，单片机可以自由读/写 USB 存储设备中的数据，也可以自由定义其数据结构。CH375 以 C 语言子程序库提供了 USB 存储设备的文件级接口，这些应用层接口 API 包含常用的文件级操作，可以移植并嵌入到各种常用的单片机程序中。

CH375 的 U 盘文件级子程序库具有以下特性：支持常用的 FAT12、FAT16 和 FAT32 文件系统，磁盘容量可达 100GB 以上，支持多级子目录，支持 8.3 格式的大写字母文件名，支持文件打开、新建、删除、读/写以及搜索等。CH375 的文件级接口 API 子程序需要大约 600b 的随机存储器 RAM 作为缓冲区。所有 API 在调用后都有操作状态返回，但不一定有应答数据。有关 API 参数的说明请参考 CH375 数据手册。

应用中的单片机读/写 U 盘的程序可分成两大部分：应用程序和固件程序。应用程序完成系统的数据处理任务、外围控制等功能；固件程序处理底层的 USB 通信协议、文件系统，数据在 USB 总线上的可靠传输和在 U 盘上的存取操作。CH375 内置了处理海量存储设备的专用通信协议的固件，数据读/写只需要几条指令，而不需要详细了解 USB 通信协议。

U 盘文件的读/写方式采取扇区模式，以扇区（每个扇区通常是 512B）为基本单位进行读/写操作，从而将 USB 存储设备简化为一种外部数据存储器，单片机可以自由读/写 USB 存储设备中的数据，也可以自由定义其数据结构。本文中单片机与 U 盘的通信采用查询中断响应的方式进行，CH375 提供了已封装好的库函数 CH375HF6.LIB，包含大量宏定义，方便了编程。下面列举一些 CH375 关键操作函数：CH375 的初始化函数 CH375Liblnit()；查询 U 盘是否准备就绪函数 CH375DiskReady()；查询磁盘信息函数 CH375DiskQuery()；打开指定名称的文件或者目录函数 CH375FileOpen()；CH375FileCreate() 为新建文件并打开，如果文件已经存在则先删除后再新建；CH375FileClose() 为关闭当前文件；CH375FileReadX() 以扇区为单位从当前文件读取数据，CH375FileWriteX() 以扇区为单位向当前文件写入数据。

5）单片机接口程序

下面提供了单片机 CH371 的接口程序，CH375 可以直接使用，仅供参考。

```
*****************************************************************************
需要主程序定义的参数
    CH371_PAGE      EQU 00H      ; CH371 所在的页面地址,地址译码后自动片选
    CH371_SYSTEM    EQU 02H      ; CH371 系统功能设定寄存器的地址偏移
    CH371_CONFIG    EQU 02H      ; CH371 设备配置信息寄存器的地址偏移
    CH371_INT_SET   EQU 06H      ; CH371 中断数据设定寄存器的地址偏移
    CH371_STATUS    EQU 06H      ; CH371 传输状态信息寄存器的地址偏移
    CH371_LENGTH    EQU 07H      ; CH371 数据长度寄存器的地址偏移
```

```
CH371_BUFFER    EQU 08H        ; CH371 数据缓冲区的起始地址偏移
SAVE_STATUS     DATA 29H       ; 保存传输状态信息,根据需要可选
SAVE_LENGTH     DATA 2AH       ; 当前数据缓冲区中的长度,用于保存下传长度
SAVE_BUFFER     DATA 30H       ; 数据缓冲区,用于保存接收到的下传数据
```
****
初始化子程序:
```
; USE: ACC,DPTR
CH371_INIT:     MOV DPH, #CH371_PAGE     ; CH371 所在的页面地址,地址译码后自动片选
                MOV DPL, #CH371_LENGTH   ; CH371 数据长度寄存器的地址偏移
                MOV A, #0FH
                MOVX @DPTR,A             ; 置上传数据长度寄存器为 15,暂时没有数据上传
                CLR A                    ; 尚未有数据下传
                MOV SAVE_LENGTH,A        ; 保存下传数据长度
                SETB IT0                 ; 置外部信号为下降沿触发
                CLR IE0                  ; 清中断标志
                SETB PX0                 ; 置高优先级
                SETB EX0                 ; 允许中断
                RET
```
上传数据子程序:
```
; ENTRY: R0 指向存放了准备上传数据的缓冲区,R7 准备上传的数据长度 0~8
; USE: ACC,B,R0,R7,DPTR
CH371_UPLOAD:       MOV B,R7                 ; 将数据长度暂存到 B 中
                   MOV DPH, #CH371_PAGE     ; CH371 所在的页面地址,地址译码后自动片选
                   MOV DPL, #CH371_BUFFER   ; CH371 数据缓冲区的起始地址偏移
                   MOV A,R7                 ; 上传数据长度
                   JZ CH371_UPLOAD_0        ; 数据长度为 0 则不必写入
CH371_UPLOAD_1:    MOV A,@R0                ; 读取一个字节的数据
                   INC R0                   ; 指向下一个数据的地址
                   MOVX @DPTR,A             ; 写到 CH371 的上传数据缓冲区
                   INC DPL
                   DJNZ R7,CH371_UPLOAD_1   ; 继续读取上传数据直至结束
CH371_UPLOAD_0:    MOV DPL, #CH371_LENGTH   ; CH371 数据长度寄存器的地址偏移
                   MOV A,B
                   MOVX @DPTR,A             ; 将本次数据的长度置入上传数据长度寄存器
                   RET
```
中断服务子程序:
```
; USE: 堆栈 6 字节,工作寄存器组 1 的 R0,R7
CH371_INTER:       PUSH PSW                 ; 现场保护
                   CLR IE0                  ; 清中断标志,防止重复执行,对应于 INT0 中断
                   PUSH ACC
                   PUSH DPL
                   PUSH DPH
                   SETB RS0                 ; PSW.3,切换至工作寄存器组 1
                   MOV DPH, #CH371_PAGE     ; CH371 所在的页面地址,地址译码后自动片选
                   MOV DPL, #CH371_STATUS   ; CH371 传输状态信息寄存器的地址偏移
                   MOVX A,@DPTR             ; 读取传输状态信息寄存器
                   MOV SAVE_STATUS,A        ; 保存传输状态
                   MOV DPL, #CH371_LENGTH   ; CH371 数据长度寄存器的地址偏移
                   JB ACC.0,CH371_INT_UP    ; 传输状态信息寄存器位 0 为 1,则指示上传
                                            ; 完成数据下传,完成中断
```

```
                        MOVX A,@DPTR                    ; 读取下传数据长度寄存器
                        MOV SAVE_LENGTH,A               ; 保持下传数据长度
                        JZ CH371_INT_RET               ; 下传数据长度为 0,则直接退出中断
                        MOV DPL,#CH371_BUFFER          ; CH371 数据缓冲区的起始地址偏移
                        MOV R0,#SAVE_BUFFER            ; 单片机内部的数据缓冲区,用于存放下传数据
                        MOV R7,A                       ; 用于读取数据的计数
    CH371_INT_DOWN:     MOVX A,@DPTR                    ; 读取 1 字节的下传数据
                        INC DPL                        ; 指向下一个数据的地址
                        MOV @R0,A                       ; 保存到数据缓冲区
                        INC R0
                        DJNZ R7,CH371_INT_DOWN         ; 继续读取下传数据直至结束
                        SJMP CH371_INT_RET             ; 接收完下传数据,退出中断
                                                        ; 数据上传完成结束中断
    CH371_INT_UP:       MOV A,#0FH                      ; 15
                        MOVX @DPTR,A                    ; 置上传数据长度寄存器为 15,暂时没有后续
                                                        ; 数据
    CH371_INT_RET:                                      ; 中断返回
                        POP DPH
                        POP DPL
                        POP ACC
                        POP PSW                         ; 恢复寄存器并选择工作寄存器组 0
                        RETI                            ; 中断返回
```

****

2. USB2.0 接口芯片 ISP1581

ISP1581 是一种价格低、功能强的高速通用串行总线 USB 接口器件,它完全符合 USB 2.0 规范,并为基于微控制器或微处理器的系统提供了高速 USB 通信能力。ISP1581 与系统的微控制器/微处理器的通信是通过一个高速的通用并行接口来实现的。

ISP1581 支持高速 USB 系统的自动检测,最初 USB 规范的返回工作模式允许器件在全速条件下正常工作,ISP1581 是一个通用的 USB 接口器件,它符合现有的大多数器件的分类规格,比如成像类海量存储器件、通信器件、打印设备以及人机接口设备。

内部通用 DMA 模块使得数据流很方便地集成,另外,多种结构的 DMA 模块实现了海量存储的应用。

这种实现 USB 接口的标准组件使得使用者可以在各种不同类型的微控制器中选择出一种最合适的微控制器,通过使用已有的结构和减少固件上的投资缩短了开发时间,减少了开发风险和费用,从而用最快捷的方法实现了最经济的 USB 外设的解决方案。

此外,ISP1581 内部还集成了许多特性,包括 SoftConnect 低频晶体振荡器和集成的终止寄存器,所有这些特性都为系统大大节约了成本,同时使强大的 USB 功能很容易地用于 PC 外设。

ISP1581 具有如下特性。

(1) 直接与 ATA/ATAPI 外设相连;

(2) 完全符合通用串行总线 USB Rev 2.0 规范;

(3) 符合大多数器件的分类规格;

(4) 高性能的 USB 接口器件,集成了串行接口引擎(SIE)、PIE、FIFO 存储器、数据收发

器和 3.3V 的电压调整器；

 (5) 支持高速 USB 的自检工作模式和最初 USB 规范的返回工作模式；

 (6) 高速的 DMA 接口(12.8 兆字/秒)；

 (7) 完全自治的多结构 DMA 操作；

 (8) 7 个 IN 端点,7 个 OUT 端点和 1 个固定的控制 IN/OUT 端点；

 (9) 集成 8KB 的多结构 FIFO 存储器；

 (10) 端点的双缓冲配置增加了数据吞吐量并轻松实现实时数据传输；

 (11) 同大部分的微控制器/微处理器有单独的总线接口(12.5Mb/s)；

 (12) 集成了 PLL 的 12MHz 的晶体振荡器,有着良好的 EMI 特性；

 (13) 集成了 3~5V 的内置电压调整器；

 (14) 可通过软件控制与 USB 总线的连接(SoftConnectTM)；

 (15) 符合 ACPI、OnNOW 和 USB 电源管理的要求；

 (16) 可通过内部上电复位和低电压复位电路复位,也可通过软件复位；

 (17) 工作在扩展 USB 总线电压范围(4.0~5.5V)内,I/O 端口最大可受 5V 的电压；

 (18) 操作温度：$-40℃\sim+85℃$；

 (19) LQFP64 的封装形式。

 ISP1581 有断开总线模式和通用处理器模式两种总线模式。总线模式的选择由 BUS_CONF/DA0 引脚确定,它接高电平时选择通用处理器模式,反之为断开总线模式。在通用处理器模式下,AD[7~0]为 8 位地址线,DATA[15~0]为 16 位数据线(由处理器和 DMA 共享)；对于断开总线模式,AD[7~0]为 8 位复合地址/数据线,DATA[15~0]为 16 位 DMA 数据线。其具体接口电路见图 14.8 和图 14.9。

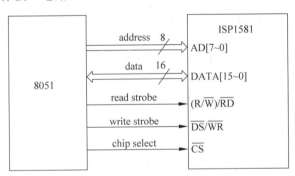

图 14.8　通用处理器模式的典型接口电路

 ISP1581 的 MODE0/DA0 引脚用来选择通用处理器工作模式下的读/写功能,接低电平为 Motorola 模式：引脚 26 是 R/W,引脚 27 是/DS；接高电平则为 8051 模式：引脚 26 是/RD,引脚 27 是/WR。

 MODE1 用于选择引脚 ALE/A0 的功能。如果输入为低电平,引脚 ALE/A0 用于地址锁存(ALE),反之,引脚 ALE/A0 作为地址/数据指示器(A0)。在通用处理器模式下,MODE1 与引脚 V_{cc}(5.0)相连,而 ALE/A0 引脚则直接与数字地相连。

 ISP1581 和外部存储器或外部设备之间的高带宽的数据传输是通过集成的 DMA 控制器来控制完成的。通过写对应的 DMA 寄存器来配置 DMA 接口。

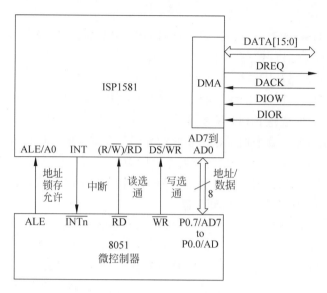

图 14.9　断开总线模式的典型接口电路

14.3　单片机和以太网的接口设计

14.3.1　以太网协议简介

随着互联网技术的发展,TCP/IP 协议族越来越流行。TCP/IP 协议族分为应用层、运输层、网络层和链路层。它是一组不同层次上的多个协议的组合。每一层各实现不同的功能,每一层的数据有不同的封装格式,下面简单介绍每一层的功能。

(1) 链路层。也称数据链路层或网络接口层,通常包括操作系统中设备的以太网(Ethernet)驱动程序和计算机中的物理接口(网络芯片)。

物理接口实现数字信号与模拟信号的相互转化;发送数据时将数字比特流转化为模拟信号;接收数据时正好相反。

以太网驱动程序是链路层物理接口与网络层交互的软件接口,网络层数据必须先交付给以太网的驱动程序,由它将网络层数据打包并交付给物理接口,完成数据发送。反之,以太网驱动程序在接收到数据时,要按照应用层可以接收的形式进行处理并交付。

一个标准的以太网物理传输帧由 7 部分组成,如表 14.12 所示。

表 14.12　以太网的物理帧结构表　　　　　　(单位:B)

符号	PR	SD	DA	SA	TYPE	DATA	FCS
说明	同步位	分隔位	目的地址	源地址	类型字段	数据段	帧校验序列
长度	7	1	6	6	2	46~1500	4

除了数据段的长度不定外,其他部分的长度固定不变。数据段为 46~1500B。以太网规定整个传输包的最大长度不能超过 1514B(14B 为 DA、SA、TYPE),最小不能小于 60B。

除去 DA、SA、TYPE 共 14B,还必须传输 46B 的数据,当数据段的数据不足 46B 时需填充,填充字符的个数不包括在长度字段里;超过 1514B 时,需拆成多个帧传送。事实上,发送数据时,PR、SD、FCS 及填充字段这几个数据段由以太网控制器自动产生;而接收数据时,PR、SD 被跳过,控制器一旦检测到有效的前序字段(即 PR、SD),就认为接收数据开始。

(2) 网络层。又称互联网层,处理分组在网络中的活动,例如分组的选路。

在 TCP/IP 协议族中,网络层协议包括 IP(网际协议)、ICMP(Internet 互联网控制报文协议)以及 IGMP(Internet 组管理协议)。

IP 协议提供了不可靠的、无连接的服务,即 IP 不提供差错校验和跟踪,只是尽最大可能发送数据。"不可靠"的意思是不能保证 IP 数据报能完全正确地到达目的地。任何要求的可靠性必须由上层来提供(如 TCP)。"无连接"的意思是 IP 并不维护任何关于后续数据报的状态信息。因为每个数据报的处理都是相互独立的,可以不按发送顺序接收。如果信源向相同的信宿发送后续数据报的状态信息,因为每个数据报的处理都是相互独立的,可以不按发送顺序接收。如果信源向相同的信宿发送两个连续的数据报(先是 A,然后是 B),每个数据报都是独立进行路由选择,可能选择不同的传输路线,因此 B 可能是在 A 到达前到达。

(3) 运输层。主要为两台主机上的应用程序提供端到端的通信。在 TCP/IP 协议族中,有两个不同传输协议:TCP(传输控制协议)和 UDP(用户数据报协议)。

TCP 是一个面向连接的、可靠的运输协议,它使用滑动窗口协议来完成流控制,使用确认分组、超时和重传来完成差错控制,因此它为 IP 服务添加了面向连接和可靠性的特点。UDP 则为应用层提供一种非常简单的服务,它只是把数据分组从一台主机发送到另一台主机,但并不能保证该数据报能到达另一端,因此任何必需的可靠性必须由应用层来提供。

(4) 应用层。负责处理特定的应用程序细节。

可以看出,在以太网的数据接收过程中,体现的是数据分用的思想;而在以太网数据发送的过程中则体现了数据封装的思想。同时由于单片机根本没有足够的代码空间,因此在单片机中 TCP/IP 的实现与 PC 不同,在 PC 里可支持比较完整的 TCP/IP,一般在单片机里实现与需要有关的部分,而不使用的协议则一概不支持。例如,文件共享 SMB 协议,在 UNIX、Windows 中都支持,但单片机上却没有必要。一般只能在单片机中实现 ARP、IP、ICMP、TCP/UDP 等协议,而更高层的协议,如 HTTP、SMTP、FTP 一般是不支持的。虽然有些单片机实现了这些协议,例如 AVR 上网方案,但实用性不大。因为单片机应用的 TCP/IP 大多都是为了完成数据采集和数据传输,而不是网页浏览、文件传输这些功能。另外,由于单片机资源的有限性,对某一协议而言,也有可能要做简化。

下面将简单介绍利用 51 系列的单片机和 RTL8019AS 以太网控制器互连,实现相关的以太网协议。

14.3.2　RTL8019 以太网控制器简介

由我国台湾 Realtek 公司生产的 RTL8019AS 以太网控制器,由于其性能优良、价格低廉,在市场上 10Mb/s 网卡中占有相当的比例,它支持以下三种工作方式。

（1）跳线模式 jumper：网卡的 I/O 口地址和中断都由跳线决定，在单片机中一般都采用跳线模式选项。例如：P2.6＝8019CS，低电平有效，则 IO_BASE_ADDRESS＝0xBF00。

（2）非跳线模式 jumperless：网卡中的 I/O 口地址和中断由外接的 E2PROM 中的内容决定。

（3）即插即用方式 Plug and Play：网卡的 I/O 口地址和中断都由操作系统决定，用户不必过多干预，这种方式耗费系统资源要多一些。

主要性能如下。

（1）符合 Ethernet Ⅱ 与 IEEE 802.3(10Base5、10Base2、10BaseT)标准；

（2）全双工，收发可同时达到 10Mb/s 的速率；

（3）内置 16KB 的 SRAM，用于收发缓冲，降低对处理器的速度要求；

（4）支持 UTP、AUI、BNC 自动检测，还支持对 10BaseT 拓扑结构的自动极性修正；

（5）支持 8/16 位数据总线，8 个中断申请线以及 16 个 I/O 基地址选择；

（6）允许 4 个诊断 LED 引脚可编程输出；

（7）100 脚的 PQFP 封装，缩小了 PCB 尺寸。

RTL8019AS 内部可分为远程 DMA 接口、本地 DMA 接口、MAC(介质访问控制)逻辑、数据编码逻辑和其他接口。其内部结构如图 14.10 所示。

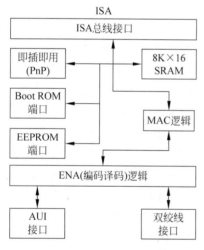

图 14.10　RTL8019AS 内部结构图

远程 DMA 接口是指单片机对 RTL8019AS 内部 RAM 进行读/写的总线，即 ISA 总线的接口部分，单片机收发数据只需对远程 DMA 操作。本地 DMA 接口是指 RTL8019AS 与网线的连接通道，完成控制器与网线的数据交换。

MAC(介质访问控制)逻辑完成以下功能：当单片机向网上发送数据时，先将一帧数据通过远程 DMA 通道送到 RTL8019AS 中的发送缓存区，然后发出传送命令；当 RTL8019AS 完成了上一帧的发送后，再开始此帧的发送。RTL8019AS 接收到的数据通过 MAC 比较、CRC 校验后，由 FIFO 存到接收缓冲区；收满一帧后，以中断或寄存器标志的方式通知主处理器。FIFO 逻辑对收发数据做 16B 的缓冲，以减少对本地 DMA 请求的频率。

RTL8019AS 内部地址有两块 RAM 区，一块 16KB，地址为 0x4000～0x7fff；一块 32B，地址为 0x000～0x001f。RAM 按页存储，每 256B 为一页。一般将 RAM 的前 12 页(即 0x4000～0x4bff)发送缓冲区；后 52 页(0x4c00～0x7fff)存储区作为接收缓冲区。第 0 页叫 Prom 页，只有 32B，地址为 x000～0x001f，用于存储以太网物理地址。16KB 的 RAM 一部分用来存放接收的数据包，一部分用来存储待发送的数据包。要接收和发送数据包就必须通过 DMA 读/写 RTL8019AS 内部的 16KB RAM。它实际上是双端口的 RAM，是指有两套总线连接到该 RAM，一套总线是 RTL8019AS 读或写该 RAM，即本地 DMA；另一套总线是单片机读或写该 RAM，即远程 DMA。

RTL8019AS 具有 32 个输入/输出地址,其首地址由 IOS3～IOS0 决定(跳线 8 位数据模式),地址偏移量为 00H～1FH,如 IOS3～IOS0 都为 0,则首地址为 300H;那么 300H 的偏移量为 00H,31FH 的偏移量为 1FH。其中,00H～0FH 为寄存器地址,共 16 个地址,分为 4 页 PAGE0～PAGE3,由 RTL8019AS 的 CR 寄存器中的 PS1、PS0 位来决定要访问的页,CR 寄存器的内容如表 14.13 所示,寄存器页选定模式如表 14.14 所示。但与 NE2000 兼容的只有三页 PAGE0～PAGE2,PAGE3 是 RTL8019AS 自己定义的,对于其他兼容 NE2000 的芯片如 DM9008 无效。远程 DMA 地址包括 10H～17H,都可以用来作远程 DMA 端口,只需使用一个即可。复位端口包括 18H～1FH 共 8 个地址,功能一样,用于 RTL8019AS 软件复位端口。8019 的硬件复位很简单,只需在上电时对 RSTDRV 输出一高电平就可以了。8019 复位的过程将执行内部寄存器初始化等一些操作,至少需要 2ms 的时间。推荐等待更久的时间之后才对网卡操作,建议等待 100ms,以确保完全复位。

表 14.13　CR 寄存器说明

位	7	6	5	4	3	2	1	0
符号	PS1	PS0	RD2	RD1	RD0	TXP	STA	STP

表 14.14　寄存器页选定模式

位	符号	描　　述			
		PS1	PS0	寄存器页	说　　明
7 6	PS0　PS1	0	0	0	NE2000 兼容
		0	1	1	NE2000 兼容
		1	0	2	NE2000 兼容
		1	1	3	RTL8019AS 配置

ICS16B 为低时采用 8 位 DMA 操作模式,上面的地址中只有 18 个是有用的:00H～0FH 共 16 个寄存器地址。10H 为 DMA 端口地址(10H～17H 的 8 个地址是一样的,都可以用作 DMA 端口,只要使用一个即可)。1FH 复位地址(18H～1FH 共 8 个地址都是复位地址,每个地址的功能都是一样的,只使用一个即可,但实际上只有 18H、1AH、1CH、1EH 这几个复位端口是有效的,建议不使用其他地址,有些兼容卡不支持 19H、1BH、1DH 等奇数地址的复位)。

RTL8019AS 寄存器的访问和常规不太一样,RTL8019AS 的寄存器分为 4 页,要访问哪一页的寄存器,首先要选择页,同时设置 STA、STP 为开始命令,不对 RAM 操作,RD2～RD0 置为 100,TXP 写 0。CR(00H)寄存器的 PS1,PS0 决定访问哪一页,STA、STP 决定命令执行或停止,设置好后,就可以对相应的页、相应的地址做相应的操作了。如对 CURR 的读,首先设置 CR 寄存器为:选择第 1 页,开始命令,不对 RAM 操作,RD2～RD0 置为 100,TXP 置 1 为发送包,这里写 0,如表 14.15 所示。

表 14.15　CR 寄存器读/写设置

位	7	6	5	4	3	2	1	0	
符号	PS1	PS0	RD2	RD1	RD0	TXP	STA	STP	
值	0	1	1	0	0	0	1		0X62

利用 STC 单片机作为主控实现基于 RTL8019AS 的网络通信接口电路图 14.11 所示，用到的主要芯片有 STC15 单片机、RTL8019AS、93C46（64×16b 的 EEPROM）74HC573（8 位锁存）、62256（32KB 的 RAM）。本方案使用 93C46 存储 RTL8019AS 的端口 I/O 基地址和以太网物理地址。93C46 采用 4 线串行接口的 Serial EEPROM，容量为 1Kb，主要保存 RTL8019AS 的配置信息。00H～03H 的地址空间用于存储 RTL8019AS 内配置寄存器 CONFIG1～4 的上电初始值；地址 04H～11H 存储网络节点地址即物理地址；地址 12H～7FH 内存储即插即用的配置信息。RTL8019AS 通过引脚 EECS、EESK、EEDI 控制 93C46 的 CS、SK、DI 引脚，通过 EED0 接收 93C46 的 D0 引脚的状态，RTL8019AS 复位后读取 93C46 的内容，并设置内部寄存器的值，如果 93C46 中内容不正确，RTL8019AS 就无法工作。先通过编程器如 ALL07 把配置好的数据写入 93C46，数据 00H 写入 93C46 的地址 00H 内，93C46 地址 04H～0AH 中存放的是物理地址，可以写入设计所需的物理地址值，或不修改，采用原始值为物理地址，这样 RTL8019AS 复位后读取 93C46 中配置好的内容，对应设置配置寄存器 CONFIG1 的值为 00H，低 4 位 IOS3～IOS0 用于选择 I/O 基地址。RTL8019AS 的地址为 20 位，上述电路中用到的地址空间为 00300H～0031FH，其中，第 19 位到第 5 位是固定的，000000000011000。RTL8019AS 的 20 根地址线 SA0～SA19 如表 14.16 所示，RTL8019AS 的 ISA 总线接口引脚与单片机的连接如表 14.17 所示。

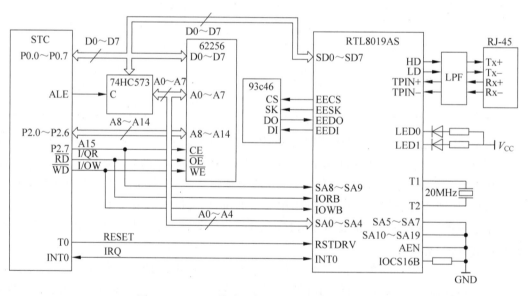

图 14.11　STC 单片机与 RTL7019AS 的接口电路

表 14.16　RTL8019AS 的地址线连接表

引　脚	连 接 方 法
SA19～SA10	接地
SA9～SA8	接单片机 P2 口的 P2.7，即地址总线 ADDR15
SA7～SA5	接地
SA4～SA0	对应为地址总线的 ADDR0～ADDR4

表 14.17　RTL8019AS 的 ISA 总线接口引脚与单片机的连接

引　脚　号	引 脚 名 称	连 接 方 法
Pin29	IORB	读信号，接到单片机的 $\overline{WR}$ 引脚
Pin30	IOWB	写信号，接到单片机的 $\overline{RD}$ 引脚
Pin33	RSTDRV	RESET 信号，接单片机的 T0
Pin34	AEN	地址有效信号，接地
Pin96	IOCS16	采用电阻下拉该引脚，选择 8 位模式
Pin36～ Pin43	SD0～SD7	8 位数据总线，接单片机 P0 口

从程序员的角度来说，对 8019 的操作是比较简单的，驱动程序只需要将要发送的数据按一定的格式写入芯片并启动发送命令，8019 就会自动把数据包转换成物理帧格式在物理信道上传输。反之，8019 收到物理信号后将其还原成数据，按指定格式存放在芯片 RAM 中以便主机程序取用。简言之，就是 8019 完成数据包和电信号之间的相互转换。以太网协议由芯片硬件自动完成，对程序员透明，驱动程序主要完成芯片初始化、收包、发包三种功能，其中，发送和接收子程序如下所示。

（1）发送子程序。

```
bit Transmit(void)
{
CardCopyDown();
XBYTE[IO_BASE_ADDRESS + NIC_COMMAND] = CR_NO_DMA|CR_STOP|CR_PAGE0; //停止 8019
XBYTE[IO_BASE_ADDRESS + NIC_INTR_STATUS] = 0xFF;                   //屏蔽中断
XBYTE[IO_BASE_ADDRESS + NIC_XMIT_START] = XMIT_START;              //设置发送开始地址
XBYTE[IO_BASE_ADDRESS + NIC_XMIT_CONFIG] = TCR_NO_LOOPBACK;        //设置为一般模式
XBYTE[IO_BASE_ADDRESS + NIC_DATA_CONFIG] = DCR_FIFO_8_BYTE|DCR_NORMAL|DCR_BYTE_WIDE;
                                                                  //设置 8 位 DMA 模式
XBYTE[IO_BASE_ADDRESS + NIC_XMIT_COUNT_LSB] = 100;                //设置发送字长
XBYTE[IO_BASE_ADDRESS + NIC_XMIT_COUNT_MSB] = 0;
XBYTE[IO_BASE_ADDRESS + NIC_COMMAND] = CR_START|CR_XMIT|CR_PAGE0; //启动 8019
return (TRUE);
}
```

（2）接收子程序。

```
void Receive(void)
 {
   XBYTE[IO_BASE_ADDRESS + NIC_COMMAND] = CR_NO_DMA|CR_STOP|CR_PAGE0; //停止 8019
   Wait_xus();
   XBYTE[IO_BASE_ADDRESS + NIC_INTR_STATUS] = 0xFF;                   //屏蔽中断
   XBYTE[IO_BASE_ADDRESS + NIC_DATA_CONFIG] = DCR_FIFO_8_BYTE|DCR_NORMAL|DCR_BYTE_WIDE;
                                                                     //设置 8 位 DMA 方式
   XBYTE[IO_BASE_ADDRESS + NIC_RMT_ADDR_LSB] = 0x00;                 //设置目的地址和长度
   XBYTE[IO_BASE_ADDRESS + NIC_RMT_ADDR_MSB] = PAGE_START;
   XBYTE[IO_BASE_ADDRESS + NIC_RMT_COUNT_LSB] = 56;
   XBYTE[IO_BASE_ADDRESS + NIC_RMT_COUNT_MSB] = 0x00;
   XBYTE[IO_BASE_ADDRESS + NIC_PAGE_START] = PAGE_START;             //设置接收开始地址
   XBYTE[IO_BASE_ADDRESS + NIC_PAGE_STOP] = PAGE_STOP;               //设置接收缓冲区长度
   XBYTE[IO_BASE_ADDRESS + NIC_BOUNDARY] = BOUNDARY;                 //设置接收边界
```

```
    Wait_xus();
    XBYTE[IO_BASE_ADDRESS + NIC_RCV_CONFIG] = RCR_BROADCAST;        //设置接收配置
}
```

小结

　　本章主要介绍了几种采用单片机作为主控进行开发设计的接口电路和部分参考程序，主要包括液晶接口电路、与 CH375 的接口电路和网络接口电路，给出了几种接口技术的数据传输流程和相关芯片的功能。

习题

　　1. A、B 两台单片机应用系统具有双工通信功能，现需要将 A 机片内 RAM 从 30H 单元开始存储的 8B 的数据发送到 B 机，并存储在片内 RAM 的 50H 单元开始的区域。两个系统的晶振频率均为 11.0592MHz，波特率为 4800 b/s。要求如下。

　　(1) 在 A 机发送时，每次发送 10B，其中，第 1 个字节为起始标志 0F5H，第 2~9 字节为要发送的 8B 数据，第 10 个字节为 8B 数据的异或校验值(8B 连续异或的值)。

　　(2) B 机接收到数据后，先进行异或校验，如果接收到的 8 个数据的异或值与接收到的第 10 个字节数据相同，则把数据存放到本机的 50H 单元开始的区域，并发送 2B 的重发请求 0F5H、0FFH；否则，丢弃本次接收到的所有数据，并发送 2B 的重发请求 0F5H、0DDH，其中为 0F5H 为起始标志。A 机接收到 0FFH 时，停止发送，接收到重发请求后，按照(1)重发数据。

　　(3) B 发送重发请求超过 10 次，则中断接收。

　　2. 综合设计。

　　制作一个采用 LCD 显示的电子时钟，要求如下。

　　(1) 计时：秒、分、时、日、月、年。

　　(2) 闰年自动识别。

　　(3) 时间月，日交替显示，计时精度：误差小于 1 秒每月(具有微调装置)。

第15章

单片机应用系统

【学习目标】

- 了解和掌握单片机应用系统开发的基本要求和一般流程；
- 了解单片机应用系统可能遭遇到的干扰类型和干扰耦合通道；
- 理解单片机应用系统针对各类干扰所采取的主要措施，并能在实践中应用；学习了解开发应用实例中的设计方案。

【学习指导】

本章的内容应该在实践中逐步理解、掌握和应用，建议学习者首先从较简单的应用项目开始，完整地体验一个系统开发的过程。从简单到复杂，逐步达到熟练开发者的水平。

目前，以单片机为控制器的应用系统已广泛应用在工业自动化控制、智能仪器仪表、家用电器等领域。总体来说，单片机系统具有体积小、价格便宜、功能较强等优势，其开发除了需要遵循一般的规律以外，也有一些自身的特点。本章讨论单片机应用系统的开发过程，并列举开发实例予以说明。

15.1 应用系统研发的一般过程

对于单片机应用系统，一般有如下要求。

1. 满足用户功能及性能要求

我们设计的产品，如果没能满足用户对性能和功能的要求，用户是不能接受的，所以这是第一位的要求。简单地说，功能是指产品的功用，是指它能执行什么操作；性能是产品如何更好地完成这些功能的量度。有时候，用户对产品的功能和性能有明确的概念，有时候可能只有一个模糊的要求，有时候可能你设计的产品连明确与具体的用户都没有。所以对产品的功能和性能要进行科学的分析和总结，这就是产品需求分析的任务。

2. 可靠性高

可靠性指的是产品在规定的条件下完成设计功能的能力。作为单片机应用系统，大部分应用于工业监测控制等可靠性要求高的场合,产品可靠性不高,轻则影响整个生产过程的顺利进行,影响生产产品的质量;重则会造成包括人员伤亡在内的严重安全事故,因此可靠性应放在一个非常重要的地位。

可靠性可以用可靠度(在规定条件和规定时间内完成规定功能的概率)、可靠寿命、有效寿命、平均无故障工作时间等几个指标衡量。提高可靠性需要进行严格的可靠性设计来实现。采取的措施主要包括以下几个。

(1) 在做方案设计时,尽量采用已有经验并已得到广泛应用的电路形式、零部件和成熟的技术,必要时在确定方案前进行局部实验,以确定技术的可靠性。

(2) 设计时在满足系统功能的前提下,尽量简化结构,尽量使用集成度高的芯片,采用模块化技术。结构简化,或使用集成度高的芯片,可以削减零件数目或电路环节,减少出错的概率;采用模块化结构,可以大大提高可维修性。

(3) 设计时在硬件各方面指标上留有余量,包括系统的功耗余量、电路的驱动能力余量等,而单片机的工作频率,在满足要求的前提下,可以尽量低一点儿,适当多留一点儿余量可以提高可靠性。

(4) 有意识地设计对抗各种意外情况的措施,包括断电再来电启动可能造成的意外、尽量以低电平作为触发电器的信号以防干扰造成的误动作,以及各种防人为误操作的措施等。

(5) 元器件质量要经过检验,元器件及整个产品要经过适当老化处理。在实际使用元器件之前,应对其功能性能做检验。对有些关键器件,安装前要经过上电老化处理(比如在满载情况下,通电 48 小时老化)。对整个产品,也应尽量在实际使用前进行通电老化处理。

(6) 详细分析可能有的环境干扰,实现抗干扰的设计。对产品运行的环境进行考察,对各种干扰做到心中有数。典型的干扰包括大电器的频繁启停造成的电源干扰、电机运行的电磁干扰、物理环境对微弱模拟信号的干扰等。应采用切实可行的措施,包括屏蔽、隔离、去耦、滤波等,对这些干扰进行消减,也可采用 Watch Dog(看门狗)技术,使产品在强干扰环境下能连续工作。

(7) 提高软件质量。采用高度模块化的方法设计软件,有助于减少或消除隐藏的BUG。另外,针对可能发生的意外情况,比如程序跑飞等,设计软件陷阱进行捕获(比如在未用到的程序存储器空白处,写入软件复位的指令),尽可能地减少对整个系统的影响。

3. 操作灵活方便

开发的产品应具有良好的操作界面。

(1) 使用方便,适合人的使用习惯,比如在 LED 数码管显示时,设置闪烁光标;再比如对键盘特定状态下连按的允许等;

(2) 操作界面能尽量减少人的学习、记忆负担;

(3) 操作界面能避免可能有的误操作,比如按键被按下未松开,是否有可能造成多次执行相关命令等,都需要在设计时考虑;

(4) 考虑常用的参数组合设置可简单化选取输入;某些情况上电时允许直接执行前次断电前的设置等。

4. 易于维护

系统出故障时易于维修也是提高产品吸引力很重要的一点,可通过以下措施实现:设置自诊断程序模块,定位大部分的硬件故障;采用模块化结构,实现快速地更换损害的部件。

5. 留有扩展余地

保持软硬件良好的模块结构,再加上适当做一些冗余设计,可以保证当需要系统功能提升或扩展时,能方便地在原系统上实现。

考虑以上设计的一般要求,在开发一个较复杂的单片机应用系统时,需遵循一定的设计开发流程。

(1) 系统需求分析和可行性研究。开发初始的第一个步骤是进行需求分析,在初步得出用户需求以后,给出系统开发是否可行的明确结论。

需求分析的基本任务是通过和用户协商,或者通过市场调研,得出待开发产品的功能和性能要求。包括:

① 产品具体需要执行哪些操作? 操作的流程是怎样的?

② 操作中需要采集的数据有哪些? 数据处理(采集/显示)的精度要求如何?

③ 人机操作的界面如何? 报警处理有哪些?

④ 数据输出和不掉电存储有哪些要求?

⑤ 有无联网的要求? 是否需要开发上位机监控软件?

⑥ 产品功耗、体积、重量、外形、价格有什么要求?

对以上需求有了清晰的了解以后,可以列出一个需求规格说明书,包括:

① 系统操作及操作流程;

② 数据处理(显示、存储、输出、网络传输);

③ 系统输入和输出(开关量输入/输出点数、模拟量输入/输出通道数);

④ 人机界面。

(2) 总体方案设计。在用户需求分析完成以后,就需要确定一个总体方案。方案的设计主要基于设计人员经验以及已有系统的实现方法进行。其主要任务包括:

① 系统的模块化结构确定;

② 系统软硬件功能划分;

③ 数据通信的接口标准及通信规约(传输控制模式、数据格式);

④ 系统重要功能的实现方法;

⑤ 系统软硬件的原理方框图;

⑥ 系统主要芯片的选择。

(3) 硬件设计。硬件设计阶段的主要任务是确定各单元电路的最终形式,根据不同系统的实际情况,可能包括单片机单元、地址译码单元、存储器单元、模拟通道、开关量输入/输出、键盘与显示单元、与上位机通信单元、电源等。确定各分立元器件参数。

在确定了电路具体形式以后,设计人员需要完成电路原理图和制版图(PCB)的绘制。主要的工具软件包括 Protel99 SE、Proteus、Altium Designer(Protel 的后续版本)等。熟练使用一种制版软件,是单片机设计人员的基本功。

(4) 软件设计。软件设计可以和硬件设计大致同时或稍后一点儿,也就是在确立了主要的电路形式和芯片型号以后进行。单片机系统的软件设计,遵循"自顶向下"的方法比较好,所以,在软件设计的开始阶段,最重要的、首先要做的工作是确定软件的整体结构,而不是某种具体操作的代码编写。

较复杂的单片机应用系统是一种嵌入式系统,这种系统的软件结构最常见的就是任务调度式的结构。

一个较为复杂的单片机应用系统,其软件要实现的操作,可以划分为若干"任务",这些任务相对独立,其执行的时间、执行的顺序、触发的条件各有不同。当然大部分任务都是定时启动的,例如某种参数的定时采样、键盘定时扫描等。有的任务则是需要一定触发条件,比如某种参数的报警提示等。在软件设计开始阶段,一定要首先将这些任务分离出来,确定下来,包括其执行的操作、启动的条件等。

确定了任务以后,接下来就是确定任务循环。单片机应用系统从打开电源起,实际上就是不停地循环执行多个任务的过程。所以软件的总体框架就是一个任务循环结构,在每一次循环之中,软件按设定的任务条件,判断是否启动该任务的执行。写下这个循环结构,至于具体的任务操作代码,可以用一个"CALL 任务名"代表,这样就搭建了主要的程序框架。

搭建了程序框架以后,软件设计人员要做的工作,实际上就是"填空":将搭框架阶段确立的"任务名"子程序,包括中断服务程序一一细化实现。在实现这些代码的过程中,可能要用到各种算法的代码,例如平均值滤波、数据的加减乘除及码制变换运算(这里讨论的是汇编语言编程)等,应尽量将这些相对独立的操作用子程序实现,以保证软件良好的模块化结构。

软件编码要尽量遵循软件工程的要求。例如,各种数值常量、芯片地址、数据变量地址(位变量、字节变量、字变量、浮点数变量)等,均用符号表示,这样一是方便设计变更造成的修改,二是容易理解和记忆;尽量用子程序实现相对独立的功能,特别是不要将大量的代码,堆积在主任务循环中;定义一个子程序时,注释其功能、入口参数、使用参数等;在代码中,也要适当添加注释。这些做法,将大大改善软件的可读性,减少编码错误。

(5) 系统调试。首先进行硬件的安装和调试。电路制版完成后,需要检查制版质量,可目视及使用数字表,认真检查各线路的通断是否正确。其次,焊接、安装所有元器件或其插座。确认安装无误后,可进行通电测试,检查数字部分各电源电压是否正常;通过连接传感器或直接加上直流模拟的信号,检查模拟通道各相关电压是否符合预期等。

硬件安装调试完毕后,就可以进行软硬件联合调试了。对于较复杂的系统,建议不要一开始就拿出整个完整的软件写入芯片,直接测试系统的工作,而是首先用一些简单的、特意编写的检测程序,检测硬件各部分电路是否工作正常,实际上这种初测,可和软件设计同时进行,不一定要等到软件全部编码完成。这些小的测试程序,可分别检查诸如译码电路是否正确、报警电路是否正常、开关量输入/输出和模拟量输入/输出是否正确、显示和键盘是否工作正常等。

在这些初步调试工作完成后,再上全功能的软件进行调试,这样,如果调试出现问题,比较容易定位问题所在,因此就相对轻松。

有许多产品在实验室完成调试后,还需要在现场安装,并与其他设备连接运行。这时,在实验室运行正常的产品,仍然可能出现问题,硬件软件问题都可能出现,这时就需要设计人员携带开发平台,现场修改软件。

(6) 产品定型。在产品工作正常后,设计人员最后要做的工作就是确定产品所有的生产工艺,并完成全部技术文档,包括系统设计方案、电路原理图、制版图、元器件清单、软件清单、安装调试说明、操作说明书等,编写的文档应遵循软件工程的基本要求和规范。

（7）后期维护升级。许多产品开发完成,提交用户以后,还可能面临用户需求改变,或者功能升级等情况,这时就需要设计人员继续完成这些版本升级任务。

单片机应用系统设计与开发的流程可以用图 15.1 表示。

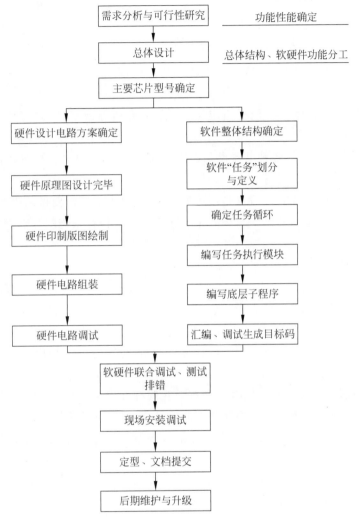

图 15.1　单片机应用系统设计与开发的流程

15.2　单片机应用系统抗干扰及可靠性技术

许多单片机应用系统使用于工业现场,因此往往会遇到比较复杂和恶劣的工作环境,现场的干扰有可能会导致系统不能正常运行,或严重影响数据采集的精度,因此,在单片机应用系统设计时,必须要周密考虑和解决干扰的问题。

有关电子系统干扰和抗干扰问题,已有专门的学科——电磁兼容进行了详细的研究,相关模型和计算公式在有关著作中有详尽的理论讨论。本节不打算进行这样的理论讨论,仅从实用的角度介绍一些干扰和抗干扰的相关知识,以期对读者的应用系统开发提供有益的帮助。

15.2.1　干扰类型和干扰源

干扰若要作用于系统,需要具备三个要素:干扰源,耦合途径,干扰作用于信号的方式。

1. 干扰源

归纳起来,电子系统的噪声有以下三种来源。

(1) 电子器件的本征噪声。这是由于物理器件内部电子的无规则运动带来的热噪声,是固有的,不可避免的。

(2) 大自然带来的噪声。包括雷电、太阳黑子活动等因素,在电子设备内部造成的干扰。

(3) 人为噪声源。包括各种电器设备运行带来的噪声,如继电器接触器的动作、电机的运行、高频无线电信号的辐射等。

这些噪声是客观存在的,一般也是不可避免的,设计人员所需要做的事是合理评估这些噪声源的影响,并通过适当的措施减小甚至消除它们对所设计系统的影响。

2. 耦合途径

噪声干扰一般通过以下途径进入并影响到电子系统。

(1) 导线直接传导耦合。这种方式一般是信号线、电源线直接将噪声带入系统,特别是电源的高频干扰,容易通过这种方式影响系统。

(2) 公共阻抗耦合。这种方式是因为不同信号回路间具有公共的阻抗关联,因此一个回路的信号变化,造成另一个回路的电流、电位等参数也跟着发生相应的变化,因此带来的干扰。

(3) 电容性耦合。这种方式是因为平行导线间存在着分布电容,因此一根导线上的信号变化,也会通过静电场影响另一根导线上的信号,由此带来的干扰。

(4) 电感性耦合。这种方式是由于传输信号导线上存在分布式电感,因信号变化而引起的干扰。

(5) 电磁辐射耦合。这种方式是由于环境中存在交变辐射的电磁场,这些电磁场通过电磁相互作用,耦合到电子设备中,而造成的干扰。

3. 干扰作用于信号的方式

按照干扰信号作用于有用信号的方式,可以分为串模干扰和共模干扰。

(1) 串模干扰。串模干扰又称为差模干扰,是指干扰电压与有效信号直接串联叠加后,作用到系统上的干扰信号,如图 15.2 所示。串模干扰与信号叠加,因此其对测量结果的影响与有用信号是相同的,因此对系统来说是一种最应避免的干扰。

串模干扰通常来自于空间电磁场通过电磁效应,在信号线上产生的叠加信号,特别是附近有高压大电源动力线时更为明显;以及信号源本身或传输线通过导线耦合或阻抗耦合传入;还有一种情况就是由共模干扰转化而来。

(2) 共模干扰。共模干扰是指在两条传输线上同时叠加的相同的干扰信号,如图 15.3 所示。这种共模干扰信号将同时施加到输入通道的两个输入端上。通常这种干扰信号幅值很高,可以远远高于信号电压本身。

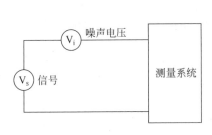

图 15.2　串模干扰示意图

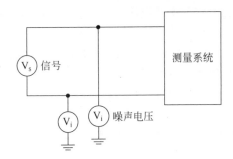

图 15.3　共模干扰示意图

共模干扰看似同时加到输入端两侧,因而没改变信号电压差,但是,由于两根传输线以及测量线路两端阻抗情况不可能完全相同,因此共模干扰在传输和处理的两端传播的情况不可能完全一样,当出现这种差异时,共模干扰就会转化为差模干扰。此外,电子器件处理的信号幅度都有限制,过高会造成元件饱和或损坏,因此,共模干扰也是需要认真对待的。

共模干扰主要是由空间交变电磁场的电磁效应产生,包括高压大电源线、空间雷电放电等。一般信号线都是两根铰接在一起将信号从传感器传到测量系统,当信号线较长时,空间电磁场会在两根信号线上产生同样的干扰信号,这就是共模干扰信号。

以上从理论的角度分析了干扰的来源和种类。具体到单片机应用系统来说,常见的干扰信号有哪些呢?虽然单片机应用系统的种类很多,遭遇到的干扰情况也很多,但仍可以归纳总结以下几种比较常见的典型干扰类型。

(1) 叠加到电源上的交流噪声。

这是一种幅度不大(约几十毫伏)的、频率很高的交流噪声,通过示波器能观察到。这种干扰主要来源于开关电源以及印刷电路板上各数字逻辑器件状态不停高速翻转。其中,开关电源为主要来源。开关电源是目前单片机应用系统普遍采用的电源类型,相对于模拟电源(线性电源),其效率高、体积小、价格低、使用方便,其工作频率可达百 kHz,这种高频的信号很难被完全隔绝或过滤掉,因此在低压输出端出现高频噪声不奇怪。

这种交流噪声对数字逻辑部分影响不大,但对于毫伏级的模拟通道来说,能通过共用的地线耦合到信号中去,因此对测量精度会造成显著影响,因此必须认真对待。

(2) 电源上的突发浪涌干扰。

这种噪声表现为一种幅度较大但持续时间很短的脉冲,可以是正向也可以是负向(电压减小的方向),一般是由于关联的电源上大功率的开关器件动作及感性负载的切断所造成的。这种噪声对模拟通道和数字逻辑都会有较严重的影响,例如,对数字逻辑的单片机,会造成单片机 PC(程序计数器)值的紊乱,从而导致程序跑飞等。

(3) 印制板线路以及数字逻辑器件给信号带来的高频交流噪声。

因数字逻辑部分工作频率普遍很高,且印刷电路板元件布置也很密集,所以,逻辑器件输出的高频数字信号会通过线间的分布电容及分布式感抗对其他逻辑信号造成干扰,包括上升或下降时间延长、边沿抖动、不期望的脉冲等。这些干扰对边沿触发的一些逻辑会造成影响,例如,外中断申请、外时钟、高速脉冲捕获等。

(4) 长线信号传输,带来的叠加到信号上的共模干扰和串模干扰。

当模拟信号通过较长的传输线(米级以上)进行传输时,会因电磁感应效应,在传输线上感应较大的共模和串模干扰,如果不加处理,这种干扰会严重影响模拟量的测量,甚至使测量无法进行。

(5) 传感器及其检测环境现场带来的叠加到信号上的串模和共模干扰。

传感器本身电源及安装现场的电气环境,也会在传感器输出模拟信号上叠加串模和差模干扰,这种干扰和上述的传输线拾取的干扰性质相同,危害也类似。

15.2.2 硬件抗干扰技术

明确了应用系统受到的干扰类型和来源,就可以有针对性地设计抗干扰措施,这种措施主要还是在硬件侧实施。这些措施归纳起来包括:屏蔽,隔离,滤波,去耦,合理选择元器件,印刷电路板合理布局等。

1. 合理屏蔽

对于长线传输的情况,由于存在电容性耦合、电感性耦合、电磁场的辐射耦合,因此往往会在传输信号的传输线上感应较高的共模和串模干扰。对于这种干扰,可以采用减少耦合分布电容和线路回路感应的方法消减。减少线间耦合电容的方法就是对传输线加上金属屏蔽层,同时将屏蔽层接地,对于高频干扰信号,需采用多点接地;对于较低频率的干扰信号,应采用一点接地。

为减少磁性或交变电磁场的感应,可将两根信号传输线绞合成双绞线。由于双绞线特殊的形状,自然形成了一个个邻接的线环,这些线环上面的电磁感应电动势方向两两是相反的,理想情况之下可以相互抵消,如图 15.4 所示,因此可以大大减小感性或电磁感应的干扰。同时双绞线传输也能大大减少电磁辐射,减小对其他设备的影响。

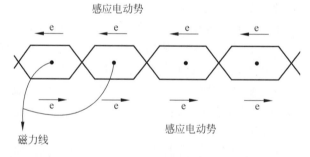

图 15.4 双绞线对电磁感应的抵消作用

金属屏蔽双绞线由于分布式电容较大,对传输 100kHz 以下的信号较好,若频率再高,可采用屏蔽式同轴电缆传输。

如果产品工作于电磁感应较大的环境,或设备对电磁感应效果很敏感,也可以将整个产品用金属壳封装,再加外壳接地。这样也可以减少被封装的设备对其他系统的辐射影响。

2. 隔离

单片机应用系统中,主控制器端的数字逻辑部分采用的是 5～15V 量级的直流电压供电,因此常称为弱电部分。如前所述,弱电部分容易受到强电部分通过电源、控制线、信号线引入的干扰,因此一个自然的想法是将强电部分和弱电部分隔离,不共地,这样就能大大减少来自于交流电网的波动、大功率开关的动作、感性负载的切断等造成的干扰。

　　这种隔离,最常见的就是弱电部分的开关量输入/输出信号,通过光电耦合器(简称光耦)传输到关联的强电设备。如图 15.5 所示显示了这种连接的示意图,由图可知,两端的设备通过光来传输信号,不再有电的连接,因此可有效隔离来自于强电部分的干扰。

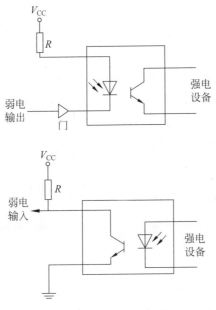

图 15.5　开关量的光电隔离示意图

　　弱电部分的电源模块,如果在交流输入侧,安装交流稳压器、隔离变压器、低通滤波器等部件,也对减小来自于电网的干扰有一定作用,如图 15.6 所示。

图 15.6　交流电网与弱电电源模块的隔离

　　隔离作用比较难实施的是对模拟信号的隔离。来自于现场的模拟信号,如果能隔离以后再输入至弱电部分,那么隔离作用就比较完整了。但线性隔离的实现比较困难,目前可采用隔离运算放大器、线性光耦等方法,也有公司提供有专门的线性隔离单元可以采用,这些方法总的来说,成本较高,对整体测量的精度也有一定的影响。

　　模拟信号的隔离还可以有别的思路,例如在传感器侧,使用压频变换(即电压转换为数字信号的频率)将模拟信号转换为数字量,再将数字量的脉冲频率信号进行隔离,我们知道数字量的隔离比较容易实现,在弱电侧对频率进行测量得到原传感器的输出值。

　　另外,将模拟量信号由电压转变为电流传输,例如工业标准 4～20mA 信号,可以显著提高抗干扰的能力,因为电流输出都是低阻抗的,所以干扰信号不易叠加到信号上。

3. 滤波

　　一般来说,传感器的输出信号都是频率较低的信号,例如温度、流量等,而干扰信号则更多的是高频信号,因此可以在测量通道的信号输入端。设置一个低通滤波器,就可以过滤掉绝大部分的高频干扰。最常用的低通滤波器为 RC 滤波器,二级 RC 滤波电路图如图 15.7 所示。

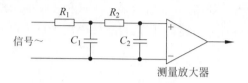

图 15.7   RC 滤波器电路图

对特定频率段的信号,则可设置带通滤波器进行滤波,仅让特定频段的信号通过,而过滤掉高频和低频的干扰信号。带通滤波器可采用成品的有源滤波器芯片。

4. 去耦

如前所述,在设备运行过程中,数字逻辑状态一直在高速切换,这种状态切换会在电源上带来高频噪声,为了削减这种噪声,可以在每个芯片的正电源与地之间,并接一个 0.01~0.1μF 的电容,该电容称为去耦电容。在印刷电路板上,此电容应尽量接近芯片的正电源处安装,引脚应尽量短。

在每个板卡的电源输入处(进线端),也应该并接去耦和滤波电容。电源输入处的电容应该同时使用 0.1μF 高频电容和 100μF 电解电容,0.1μF 高频电容用于滤去高频的干扰;100μF 电解电容高频特性稍差,主要用于滤去低频的干扰。

5. 合理选择元器件

比如,长线数字信号传输,可以在信号输出端使用线路驱动器,线路接收端使用线路接收器。这种长线驱动器和接收器能很好地抑制传输通道上因线路较长而引起的信号反射、衰减、串扰等干扰。当然,使用电流的通断,来传输数字信号,抗干扰能力更强。

再比如,对微弱的测量模拟信号放大,应采用共模抑制比很高的仪器放大器,而不是普通的运算放大器。

对于变化缓慢的参数测量,使用双积分的 A/D 转换器,能有效地削减高频干扰的影响。

有些系统,需要对某种微弱模拟信号进行高精度测量,对这些系统,可以使用模拟电源(线性电源)供电,模拟电源相较于开关电源,价格较高、体积较大、效率较低,但其可能带来的高频干扰却要少得多,因此,值得在这些系统中应用。

6. 印刷电路板合理布线

在设计时,对印刷电路板元器件及其走线进行合理设计,也非常重要,设计合理的电路布局,可以大大减少信号间的串扰和高频噪声。

首先,电源线(包括正电源和地线)应尽量加宽,并环绕整个印刷电路板。最好是在板子的空白处全面覆铜,覆铜面接地,并在覆铜面上规则地留空白。在电路板电源进线处和较远处、重要芯片处(功耗较大的芯片、频率较高的芯片)加装一大一小两个去耦电容(见前述)。

其次,地线的布置。要将电路板上数字逻辑部分的地和模拟电路的地分别布线,然后再在电源进线处一点相接。切忌模拟地和数字地在板上任意地连接。

第三,元器件的合理布局。首先应尽量将功能关联度高的元器件布置在一起,以尽量减少导线的长度,特别是要尽量缩短高频时钟信号线的长度;其次,将与板子外有输出/输入信号直接相连的元件尽量布置在板子的周边;最后,将模拟部分、数字部分、带有一定功率的电路部分要明显地分区布置。

当然,设计好的印制电路板,还需要注意元器件发热情况等,如有可能,使用多层(4 层及以上)PCB,要比双面板抗干扰能力强得多。设计者的经验很重要,经验丰富的设计者设计的 PCB,大小适当,布局合理,走线也漂亮,这样的板子往往抗干扰能力也较强。

15.2.3 软件抗干扰技术

在单片机应用系统中,适当采用一些软件设计方法,也能在一定程度上抵抗干扰的影响,当然这种软件方法,只能是硬件抗干扰措施的补充,其取得的效果相对较小,能发挥的作用也是有条件的。

1. 数字滤波

对于采样得到的模拟值,可以使用数字滤波技术去除可能包含的高频干扰或异常值。常用的数字滤波方法是"均值滤波",即将连续得到的 n 个采样值相加,再除以 n,得到这 n 个采样值的平均值,作为真正的参数。实际在软件中,也可以采用"滑动平均"滤波,在内存中固定保存 n 个数,随着时间的推移,采样得到一个新的数据,就去除一个最老的数据,最新的测量值取这 n 个值的平均。

均值滤波对偶然出现的异常值的消除作用较差,所以可以根据被测参数变化规律,在程序中再加入异常值判断,即判断最新的采样值和前一次采样值相差超过一个限额值,即认为本次采样值无效丢弃,可继续采样新值补充或直接用老值替代,这样就比较有效了。

2. 数据传输中的校验

在多单片机系统或有上位机监控的系统中,常常需要在不同处理器之间进行数据通信。为了保证传输数据的正确性,可在一次通信传输的数据帧里设置校验字节,用于接收方判断接收到的数据是否正确。

最简单而有效的校验方法是使用"校验和"技术。即在真正的数据(设为 n 字节)之后增加一个字节,这所有的 $n+1$ 个字节相加,不考虑进位,结果为 0。发送方按此方法设置最后的校验字节,接收方按此判断数据是否正确。

3. 输出信号的反复刷新

对于工业控制系统,每个控制周期会输出新的控制信号,包括开关量和模拟量,去控制执行机构的动作。由于在一个控制周期内,输出接口可能受到干扰而改变系统设置的输出,所以可以设计在控制周期之内,CPU 定时地多次输出上一控制周期求得的控制值,以保证控制量确定得到执行。

4. 抗程序跑飞的"软件陷阱"

如前所述,电源等干扰对 CPU 造成的最常见的严重干扰是"程序跑飞",即 CPU 的程序计数器 PC 值被干扰为一个随机值。这种情况一般而言表现出的现象就是死机。一般而言,单片机片内程序存储器大小要大于程序代码的长度,因此程序存储器中往往有大片的空白区,这些未写单元中的值是全 1"FF",当 PC 被干扰后,很可能就指向这些空白区,因此,可以在这些空白区写上适当的代码,捕获这种跑飞的程序。比如,在所有空白单元都写上:

```
NOP
NOP
LJMP ERR
```

这样的代码,就能将不正常地跑到这里的程序流程,转到我们的错误处理程序"ERR"处,在那里,根据情况可以设置标志,然后执行软件启动,重新恢复系统。

5. 看门狗技术

看门狗技术是一种对抗程序跑飞的更有效的方法。STC15 单片机片内都集成有看门狗定时器,设计人员可直接启用,相关内容请见 2.4.2 节。对于片内无看门狗电路的单片机,则需要在片外加上看门狗定时器加复位逻辑,例如,Maxim 公司的 MAX813L 即是一片具有看门狗定时复位的芯片。

15.3 设计与开发实例——智能环境气候舱电气控制系统

1. 系统结构

本系统是本书作者开发的一个项目。系统要求在一个相对封闭的空间中,人工维持一个特定的气候环境,也就是可以人为控制、维持几个环境变量的值:温度,湿度,空气流量,风速。该系统用于测试建筑装饰材料有害物质在居家自然环境中的释放情况。系统总体结构示意图如图 15.8 所示。

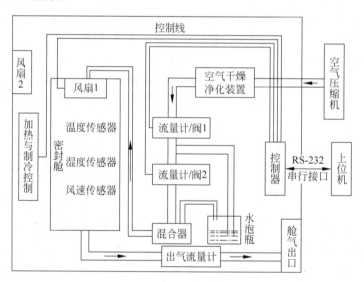

图 15.8 智能气候舱结构图

如图 15.8 所示,在一个较大的外舱内,安装有进气与出气管道、水泡瓶、流量计/阀 1、流量计/阀 2、加热与制冷装置(可采用电阻丝加热,压缩机制冷;也可采用普通双制式空调)、风扇 2、外舱温度传感器、出气流量显示计等装置,系统控制器也安装在外舱内。在用于安放检测样品的内舱里设置了内温度传感器、湿度传感器、风速传感器及风扇 1,内舱是用不锈钢材料制成的,内空间容积为 $1m^3$。

控制器通过调节加热装置的加热功率以及启动/停止制冷装置,影响外舱的温度,通过气路的钢管及钢质的内舱壁,也间接地影响内舱的温度;控制器通过控制流过两个流量计/控制阀(阀 1 与阀 2)空气的流量,一方面可以调节流过水泡瓶的空气流量,从而调节进入内舱空气的湿度;另一方面也控制进入内舱的总的空气流量,从而调节内舱的空气置换率;控制器通过控制内舱的风扇 2 的驱动电压,调节风扇叶的转速,从而控制内舱内流过试样的风速。最后,通过对内舱严格的密封处理,保证出气流量等于进气流量。

控制器还设置了串行通信接口,与上位计算机相连,用户可通过上位机方便地监控整个测试过程。

2. 系统功能

(1) 通过上述控制机构,控制内舱中的几个环境参量在给定值上,控制精度达到或超过相应国家标准的要求。

(2) 各环境参量的给定值在一定范围内可由用户任意设定。

(3) 自动执行对样品的整个测试过程。在测试时间到后,自动停机。测试时间也可由用户任意设定,最长可达 20 天。

(4) 自动记录下整个测试过程中各环境参数的测量值以及给定值,记录时间间隔为 1min。这些值保留在不掉电存储器中,即使关闭气候舱电源,这些值也不会丢失。

(5) 提供一个控制面板,包括 LED 数码显示和键盘,用于在测试过程中与用户交互,显示各参量在各个时刻的值,并使测试人员能发出操作命令或更改各参量的给定值。

(6) 提供供控制器与上位机通信的双向通信接口。一方面控制器实时地将测量值通过通信接口传至上位机;另一方面,测试人员还可以直接在上位机上更改各参量的给定值,从而控制测试过程。

(7) 提供一个在 PC 上运行的 Windows 软件。该软件实现与控制器的双向通信,可以实现对舱运行值设定,并对接收到的测试数据进行管理,包括存档(可输入测试项目信息,如测试人、测试时间、测试项目名、委托单位、测试单位等)、列表显示与打印、变化曲线显示与打印、附加的其他测试数据的输入与编辑等。

3. 系统硬件设计

系统硬件原理图如图 15.9 所示。

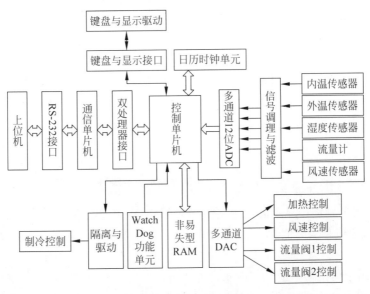

图 15.9　系统硬件原理图

硬件系统的核心是控制单片机,由它执行采样、控制算法、数据存储、控制输出、键盘扫描、显示驱动等诸多任务。日历时钟单元提供不间断的日历时钟,以便记录测试时间;512KB 非易失性(掉电不丢失)的随机存储器 RAM,用于存储实验过程中产生的实时数据;多通道的 12 位模/数转换器用于采样实验数据,12 位 ADC 能提供足够的精度(约 0.25%);信号调理与滤波单元可有效地去除模拟信号中的干扰;多道数/模转换器提供驱动加热调功器、风扇电机、流量阀 1、流量阀 2 的模拟信号,12 位转换器同样能提供足够高的精度。Watch Dog 电路单元使系统具有较高的抗干扰能力。

由于控制器需要与上位微机频繁通信,而控制单片机需要完成的任务较多,要实现的控制算法较复杂,如果再让它响应上位机频繁的通信请求,将不能保证系统响应的实时性,因此在控制器中专门加了一个通信单片机,由此处理器专门负责与上位机的通信任务,从而构成一个双处理器系统。通信单片机与控制单片机的"通信",则通过具有双口共享式 RAM 的双机接口完成。

图 15.10 为控制器控制面板图,共由 5 组共 16 位的 LED 数码管、0~9 数码键、若干功能键,以及用于报警和提示的 LED 发光提示灯组成。

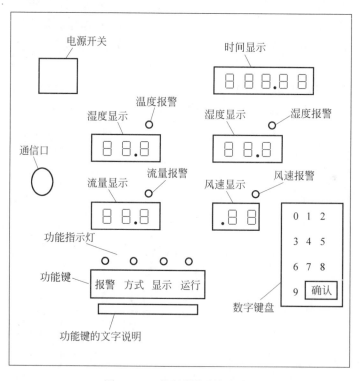

图 15.10 控制器控制面板图

LED 数码管分别用于显示温度给定值和实际值、湿度给定值与实际值、流量给定值与实际值、风速给定值与实际值、实验的时间等参数,数字键用于输入给定参数值,几个功能键的功能如下。

报警键:用于切换"开"或"关"声光报警。

方式键:用于切换远程或本地控制方式。远程方式是指通过 PC 控制气候舱的运行;

本地方式,就是直接使用气候舱面板控制它的运行。

显示键:用于切换各数码管是显示参数的设定值还是实际采样值。

运行键:用于启动气候舱进入运行状态。

4. 系统软件设计

本系统的软件设计包括控制单片机的软件设计、通信单片机的软件设计,以及上位机的通信软件的设计。

(1) 控制单片机软件设计。这一部分的软件功能主要包括控制面板的人机接口、各参量控制算法以及与通信单片机共享信息的软件接口。

控制面板的人机接口,主要是键盘扫描程序及数码显示、报警程序。键盘扫描要考虑按键去抖、连按键处理、重按键处理等;数码显示的难度主要是要实现闪烁光标功能,即闪烁的数码管指示用户当前要修改的数据位。键盘扫描及闪烁数码功能都应与整个软件的硬件定时循环逻辑有机地结合在一起,才能保证响应的实时性。

各参量的控制算法是控制单片机软件的关键部分,也是保证气候舱达到设计目标的关键。从自动控制系统的观点来看,这是一个 4 通道的自动控制系统,分别是温度控制子系统、湿度控制子系统、流量控制子系统、风速控制子系统。

温度控制子系统控制难度较大,因而其控制算法也较为复杂。温度控制系统的控制难度体现在以下几个方面:①该系统是一个强非线性系统;非线性体现在执行机构的非线性和不对称:加热是连续及基本线性的;而制冷由于只能是开或关两种状态,因而是离散及非线性的;此外,控制对象本身也具有非线性。②该系统控制对象具有较大时滞及较大惯性,其数学模型一般也是不可得的。针对温度控制系统的特点,经过反复实验,本系统采用变形的模糊控制及 PID 控制结合的算法。模糊控制器的输入变量取外舱温度、内舱温度偏差、内舱温度的变化趋势、内舱局部极值等参量。通过对控制算法参数的仔细选择,保证了系统的鲁棒性和控制性能。

湿度控制算法采用变参数的 PID 算法,这是因为湿度被控对象在湿度上升与下降时,被控对象的参数相差较大。

流量控制子系统采用标准的 PID 控制算法,因为流量被控对象线性较好,时滞小,惯性也小。

值得注意的是,流量与湿度两个系统具有一定的耦合性,这给系统控制带来一定的困难。系统中为此加入了一定的解耦处理。

风速算法采用了标准的 PID 算法,风速的采样数据经过了滑动平均处理,滤去了随机的干扰波动。

控制单片机与通信单片机的软件接口主要任务是确保两个处理器在存取共享信息时不会产生冲突。举例来说,某一个 4 位(两字节)共享数据是 3500,在某一个时刻,一个单片机取得了高位数 35,正要取 00 时,另一个单片机存入 3499,结果很可能造成取数的单片机取得 3599,解决这个问题的方法是在共享内存单元设置信号量。

(2) 通信单片机软件设计。这部分的软件功能主要包括与控制单片机的软件接口及与上位机通信的软件接口。与控制单片机的软件接口,如上述所述,主要也是要保证存取共享信息时不会产生冲突；同样与上位机的通信接口采用双缓冲的结构，因而保证了数据的完整性与实时性。

（3）上位机通信软件设计。上位机通信软件是一个标准的 Windows 应用程序，图 15.11 是其主界面图。

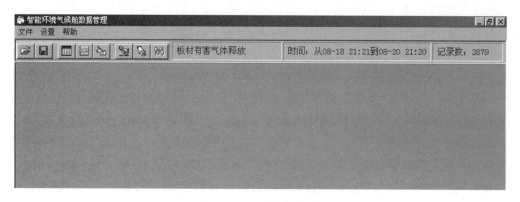

图 15.11　系统主界面

为了直观地反映空气流动的情况，在软件中还实现了动画显示运行状况的功能，如图 15.12 所示。

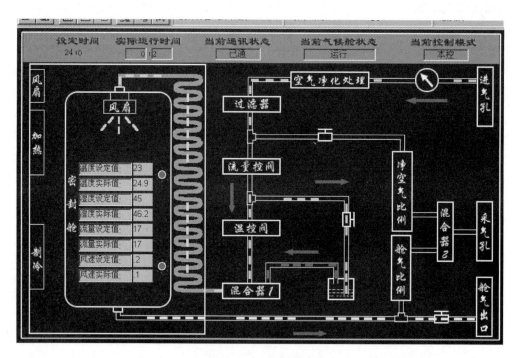

图 15.12　系统运行状况图

在图 15.12 中，用户可以通过各显示看到与控制器控制面板同步更新的实验参数。还可以通过一些输入框输入各参数的给定值，直接控制气候舱的运行。

图 15.13 是软件依据串行通信传给上位机的数据绘出的参数变化曲线。

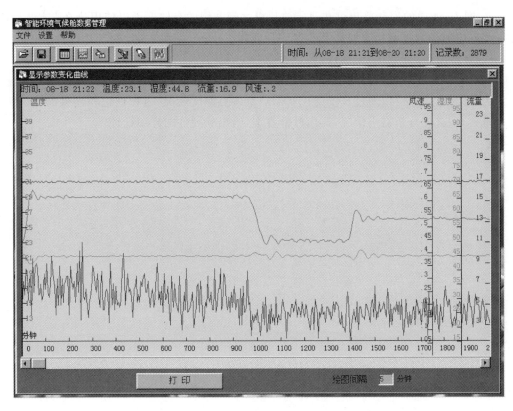

图 15.13   软件显示的参数变化曲线图

小结

本章讨论了单片机应用系统开发的一般要求,给出了单片机应用系统开发的一般流程。重点讨论了在单片机应用系统中,可能遭遇到的干扰有哪些,主要的抗干扰措施有哪些等。最后,通过作者实际开发的一个项目,简单地说明了系统设计方法。

习题

1. 简要说明单片机应用系统开发的一般原则。
2. 简要说明如何分析单片机应用系统的需求。
3. 讨论单片机应用系统开发流程中,各主要阶段的任务。
4. 单片机应用系统受到的主要干扰因素有哪些?
5. 在单片机应用系统中,可以采取哪些措施,消减长线传输可能带来的共模和串模干扰?
6. 如何削减电源系统带来的干扰?

7. 图 15.9 中的控制单片机和通信单片机之间共用的存储器可以使用什么芯片？试设计一个可以避免数据两边存取冲突的存取管理算法。

8. 综合设计。

现有一个仓库环境监测的项目，需要检测一定面积的仓库内各观察点的温度情况，观察点约为 30 个。用户可以通过现场的控制器观察各点温度情况，也可通过相连接的 PC 在控制室观察，请首先分析需求情况，给出设计方案，给出软硬件的详细设计。

ASCII 码表及含义

ASCII 码表如附表 A.1 所示。

附表 A.1　ASCII 码表

b3b2b1	b6b5b4							
	000	001	010	011	100	101	110	111
0000	NUL	DLE	SP	0	@	P	、	p
0001	SOH	DC1	!	1	A	Q	a	q
0010	STX	DC2	”	2	B	R	b	r
0011	ETX	DC3	#	3	C	S	c	s
0100	EOT	DC4	$	4	D	T	d	t
0101	ENQ	NAK	%	5	E	U	e	u
0110	ACK	SYN	&.	6	F	V	f	v
0111	BEL	ETB	’	7	G	W	g	w
1000	BS	CAN	(	8	H	X	h	x
1001	HT	EM	)	9	I	Y	I	y
1010	LF	SUB	*	:	J	Z	j	z
1011	VT	ESC	+	;	K	[	k	{
1100	FF	FS	,	<	L	\	l	|
1101	CR	GS	—	=	M	]	m	}
1110	SO	RS	.	>	N	↑	n	~
1111	SI	US	/	?	O	←	o	DEL

ASCII 码表中各控制字符的含义如附录 A.2 所示。

附表 A.2　ASCII 码表中各控制字符含义

控制字符	含义	控制字符	含义	控制字符	含义
NUL	空字符	VT	垂直制表符	SYN	空转同步
SOH	标题开始	FF	换页	ETB	信息组传送结束
STX	正文开始	CR	回车	CAN	取消
ETX	正文结束	SO	移位输出	EM	介质中断
EOY	传输结束	SI	移位输入	SUB	换置

续表

控制字符	含 义	控制字符	含 义	控制字符	含 义
ENQ	请求	DLE	数据链路转义	ESC	溢出
ACK	确认	DC1	设备控制 1	FS	文件分隔符
BEL	响铃	DC2	设备控制 2	GS	组分隔符
BS	退格	DC3	设备控制 3	RS	记录分隔符
HT	水平制表符	DC4	设备控制 4	US	单元分隔符
LF	换行	NAK	拒绝接收	DEL	删除
SP	空格				

STC15 系列单片机指令表

算术操作类指令如附录 B.1 所示。

附表 B.1 算术操作类指令

助记符		功能说明	字节数	传统 8051 单片机所需时钟	STC15 系列单片机所需时钟（采用 STC-Y5 超高速 1T8051 内核）	机器码
ADD	A,Rn	寄存器内容加到累加器	1	12	1	28～2F
ADD	A,direct	直接地址单元中的数据加到累加器	2	12	2	25(direct)
ADD	A,@Ri	间接 RAM 中的数据加到累加器	1	12	2	26～27
ADD	A,#data	立即数加到累加器	2	12	2	24(data)
ADDC	A,Rn	寄存器带进位加到累加器	1	12	1	38～3F
ADDC	A,direct	直接地址单元的内容带进位加到累加器	2	12	2	35(direct)
ADDC	A,@Ri	间接 RAM 内容带进位加到累加器	1	12	2	36～37
ADDC	A,#data	立即数带进位加到累加器	2	12	2	34(data)
SUBB	A,Rn	累加器带借位减寄存器内容	1	12	1	98～9F
SUBB	A,direct	累加器带借位减直接地址单元的内容	2	12	2	95(direct)
SUBB	A,@Ri	累加器带借位减间接 RAM 中的内容	1	12	2	96～97
SUBB	A,#data	累加器带借位减立即数	2	12	2	94(data)
INC	A	累加器加 1	1	12	1	04
INC	Rn	寄存器加 1	1	12	2	08～0F
INC	direct	直接地址单元加 1	2	12	3	05(direct)
INC	@Ri	间接 RAM 单元加 1	1	12	3	06～07
DEC	A	累加器减 1	1	12	1	14
DEC	Rn	寄存器减 1	1	12	2	18～1F

助记符		功能说明	字节数	传统 8051 单片机所需时钟	STC15 系列单片机所需时钟（采用 STC-Y5 超高速 1T8051 内核）	机器码
DEC	direct	直接地址单元减 1	2	12	3	15（direct）
DEC	@Ri	间接 RAM 单元减 1	1	12	3	16～17
INC	DPTR	地址寄存器 DPTR 加 1	1	24	1	A3
MUL	AB	A 乘以 B	1	48	2	A4
DIV	AB	A 除以 B	1	48	6	84
DA	A	累加器十进制调整	1	12	3	D4

逻辑操作类指令如附表 B.2 所示。

附表 B.2　逻辑操作类指令

助记符		功能说明	字节数	传统 8051 单片机所需时钟	STC15 系列单片机所需时钟（采用 STC-Y5 超高速 1T8051 内核）	机器码
ANL	A,Rn	累加器与寄存器相"与"	1	12	1	58～5F
ANL	A,direct	累加器与直接地址单元相"与"	2	12	2	55（direct）
ANL	A,@Ri	累加器与间接 RAM 单元相"与"	1	12	2	56～57
ANL	A,♯data	累加器与立即数相"与"	2	12	2	54（data）
ANL	direct,A	直接地址单元与累加器相"与"	2	12	3	52（direct）
ANL	direct,♯data	直接地址单元与立即数相"与"	3	24	3	53（direct）（data）
ORL	A,Rn	累加器与寄存器相"或"	1	12	1	48～4F
ORL	A,direct	累加器与直接地址单元相"或"	2	12	2	45（direct）
ORL	A,@Ri	累加器与间接 RAM 单元相"或"	1	12	2	46～47
ORL	A,♯data	累加器与立即数相"或"	2	12	2	44（data）
ORL	direct,A	直接地址单元与累加器相"或"	2	12	3	42（direct）
ORL	direct,♯data	直接地址单元与立即数相"或"	3	24	3	43（direct）（data）
XRL	A,Rn	累加器与寄存器相"异或"	1	12	1	68～6F
XRL	A,direct	累加器与直接地址单元相"异或"	2	12	2	65（direct）
XRL	A,@Ri	累加器与间接 RAM 单元相"异或"	1	12	2	66～67
XRL	A,♯data	累加器与立即数相"异或"	2	12	2	64（data）
XRL	direct,A	直接地址单元与累加器相"异或"	2	12	3	62（direct）
XRL	direct,♯data	直接地址单元与立即数相"异或"	3	24	3	63（direct）（data）
CLR	A	累加器清零	1	12	1	E4
CPL	A	累加器求反	1	12	1	F4
RL	A	累加器循环左移	1	12	1	23
RLC	A	累加器带进位位循环左移	1	12	1	33
RR	A	累加器循环右移	1	12	1	03
RRC	A	累加器带进位位循环右移	1	12	1	13
SWAP	A	累加器内高低半字节交换	1	12	1	C4

数据传送类指令如附表 B.3 所示。

附表 B.3　数据传送类指令

助记符		功能说明	字节数	传统 8051 单片机所需时钟	STC15 系列单片机所需时钟（采用 STC-Y5 超高速 1T8051 内核）	机器码
MOV	A,Rn	寄存器内容送入累加器	1	12	1	E8～EF
MOV	A,direct	直接地址单元中的数据送入累加器	2	12	2	E5(direct)
MOV	A,@Ri	间接 RAM 中的数据送入累加器	1	12	2	E6～E7
MOV	A,♯data	立即数送入累加器	2	12	2	74(data)
MOV	Rn,A	累加器内容送入寄存器	1	12	1	F8～FF
MOV	Rn,direct	直接地址单元中的数据送入寄存器	2	24	3	A8～AF (direct)
MOV	Rn,♯data	立即数送入寄存器	2	12	2	78～7F (data)
MOV	direct,A	累加器内容送入直接地址单元	2	12	2	F5(direct)
MOV	direct,Rn	寄存器内容送入直接地址单元	2	24	2	88～8F (direct)
MOV	direct1,direct2	直接地址单元中的数据送入另一个直接地址单元	3	24	3	85(direct1) (direct2)
MOV	direct,@Ri	间接 RAM 中的数据送入直接地址单元	2	24	3	86～87 (direct)
MOV	direct,♯data	立即数送入直接地址单元	3	24	3	75(direct) (data)
MOV	@Ri,A	累加器内容送间接 RAM 单元	1	12	2	F6～F7
MOV	@Ri,direct	直接地址单元数据送入间接 RAM 单元	2	24	3	A6～A7 (direct)
MOV	@Ri,♯data	立即数送入间接 RAM 单元	2	12	2	76～77 (data)
MOV	DPTR,♯data16	16 位立即数送入数据指针	3	24	3	90(data16～data8) (data7～data0)
MOVC	A,@A+DPTR	以 DPTR 为基地址变址寻址单元中的数据送入累加器	1	24	5	93
MOVC	A,@A+PC	以 PC 为基地址变址寻址单元中的数据送入累加器	1	24	4	83
MOVX	A,@Ri	将逻辑上在片外、物理上也在片外的扩展 RAM（8 位地址）的内容送入累加器 A 中,读操作	1	24	$5×N+2$	E2～E3

续表

助记符		功能说明	字节数	传统 8051 单片机所需时钟	STC15 系列单片机所需时钟（采用 STC-Y5 超高速 1T8051 内核）	机器码
MOVX	@Ri,A	将累加器 A 的内容送入逻辑上在片外、物理上也在片外的扩展 RAM（8 位地址）中，写操作	1	24	$5 \times N + 3$	F2～F3
MOVX	A,@DPTR	将逻辑上在片外、物理上也在片外的扩展 RAM（16 位地址）的内容送入累加器 A 中，读操作	1	24	$5 \times N + 1$	E0
MOVX	@DPTR,A	将累加器 A 的内容送入逻辑上在片外、物理上也在片外的扩展 RAM（16 位地址）中，写操作	1	24	$5 \times N + 2$	F0
PUSH	direct	直接地址单元中的数据压入堆栈	2	24	3	C0(direct)
POP	direct	栈底数据弹出送入直接地址单元	2	24	2	D0(direct)
XCH	A,Rn	寄存器与累加器交换	1	12	2	C8～CF
XCH	A,direct	直接地址单元与累加器交换	2	12	3	C5(direct)
XCH	A,@Ri	间接 RAM 与累加器交换	1	12	3	C6～C7
XCHD	A,@Ri	间接 RAM 的低半字节与累加器交换	1	12	3	D6～D7

注：MOVX 指令中，当 EXRTS[1:0]=[0,0]时，表中 N=1；当 EXRTS[1:0]=[0,1]时，表中 N=2；当 EXRTS[1:0]=[1,0]时，表中 N=4；当 EXRTS[1:0]=[1,1]时，表中 N=8。EXRTS[1:0]为寄存器 BUS_SPEED 中的 D1,D0 位。

布尔变量操作类指令如附表 B.4 所示。

附表 B.4　布尔变量操作类指令

助记符		功能说明	字节数	传统 8051 单片机所需时钟	STC15 系列单片机所需时钟（采用 STC-Y5 超高速 1T8051 内核）	机器码
CLR	C	清零进位位	1	12	1	C3
CLR	bit	清零直接地址位	2	12	3	C2(bit)
SETB	C	置 1 进位位	1	12	1	D3
SETB	bit	置 1 直接地址位	2	12	3	D2(bit)
CPL	C	进位位求反	1	12	1	B3
CPL	bit	直接地址位求反	2	12	3	B2(bit)
ANL	C,bit	进位位和直接地址位相"与"	2	24	2	82(bit)
ANL	C,/bit	进位位和直接地址位的反码相"与"	2	24	2	B0(bit)

助记符		功能说明	字节数	传统8051单片机所需时钟	STC15系列单片机所需时钟(采用STC-Y5超高速1T8051内核)	机器码
ORL	C,bit	进位位和直接地址位相"或"	2	24	2	72(bit)
ORL	C,/bit	进位位和直接地址位的反码相"或"	2	24	2	A0(bit)
MOV	C,bit	直接地址位送入进位位	2	12	2	A2(bit)
MOV	bit,C	进位位送入直接地址位	2	24	3	92(bit)
JC	rel	进位位为1则转移	2	24	3	40(rel)
JNC	rel	进位位为0则转移	2	24	3	50(rel)
JB	bit,rel	直接地址位为1则转移	3	24	5	20(bit)(rel)
JNB	bit,rel	直接地址位为0则转移	3	24	5	30(bit)(rel)
JBC	bit,rel	直接地址位为1则转移,该位清零	3	24	5	10(bit)(rel)

控制转移类指令如附表B.5所示。

附表 B.5　控制转移类指令

助记符		功能说明	字节数	传统8051单片机所需时钟	STC15系列单片机所需时钟(采用STC-Y5超高速1T8051内核)	机器码
ACALL	addr11	绝对(短)调用子程序	2	24	4	addr10~810001 addr7~0
LCALL	addr16	长调用子程序	3	24	4	12addr15~0
RET		子程序返回	1	24	4	22
RETI		中断返回	1	24	4	32
AJMP	addr11	绝对(短)转移	2	24	3	addr10~800001 addr7~0
LJMP	addr16	长转移	3	24	4	02addr15~0
SJMP	rel	相对转移	2	24	3	80(rel)
JMP	@A+DPTR	相对于DPTR的间接转移	1	24	5	73
JZ	rel	累加器为零转移	2	24	4	60(rel)
JNZ	rel	累加器非零转移	2	24	4	70(rel)
CJNE	A,direct,rel	累加器与直接地址单元比较,不相等则转移	3	24	5	B5(direct)(rel)
CJNE	A,#data,rel	累加器与立即数比较,不相等则转移	3	24	4	B4(data)(rel)
CJNE	Rn,#data,rel	寄存器与立即数比较,不相等则转移	3	24	4	B8~BF(data)(rel)
CJNE	@Ri,#data,rel	间接RAM单元与立即数比较,不相等则转移	3	24	5	B6~B7(data)(rel)
DJNZ	Rn,rel	寄存器减1,非零转移	2	24	4	D8~DF(rel)
DJNZ	direct,rel	直接地址单元减1,非零转移	3	24	5	D5(direct)(rel)
NOP		空操作	1	12	1	00

附录 C

STC15 单片机的
特殊功能寄存器汇集

STC15 单片机特殊功能寄存器如附表 C.1 所示。

附表 C.1　STC15 单片机特殊功能寄存器

符号		描述	地址	位地址及符号								复位值
				MSB							LSB	
P0		Port 0	80H	P0.7	P0.6	P0.5	P0.4	P0.3	P0.2	P0.1	P0.0	1111 1111B
SP		堆栈指针	81H									0000 0111B
DPTR	DPL	数据指针(低)	82H									0000 0000B
	DPH	数据指针(高)	83H									0000 0000B
S4CON		串口 4 控制寄存器	84H	S4SM0	S4ST4	S4SM2	S4REN	S4TB8	S4RB8	S4TI	S4RI	0000 0000B
S4BUF		串口 4 数据缓冲器	85H									xxxx xxxxB
PCON		电源控制寄存器	87H	SMOD	SMOD0	LVDF	POF	GF1	GF0	PD	IDL	0011 0000B
TCON		定时器控制寄存器	88H	TF1	TR1	TF0	TR0	IE1	IT1	IE0	IT0	0000 0000B
TMOD		定时器工作方式寄存器	89H	GATE	C/T	M1	M0	GATE	C/T	M1	M0	0000 0000B
TL0		定时器 0 低 8 位寄存器	8AH									0000 0000B
TL1		定时器 1 低 8 位寄存器	8BH									0000 0000B
TH0		定时器 0 高 8 位寄存器	8CH									0000 0000B
TH1		定时器 1 高 8 位寄存器	8DH									0000 0000B
AUXR		辅助寄存器	8EH	T0X12	T1X12	UART_ M0x6	T2R	T2_C/T	T2x12	EXTR AM	S1ST2	0000 0001B
INT_CLKO AUXR2		外部中断允许和时钟输出寄存器	8FH	—	EX4	EX3	EX2	MCKO_ S2	T2CL KO	TICL KO	T0CL KO	x000 0000B
P1		Port 1	90H	P1.7	P1.6	P1.5	P1.4	P1.3	P1.2	P1.1	P1.0	1111 1111B
P1M1		P1 口模式配置寄存器 1	91H									0000 0000B
P1M0		P1 口模式配置寄存器 0	92H									0000 0000B
P0M1		P0 口模式配置寄存器 1	93H									0000 0000B
P0M0		P0 口模式配置寄存器 0	94H									0000 0000B
P2M1		P2 口模式配置寄存器 1	95H									0000 0000B
P2M0		P2 口模式配置寄存器 0	96H									0000 0000B

续表

符号	描述	地址	位地址及符号 MSB							LSB	复位值
CLK_DIV PCON2	时钟分频寄存器	97H	MCKO_S1	MCKO_S1	ADRJ	Tx_Rx	MCLKO_2	CLKS2	CLKS1	CLKS0	0000 0000B
SCON	串口1控制寄存器	98H	SM0/FE	SM1	SM2	REN	TB8	RB8	TI	RI	0000 0000B
SBUF	串口1数据缓冲器	99H									xxxx xxxxB
S2CON	串口2控制寄存器	9AH	S2SM0	—	S2SM2	S2REN	S2TB8	S2RB8	S2TI	S2RI	0100 0000B
S2BUF	串口2数据缓冲器	9BH									xxxx xxxxB
P1ASF	P1 Analog Function Configure register	9DH									0000 0000B
P2	Port 2	A0H	P2.7	P2.6	P2.5	P2.4	P2.3	P2.2	P2.1	P2.0	1111 1111B
BUS_SPEED	Bus-Speed Control	A1H	—	—	—	—	—	—	EXRTS[1:0]		xxxx xx10B
AUXR1 P_SW1	辅助寄存器1	A2H	S1_S1	S1_S0	CCP_S1	CCP_S0	SPI_S1	SPI_S0	0	DPS	0000 0000B
IE	中断允许寄存器	A8H	EA	ELVD	EADC	ES	ET1	EX1	ET0	EX0	0000 0000B
SADDR	从机地址控制寄存器	A9H									0000 0000B
WKTCL WKTCL_CNT	掉电唤醒专用定时器 控制寄存器低8位	AAH									1111 1111B
WKTCH WKTCH_CNT	掉电唤醒专用定时器控制寄存器高8位	ABH	WKTEN								0111 1111B
S3CON	串口3控制寄存器	ACH	S3SM0	S3ST3	S3SM2	S3REN	S3TB8	S3RB8	S3TI	S3RI	0000 0000
S3BUF	串口3数据缓冲器	ADH									xxxx xxxx
IE2	中断允许寄存器	AFH		ET4	ET3	ES4	ES3	ET2	ESPI	ES2	x000 0000B
P3	Port 3	B0H	P3.7	P3.6	P3.5	P3.4	P3.3	P3.2	P3.1	P3.0	1111 1111B
P3M1	P3口模式配置寄存器1	B1H									0000 0000B
P3M0	P3口模式配置寄存器0	B2H									0000 0000B
P4M1	P4口模式配置寄存器1	B3H									0000 0000B
P4M0	P4口模式配置寄存器0	B4H									0000 0000B
IP2	第二中断优先级低字节寄存器	B5H	—	—	—	PX4	PPWMFD	PPWM	PSPI	PS2	xxx0 0000B
IP	中断优先级寄存器	B8H	PPCA	PLVD	PADC	PS	PT1	PX1	PT0	PX0	0000 0000B
SADEN	从机地址掩模寄存器	B9H									0000 0000B
P_SW2	外围设备功能切换控制寄存器	BAH	—	—	—	—	—	S4_S	S3_S	S2_S	xxxx x000B
ADC_CONTR	A/D转换控制寄存器	BCH	ADC_POWER	SPEED1	SPEED0	ADC_FLAG	ADC_START	CHS2	CHS1	CHS0	0000 0000B
ADC_RES	A/D转换结果高8位寄存器	BDH									0000 0000B

续表

符号	描述	地址	MSB							LSB	复位值
ADC_RESL	A/D 转换结果低 2 位寄存器	BEH									0000 0000B
P4	Port 4	C0H	P4.7	P4.6	P4.5	P4.4	P4.3	P4.2	P4.1	P4.0	1111 1111B
WDT_CONTR	看门狗控制寄存器	C1H	WDT_FLAG	-	EN_WDT	CLR_WDT	IDLE_WDT	PS2	PS1	PS0	0x00 0000B
IAP_DATA	ISP/IAP 数据寄存器	C2H									1111 1111B
IAP_ADDRH	ISP/IAP 高 8 位地址寄存器	C3H									0000 0000B
IAP_ADDRL	ISP/IAP 低 8 位地址寄存器	C4H									0000 0000B
IAP_CMD	ISP/IAP 命令寄存器	C5H	—	—	—	—	—	—	MS1	MS0	xxxx xx00B
IAP_TRIG	ISP/IAP 命令触发寄存器	C6H									xxxx xxxxB
IAP_CONTR	ISP/IAP 控制寄存器	C7H	IAPEN	SWBS	SWRST	CMD_FAIL	—	WT2	WT1	WT0	0000 x000B
P5	Port 5	C8H	—	—	P5.5	P5.4	P5.3	P5.2	P5.1	P5.0	xx11 1111B
P5M1	P5 口模式配置寄存器 1	C9H									xxx0 0000B
P5M0	P5 口模式配置寄存器 0	CAH									xxx0 0000B
P6M1	P6 口模式配置寄存器 1	CBH									
P6M0	P6 口模式配置寄存器 0	CCH									
SPSTAT	SPI 状态寄存器	CDH	SPIF	WCOL	—	—	—	—	—	—	00xx xxxxB
SPCTL	SPI 控制寄存器	CEH	SSIG	SPEN	DORD	MSTR	CPOL	CAPHA	SPR1	SPR0	0000 0100B
SPDAT	SPI 数据寄存器	CFH									0000 0000B
PSW	程序状态字寄存器	D0H	CY	AC	F0	RS1	RS0	OV	—	P	0000 00x0B
T4T3M	T4 和 T3 的控制寄存器	D1H	T4R	T4_C/T	T4x12	T4CLKO	T3R	T3_C/T	T3x12	T3CLKO	0000 0000B
T4H	定时器 4 高 8 位寄存器	D2H									0000 0000B
T4L	定时器 4 低 8 位寄存器	D3H									0000 0000B
T3H	定时器 3 高 8 位寄存器	D4H									0000 0000B
T3L	定时器 3 低 8 位寄存器	D5H									0000 0000B
T2H	定时器 2 高 8 位寄存器	D6H									0000 0000B
T2L	定时器 2 低 8 位寄存器	D7H									0000 0000B
CCON	PCA 控制寄存器	D8H	CF	CR	—	—	CCF3	CCF2	CCF1	CCF0	00xx 0000B
CMOD	PCA 模式寄存器	D9H	CIDL	—	—	—	—	CPS1	CPS0	ECF	0xxx x000B
CCAPM0	PCA Module 0 Mode Register	DAH	—	ECOM0	CAPP0	CAPN0	MAT0	TOG0	PWM0	ECCF0	x000 0000B
CCAPM1	PCA Module 1 Mode Register	DBH	—	ECOM1	CAPP1	CAPN1	MAT1	TOG1	PWM1	ECCF1	x000 0000B
CCAPM2	PCA Module 2 Mode Register	DCH	—	ECOM2	CAPP2	CAPN2	MAT2	TOG2	PWM2	ECCF2	x000 0000B
ACC	累加器	E0H									0000 0000B
P7M1	P7 口模式配置寄存器 1	E1H									0000 0000B

续表

符号	描述	地址	位地址及符号								复位值
			MSB							LSB	
P7M0	P7 口模式配置寄存器 0	E2H									0000 0000B
P6	Port 6	E8H									1111 1111B
CL	PCA Base Timer Low	E9H									0000 0000B
CCAP0L	PCA Module-0 Capture Register Low	EAH									0000 0000B
CCAP1L	PCA Module-1 Capture Register Low	EBH									0000 0000B
CCAP2L	PCA Module-2 Capture Register Low	ECH									0000 0000B
B	B 寄存器	F0H									0000 0000B
PCA_PWM0	PCA PWM Mode Auxiliary Register 0	F2H	EBS0_1	EBS0_0	—	—	—	—	EPC0H	EPC0L	xxxx xx00B
PCA_PWM1	PCA PWM Mode Auxiliary Register 1	F3H	EBS1_1	EBS1_0	—	—	—	—	EPC1H	EPC1L	xxxx xx00B
PCA_PWM2	PCA PWM Mode Auxiliary Register 2	F4H	EBS2_1	EBS2_0	—	—	—	—	EPC2H	EPC2L	xxxx xx00B
P7	Port 7	F8H									1111 1111B
CH	PCA Base Timer High	F9H									0000 0000B
CCAP0H	PCA Module-0 Capture Register High	FAH									0000 0000B
CCAP1H	PCA Module-1 Capture Register High	FBH									0000 0000B
CCAP2H	PCA Module-2 Capture Register High	FCH									0000 0000B

参 考 文 献

[1] 宏晶科技.STC15 系列最完整用户手册[EB/OL].www.STCMCU.com,2017.

[2] 丁向荣.单片机应用系统与开发技术项目教程[M].北京:清华大学出版社,2017.

[3] 周航慈.单片机应用程序设计技术[M].3 版.北京:北京航空航天大学出版社,2011.

[4] 刘平,刘钊.STC15 单片机实战指南(C 语言版)[M].北京:清华大学出版社,2016.

[5] 何宾.STC 单片机原理及应用——从器件、汇编、C 到操作系统的分析和设计[M].北京:清华大学出版社,2015.

[6] 朱兆优,姚永平.单片微机原理及接口技术——基于 STC15W4K32S4 系列高性能 8051 单片机[M].北京:机械工业出版社,2015.

[7] 徐爱钧,徐阳.Keil C51 单片机高级语言应用编程与实践[M].北京:电子工业出版社,2013.

[8] 宋雪松,李东明,崔长胜.手把手教你学 51 单片机——C 语言版[M].北京:清华大学出版社,2014.

[9] 陈桂友,蔡远斌.单片机应用技术[M].北京:机械工业出版社,2008.

[10] 徐义亨.工业控制系统工程中的抗干扰技术[M].上海:上海科学技术出版社,2010.

[11] 何立民.I²C 总线应用系统设计[M].北京:北京航空航天大学出版社,2002.

[12] CH375 中文手册[EB/OL].www.wch.cn,2017.

[13] RTL8019AS datasheet[EB/OL].Realtek 半导体公司,2017.

[14] ISP1581 datasheet[EB/OL].飞利浦公司,2017.

[15] 王宏宇,赵然,乔和.基于 RTL801A 单片机在网络数据传送中应用[J].辽宁工程技术大学学报,2003,22(5):665-667.

[16] 曹宇,魏丰,胡士毅.用 51 单片机控制 RTL8019AS 实现以太网通信[J].电子技术应用,2003,(1):21-23.

图 书 资 源 支 持

感谢您一直以来对清华版图书的支持和爱护。为了配合本书的使用，本书提供配套的资源，有需求的读者请扫描下方的"书圈"微信公众号二维码，在图书专区下载，也可以拨打电话或发送电子邮件咨询。

如果您在使用本书的过程中遇到了什么问题，或者有相关图书出版计划，也请您发邮件告诉我们，以便我们更好地为您服务。

我们的联系方式：

地　　址：北京市海淀区双清路学研大厦 A 座 701

邮　　编：100084

电　　话：010－62770175－4608

资源下载：http://www.tup.com.cn

客服邮箱：tupjsj@vip.163.com

QQ：2301891038（请写明您的单位和姓名）

用微信扫一扫右边的二维码，即可关注清华大学出版社公众号"书圈"。

资源下载、样书申请

书圈

扫一扫，获取最新目录